Burcu Selin Yılmaz

Bilgi ve İletişim Teknolojilerinin Turizm Sektörüne Etkileri

Burcu Selin Yılmaz

Bilgi ve İletişim Teknolojilerinin Turizm Sektörüne Etkileri

İşletme ve Tüketici Boyutları

Türkiye Alim Kitapları

Impressum / Yayınevi adı
Bibliografische Information der Deutschen Nationalbibliothek: Die Deutsche Nationalbibliothek verzeichnet diese Publikation in der Deutschen Nationalbibliografie; detaillierte bibliografische Daten sind im Internet über http://dnb.d-nb.de abrufbar.

Deutsche Nationalbibliothek tarafından yayınlanan bibliyografik bilgiler: Deutsche Nationalbibliothek, bu yayını Deutsche Nationalbibliografie'de listeler; detaylı bibliyografik bilgi İnternet'te http://dnb.d-nb.de sitesinde mevcuttur.

Coverbild / Kitap kapağı resmi: www.ingimage.com

Verlag / Yayıncı:
Türkiye Alim Kitapları
ist ein Imprint der / yayınevinin bir ticari markasıdır
OmniScriptum GmbH & Co. KG
Heinrich-Böcking-Str. 6-8, 66121 Saarbrücken, Deutschland / Almanya
Email / E-posta: info@turkiye-alim-kitaplary.com

Herstellung: siehe letzte Seite /
Basım yeri: son sayfaya bakın
ISBN: 978-3-639-67042-4

Zugl. / Approved by: İzmir, Dokuz Eylül Üniversitesi, 2005

Bilgi ve İletişim Teknolojilerinin Turizm Sektörüne Etkileri / İşletme ve Tüketici Boyutları

Burcu Selin Yılmaz

İÇİNDEKİLER

BİRİNCİ BÖLÜM
BİLGİ EKONOMİSİ VE BİLGİ TEKNOLOJİLERİ

1.1. Ekonomik Dönüşüm 1
1.2. Küreselleşme 3
    1.2.1. Küreselleşmeyi Ortaya Çıkaran Etkenler 4
    1.2.2. Küreselleşmenin Anlamı, Kapsamı ve Sonuçları 6
1.3. Bilgi Toplumu ve Bilgi Teknolojileri 7
    1.3.1. Bilgi Toplumu 8
    1.3.2. Bilgi Teknolojileri 12
1.4. Bilgi Ekonomisi 14
1.5. Bilgi Teknolojilerinin Ekonomiye ve Sektörlere Yansıması 20
    1.5.1. Üretimde Bilginin Kullanımı (Yeni Üretim Teknikleri) 22
    1.5.2. Bilgi Teknolojilerinin Tüketiciler Üzerindeki Etkileri 25
    1.5.3. Bilgi Teknolojilerinin İşletmelerin Faaliyetlerine Etkileri 26
        1.5.3.1. Bilgi Teknolojileri ve İşletmelerin Rekabet Gücü 29
        1.5.3.2. Bilgi Teknolojileri ve İşletmelerin Verimliliği 31
        1.5.3.3. Bilgi Teknolojilerinin ve İşletmelerde Kalite 32
        1.5.3.4. Bilgi Teknolojileri ve İşletmelerde Örgütsel Değişim 33
        1.5.3.5. Bilgi Teknolojileri ve İşletmelerde İnsan Kaynakları 35
        1.5.3.6. İşletmelerde Bilgi Yönetimi 37
1.6. İnternet ve Yeni İş Modelleri 38
1.7. Bilginin Sektörlere Yansıması ve Hizmet Ekonomisinde Kullanımı 41

İKİNCİ BÖLÜM
BİLGİ TEKNOLOJİLERİ VE TURİZM SEKTÖRÜ

2.1. Bilgi Ekonomisinde Turizm Sektörünün Yeri 47
    2.1.1. Turizm Sektöründe Bilginin Yeri 48
        2.1.1.1. Turizm İşletmeleri İçin Bilginin Önemi 51
        2.1.1.2. Turistik Tüketiciler İçin Bilginin Önemi 53
    2.1.2. Küreselleşme ve Bilgi Ekonomisinin Turizm Sektörüne Etkileri 55
        2.1.2.1. Küreselleşme ve Bilgi Ekonomisinin Turizm Arzına Etkileri 58
        2.1.2.2. Küreselleşme ve Bilgi Ekonomisinin Turizm Talebine Etkileri 61
    2.1.3. Turizm Sektöründe Bilgi Teknolojilerinin Yeri 63
2.2. Turizm Sektöründe Bilgi Teknolojilerinin Kullanımı ve Etkileri 67
    2.2.1. Turizm İşletmeleri ve Bilgi Teknolojileri 72
        2.2.1.1. Havayolu İşletmelerinde Bilgi Teknolojileri 75
        2.2.1.2. Konaklama İşletmelerinde Bilgi Teknolojileri 77

2.2.1.3. Aracı İşletmelerde Bilgi Teknolojileri 81
2.2.1.4. Ulaştırma İşletmelerinde Bilgi Teknolojileri 83
2.2.1.5. Destinasyon Yönetim Örgütlerinde Bilgi Teknolojileri 86
2.2.2. Bilgi Teknolojilerinin Turizm Dağıtım Kanalları Üzerindeki Etkileri 88
2.2.3. Bilgi Teknolojilerinin Turizm İşletmelerine Etkileri 90
2.2.3.1. Bilgi Teknolojileri ve Turizm İşletmelerinin Rekabet Gücü 92
2.2.3.2. Bilgi Teknolojileri ve Turizm İşletmelerinin Verimliliği 93
2.2.3.3. Bilgi Teknolojileri ve Turizm İşletmelerinde Kalite 94
2.2.3.4. Bilgi Teknolojileri ve Turizm Sektöründe Üretim (Değer Yaratma, Bütünleşmeler ve Yenilikçilik) 95
2.2.3.5. Bilgi Teknolojilerinin Turizm İşletmelerinde Yönetsel ve Örgütsel Değişime Etkisi 99
2.2.3.6. Bilgi Teknolojileri ve Turizm İşletmelerinde İnsan Kaynakları 101
2.2.4. Turistik Tüketiciler ve Bilgi Teknolojileri 102

ÜÇÜNCÜ BÖLÜM
TURİZM SEKTÖRÜ VE INTERNET

3.1. Turizm Sektörü ve İnternet 107
3.1.1.Turizm Sektöründe Elektronik Pazarlar 108
3.1.2. İnternetin Turizm İşletmeleri Üzerindeki Etkileri 110
3.2. E-Turizm Kavramı 112
3.3. Sosyal Medya Kavramı 113
3.4. Sosyal Medya Pazarlaması 114
3.5. Sosyal Medya Pazarlaması ve Turizm Sektörü 116

Kaynakça 119

TABLOLAR LİSTESİ

Tablo 1: Sanayi Toplumu – Bilgi Toplumu Karşılaştırması 11

Tablo 2: Bilgi Ekonomisi – Eski Ekonomi Karşılaştırması 16

Tablo 3: Bilgi Ekonomisinin Özellikleri 17

Tablo 4: Dördüncü Sektör (Bilgi Sektörü) 44

Tablo 5: Turistik Tüketicinin Değişen Yapısı 62

Tablo 6: Turizm Sektöründe Bilgi Teknolojileri Stratejik Çerçevesi 70

Tablo 7: Turizm Sektöründe Bilgi ve İletişim Teknolojilerinin Sağladığı İletişim Tür ve İşlevleri 71

Tablo 8: Bilgi Teknolojilerinin Desteklediği Temel Stratejik ve Yönetsel İşlevler 74

Tablo 9: Konaklama İşletmelerinde Kullanılan Bilgisayarlı Rezervasyon Sistemleri ve İşlevleri 81

Tablo 10: Akıllı Ulaştırma Sistemleri 84

Tablo 11: İki Farklı Yöntem ile Gerçekleştirilen Kayak Tatili Rezervasyonlarının Süre Bakımından Karşılaştırılması 103

Tablo 12: Turizm Sektörüne Özel Elektronik Pazar Uygulamaları 109

Tablo 13: Elektronik Pazarda Değişen Roller ve İlişkiler 110

Tablo 14: Geleneksel ve Yeni Turizm Aracıları 112

ŞEKİLLER LİSTESİ

Şekil 1: Turizm Sektöründe Bilgi Akışı (Yapısal ve İşlevsel Görünüm) 50
Şekil 2: Turizm Sektöründe Bilgi Akışı 52
Şekil 3: Turistik Tüketiciler İçin Seyahat Karar Aşamaları 54
Şekil 4: Turizm Sektöründe Bilgi Teknolojilerinin Konumlandırılması 65
Şekil 5: Teknoloji – Turizm Endüstrisi Ekseninde Etkileşimler 66
Şekil 6: Turizm Sektörü – Bilgi Teknolojileri Stratejik Çerçevesi 69
Şekil 7: Bilgisayarlı Rezervasyon Hizmetlerinin (CRS) Gerekliliği ve Etkileri 89
Şekil 8: Turizm Sektörünün Üretim Sisteminde Bilgi Teknolojilerinin Etkileri 92
Şekil 9: Turizm Sektörü Değer Zincirinde Yer Alan Faaliyetler 96
Şekil 10: Turizm Sektörü Değer Zinciri Üzerinde Bilgi Akışı 97

BİRİNCİ BÖLÜM
BİLGİ EKONOMİSİ VE BİLGİ TEKNOLOJİLERİ

Tarihsel süreç içerisinde yaşanan ilerlemeler toplumsal dönüşümlere ve dünya ekonomisinde değişimlere yol açmıştır. Toprağın işlenmesi ve yerleşik düzene geçiş ilkel toplumların tarım toplumuna dönüşümünü sağlamış, teknolojik ilerlemeler tarım toplumundan sanayi toplumuna geçişe yön vermiştir. Yirminci yüzyılda hızlı teknolojik gelişmelerin ivmelendirdiği devrim niteliğinde bir dönüşüm dünyada yeni bir dönemi başlatmıştır. Bu gelişmeler sonucunda dünya ekonomisi küresel bir ekonomiye dönüşürken, sanayi toplumunu da bilgi toplumuna dönüşmüştür (Yılmaz, 2005).

Günümüzde tüm toplumlar, temelinde bilgi olan bir dönüşüm süreci içindedir. Sanayi devrimi ile ekonominin tarım ekonomisinden sanayi ekonomisine geçiş gerçekleşmiş, ortaya çıkan teknolojik gelişmeler toplumun bilgiye olan gereksinimini günden güne arttırarak, bilgi çağının temellerini atmıştır. Bu süreçte küreselleşme ile eşzamanlı olarak üretim ekonomisinden bilgi ekonomisine geçiş gerçekleşmiş ve dünya ekonomisin yapısı hızla değişmiştir. Artık bilgi, üretimde ve tüketimde ekonominin en önemli faktörü haline gelmiştir (Yılmaz ve Öncüer, 2003).

1.1. Ekonomik Dönüşüm

20. yüzyılın son çeyreğinde dünyadaki teknolojik, ekonomik, toplumsal ve ideolojik değişimler ile küreselleşme dünya ekonomisinde bir dönüşüm başlatmıştır. Temelinde bilgi ve iletişim teknolojilerindeki gelişmeler ile küreselleşmenin yer aldığı bu dönüşüm, 1995 yılında internetin ticari olarak yaygınlaşması ile birlikte dünya ekonomisinin hızlı bir değişim sürecine girmesine yol açmıştır (Akın, 2002: 3). Dünya ekonomisinde hizmet sektörü ön plana çıkarken, üretim, pazarlama ve tüketim şekilleri bilgi ve iletişim teknolojilerine bağlı olarak gelişmekte, bilgi en önemli sermaye halini almaktadır.

Bilgi ekonomisine ait ürün ve hizmetler bilgi ve iletişim teknolojilerine dayanmaktadır. Bilgi ekonomisinde, ham verilerin bilgiye dönüştürüldüğü, bilginin yönetimi, işlenmesi ve dağıtımı ile ilgili endüstriler –bilgisayar, yazılım, telekomünikasyon, yarı iletkenler, biyoteknoloji, genetik gibi yüksek teknolojiye dayalı endüstriler- öne çıkmaktadır (Söylemez, 2001: 21).

Bilgi ekonomisinin temel nitelikleri dört madde halinde özetlenebilir (Martin, 2001):

- **Artan Rekabet:** Günümüzde tüm ülkeler ve işletmeler arasında giderek artan bir rekabet görülmektedir. Küreselleşmenin sağladığı olanaklar ile İşletmeler, üretim araçlarını ve kaynaklarını daha düşük maliyetle faaliyet gösterebilecek şekilde değişik ülkelere kaydırabilmektedirler. Gelişmiş ülkelerin bilgi ekonomisinde elde ettikleri başarı, sürekli olarak rekabet güçlerini ve verimliliklerini arttıracak yenilik arayışında olmalarından kaynaklanmaktadır. Bilgi ekonomisinde rekabet, yeni teknolojilere ve yeniliklere (inovasyona) bağlıdır.

- **Kamu Harcamalarında Kısıtlamalar:** Birçok ülkede bütçe açıkları nedeniyle kamu harcamalarında kısıtlamalara gidilmektedir. Bu kısıtlamalar demografik yapı, yaşlanan nüfus, sağlık, eğitim ve toplumsal refah harcamalarındaki artış gibi nedenler ile yayılma eğilimindedir. Kamu harcamalarında artışın yükü vergi düzenlemeleri ile ortadan kaldırılmaya çalışıldığında, işletmeler ve varlıklı bireyler kaynaklarını vergi yükünün daha hafif olduğu ülkelerde değerlendirme yoluna gitmektedir. Teknolojik gelişmeler ve elektronik işlemler bunu kolaylaştırmaktadır. Kamu harcamalarındaki kısıtlamalar ülke yönetimlerini araştırma ve teknoloji alanlarında daha seçici olmaya ve önceliklerini belirleyecek politikalar oluşturmaya zorlamaktadır.
- **Yapının Karmaşıklaşması:** Küreselleşme ve bilgi ekonomisi ekonomik ve toplumsal yapının değişmesine ve daha karmaşık bir hale gelmesine neden olmaktadır. Ekonomik rekabet ve toplumsal faktörler (işsizlik, çalışma koşulları, eşitsizlik, çevre ve sürdürülebilirlik, teknolojinin getirdiği riskler) arasındaki etkileşim artmakta, sorunların ve getirilerin toplumun farklı kesimlerine nasıl yansıtılacağı sorun olmaktadır. Ayrıca, farklı yapı ve sistemler arasındaki karşılıklı iletişim ve etkileşim (yerel, ulusal ve küresel sistemler; araştırma ve teknoloji ile ekonomi, siyaset, kültür ve çevre; kamu sektörü ve özel sektör; farklı teknolojiler; farklı bilgi üreticileri arasındaki karşılıklı ilişkiler) yapıyı daha da karmaşık hale getirmektedir. Yapının karmaşık hale gelmesi sistemi daha iyi anlamayı, daha yaygın ve etkili iletişim ağları, ortaklıklar ve işbirlikleri geliştirmeyi, sistemi ve sistemin içindeki her birimin gereksinimlerini daha iyi anlamayı, daha esnek politikalar ve sistemler oluşturmayı gerektirmektedir.
- **Bilimsel ve Teknolojik Yetkinliğin Artan Önemi:** Bilimsel ve teknolojik bilgi, ülkeler ve işletmeler için stratejik bir kaynak haline gelmiştir. Yeni teknolojilerin kullanılması yeni beceriler gerektirmektedir. Bu da yaşam boyu öğrenmeyi ve öğrenen örgütler kavramını ortaya çıkararak örgütsel düzeyde öğrenmeyi gerekli kılmaktadır. Sistemin karmaşık yapısı, farklı alanlarda uzmanlaşmayı, takım çalışmasını, iletişim ağlarını ve işbirliklerini önemli hale getirmektedir. Bilim ve teknolojideki gelişmeler toplumsal refahı arttırmakta, yaşam standartlarını yükseltmektedir.

Dünyayı bilgi ekonomisine götüren sürecin tarihi gelişimi farklı aşamalarda incelenebilir. Günümüzde, bilgi ekonomisinin doğuşuna neden olan ve ulusal rekabetçiliğin kurallarını değiştiren üç büyük güç bulunmaktadır (Türkiye Bilişim Şurası, 2002):

- Bilgi yoğunluğu
- Bilgi ve iletişim teknolojileri (İletişim ağları)
- Küreselleşme

1970'lere gelindiğinde uluslararası ekonomide sessiz bir devrim olmuş, dünya ekonomisinin alışılmış kuralları kökünden değişmiştir. Bu değişim ile birlikte uluslararası ekonomi küresel ekonomi olma sürecine girmiştir. Bu sürecin sonucu olarak da artık dünya pazarları kuralları belirlemeye, ulusal pazarlar da buna uymaya başlamıştır (Güvenç, 1998: 15).

1980'lerin ortasından itibaren uluslararası alanda yaşanan gelişmelerin günümüzde yorumlanması "Yeni Ekonomi" (new economy) ya da "Bilgi Ekonomisi" (knowledge economy) denilen kavramın ortaya çıkmasına neden olmuştur. İngilizce'deki information ve knowledge sözcüklerinin her ikisinin de karşılığı olarak Türkçe'de bilgi sözcüğü kullanılmaktadır. Information sözcüğü sıradan bilgi ya da iletişimsel bilgi anlamına gelirken, knowledge sözcüğü bilimsel bilgi anlamına gelmektedir (Dura ve Atik, 2002: 51; Erkan, 1993: 62).

Hızlı gelişen bilgi teknolojileri dünyada dengeleri farklı bir boyuta taşımış, yeni iş, ticaret ve yaşam süreçlerini ortaya çıkarmıştır. Bu köklü değişimin temelinde yatan kavram ise, bilgidir. Bilgiyi oluşturacak altyapının teknolojik gelişmeler ile birebir örtüşmesi, bilgiyi yeni dünya düzeninin temeline oturtmuştur. Günümüzde bilgi çok önemli bir ekonomik girdi olarak görülmektedir (Akgül, 2002: 14).

Dünya ekonomisinin içinde bulunduğu dönüşüm sürecinin temelini oluşturan bilgi, iletişim ağları sayesinde kolay ve hızlı erişilebilir bir duruma gelmektedir. İletişim ağları, bilgi üretiminin bilgi teknolojileri sistemi içinde gerçekleşmesini sağlamaktadır (Erkan, 1998: 97). İnternet, elektronik iletişim, elektronik ticaret ve elektronik iş dünyanın her köşesini birbirine bağlamaktadır.

Son on yılda dünya ekonomisi ve ABD ekonomisindeki gelişmelere bakıldığında, bilgi ekonomisinin verimliliğe etkileri, yeniden yapılanmaya yönelik baskıları, küresel niteliği, yol açtığı krizleri ile birlikte sistemi nasıl kökünden değiştirip sarstığı ortaya çıkmaktadır. Eski sektörler önemini, kârlılığını, istihdam gücünü, üretim kapasitesini yitirirken, yeni sektörler hızla gelişerek ekonomik büyümenin lokomotifi konumuna gelmektedir. Teknolojik gelişmeler ile ortaya çıkan, büyük ölçüde dijitalleşmeye ve internete bağlı olan bilgi ekonomisi artık eski ekonominin yerini almaktadır (T.C. Başbakanlık Dış Ticaret Müsteşarlığı, 2000).

1.2. Küreselleşme

Talep yanlı politikalar ile satın alma gücü yaratılmasına dayanan Keynesci ekonomik anlayış 1970'lerin başından itibaren işlerliğini yitirmeye başlamıştır. İç pazarların doyması ve tüketicilerin seri üretim ürünleri yerine kendi kişisel gereksinimlerine yanıt veren esnek tarzdaki ürünleri tercih etmeleri, hammadde fiyatlarının aşırı yükselmesi, Bretton – Woods ile birlikte kurulan döviz sisteminin çözülmesi, Keynesci modelin sorgulanması sonucunu doğurmuştur. Gelinen noktada ekonominin düzenlenmesi neo–liberal politikaların getirdiği ilkeler uyarınca yapılmaya başlanmıştır. Ulusal ekonomileri koruyan gümrük duvarları kaldırılmış, istihdam üzerindeki sosyal amaçlı korumalar zayıflatılmıştır (Baştürk, 2001).

Yeni ekonomik düzen, 1970'li yılların sonu ve 1980'li yılların başında ABD'de muhafazakârların piyasa ekonomisini kamu müdahalelerinden arındırma (deregulation) eylemi ile başlamıştır. "Reaganomics", Başkan Reagan dönemini tanımlayan ve daha serbestleştirilmiş bir dünya ekonomisi yaratmak amacına dönük politikaları oluşturan yeni ekonominin ilk adı olmuştur. Bu akım Batı Avrupa'ya İngiltere'de Başbakan Margaret Thatcher'ın politikaları ile girmiştir. Aynı dönemde borçlarını ödeyemez duruma düşen bir grup gelişmekte olan ülke, IMF ve Dünya Bankası aracılığı ile yeni düzene dahil edilmiştir. 1980'li yılların ortasında Gorbaçov SSCB'de iktidara geldiğinde serbestleşme rüzgarı Doğu Bloku'na geçmiş, blok parçalanmış, komünist rejimler yıkılırken yerini demokrasi, serbest piyasa ekonomisi ve yaygın krize bırakmıştır (Kazgan, 2000: 89).

Yaşanan gelişmeler, önceki politika ve felsefeleri ne olursa olsun tüm ülkeleri ticaret ve yatırım rejimlerini liberalleşme yönünde değiştirmeye zorlamıştır. Korumacı ekonomi politikalarının yerini rekabetçi liberalleşme almıştır (T.C. Başbakanlık Dış Ticaret Müsteşarlığı Ekonomik Araştırmalar ve Değerlendirme Genel Müdürlüğü, 1999). Artık evrensel düzeyde serbest piyasa ekonomisine geçiş; bütün ülkelerin dünya pazarıyla bütünleşmesi ve mal–hizmet–sermaye hareketlerinin tam serbestleşmesi ile yeni bir dönem başlamıştır. Özel girişimler kendi rekabet güçlerine göre kazanacak ya da kaybedecek, rekabet koşulları teknolojiyi geliştirerek verimliliği ve kârlılığı arttıracaktır (Hamzaoğlu vd., 2000).

1.2.1. Küreselleşmeyi Ortaya Çıkaran Etkenler

Küreselleşme sürecinin ortaya çıkmasında etkili olan çok sayıda etken bulunmaktadır. Bu etkenlerin başında, teknolojik gelişmeler, dünya siyasetindeki değişmeler ve ekonomik gelişmeler sayılabilir.

Teknolojik gelişmeler, küreselleşme sürecinde tek başına yeterli koşul değildir; ancak olmazsa olmaz koşuldur. Günümüzde olağanüstü bir hızla ucuzlayarak yaygınlık kazanan bilgi ve iletişim teknolojileri, uluslararasındaki değişim/etkileşim sürecinde, küresel dönüşümü hızlandırmaktadır (Bozkurt, 2000a). Bilgi ve iletişim teknolojileri sayesinde bilgisayarlar, dijital ekipmanlar, manyetik kart makineleri ve uygulamaları, faks makineleri, cep telefonları, uydu yayınları ve yeni finansman hizmetleri gibi yeni ürün ve hizmetlerin ortaya çıkışı toplam üretimi arttırmakta ve yeni iş olanakları yaratmaktadır. Üretim sürecinde uygulama alanı bulan teknolojik yöntemler verimliliği arttırmaktadır. Ticari faaliyetlerin internet üzerinden gerçekleştirilmesi (e-iş ve e-ticaret), dijital reklam, sınır-ötesi üretim, yeni pazarlama teknikleri, yeni örgüt ve yönetim teknikleri ile ekonomik etkinlik artmaktadır (Odyakmaz, 2000: 99).

Bilgi ve iletişim teknolojileri, üretimin ve ticaretin önündeki geleneksel engelleri kaldırmış, üretim süreçlerine küresel bir nitelik kazandırarak üreticilerin önüne sayısız coğrafi fırsat ve seçenek çıkarmıştır. Üretim ağları ulusal sınırları aşmış, üretim aşamaları ekonomik olarak kârlı oldukları yerlerde gerçekleştirilmeye başlanmış ve bu aşamalar elektronik ağlarla birbirine bağlanmıştır. Bu süreç, doğrudan yabancı sermaye yatırımları aracılığı ile hızlandırılmıştır (Odyakmaz, 2000: 103).

Doğu Bloku'nun yıkılmasından sonra liberal pazar ekonomisine yönelik güven duygusu artmış, tüm maliyetine rağmen, eski planlı/devletçi ekonomiler serbest ticaretin ve yabancı sermayenin olanaklarından yararlanma çabası içine girmişlerdir (Bozkurt, 2000a).

Gelişmiş ülkelerde iç piyasaların doyması, özellikle 1970'lerdeki petrol krizi sonrasında dış pazarlara açılma arayışı ile ekonomik faaliyetlerin hacimlerinin artmış olması, küreselleşme sürecini ortaya çıkartan ekonomik etkenlerden bazılarını oluşturmaktadır. Çokuluslu şirketler, yeni uluslararası iş bölümü çerçevesinde, üretimi bütün dünyaya yaymışlardır. Her gün finans piyasalarında büyük miktarlarda para, bir ülkeden başka ülkeye akmaktadır.

Birleşmiş Milletler İnsani Kalkınma Raporu'na göre küreselleşme dört alanda farklılık yaratmıştır (Birleşmiş Milletler Kalkınma Programı, 1999: 30):

- **Yeni pazarlar:** Dünya pazarları küresel ölçekte faaliyet göstermektedir. Yabancı para ve sermaye piyasaları küresel olarak birbirine bağlıdır ve yirmi dört saat işlem yapılabilmektedir. Hizmetler alanında – bankacılık, sigortacılık ve ulaşım – ortaya çıkan küresel pazarlar gelişmektedir. Yeniden yapılandırılmış, küresel ölçekte birbirine bağlı, anında işlem gerçekleştiren ve yeni araçlardan yararlanan yeni finansal pazarlar oluşmuştur. Antitröst yasaları yeniden düzenlenmiş, birleşmeler gündeme gelmiştir. Küresel markaların yer aldığı tüketici pazarları da küreselleşmiştir.
- **Yeni aktörler:** Üretim ve pazarlama güçlerini birleştiren çokuluslu şirketler dünya üretiminde hakim durumdadır. Dünya Ticaret Örgütü ulusal hükümetlerin üzerinde bir otorite haline gelmiştir. Uluslararası yargı sistemi oluşturulmaktadır. Sivil toplum örgütleri ve ulusal sınırları aşan diğer gruplar karar süreçlerini etkileyebilmektedir. Başta Avrupa Birliği olmak üzere bölgesel oluşumlar önem kazanmaktadır. Dünya politikasına yön veren grupların (G-7, C-10, G-22, OECD gibi) sayısı artmaktadır.
- **Yeni kurallar:** Pazar ekonomisinin kuralları tüm dünyada yaygınlaşırken, özelleştirme ve liberalleşme daha fazla önem kazanmaktadır. Tüm dünyada insan hakları kavramı ön plana çıkmakta, bu alanda sözleşmeler anlaşmalar yapılmaktadır. Gelişme ve kalkınma amaçları üzerine işbirliği konuları gündemdedir. Çevre sorunlarına duyarlılık artmış, bu konuda çalışmalar yapılmaktadır. Çok taraflı ticaret anlaşmalarında çevre, toplumsal koşullar gibi kavramlar gündeme gelmektedir. Ticaret, hizmet ve entelektüel mallar üzerinde ulusal hükümetlerin gücünü daraltan ve ulusal hükümetleri daha çok bağlayan çok taraflı anlaşmalar yürürlüğe girmiştir.
- **Yeni ve hızlı iletişim araçları:** İnternet, mobil telefonlar, iletişim ağları, daha hızlı ve ucuz ulaşım yaşamın bir parçası olmuştur.

1.2.2. Küreselleşmenin Anlamı, Kapsamı ve Sonuçları

Küreselleşme kavramı genel anlamda, dünya çapında toplumlar, kültürler, bireyler ve kurumlar arasındaki karmaşık güç ve iletişim ilişkilerini oluşturan sürecin bilgi ve iletişim teknolojileri sayesinde hızlandırılmasını ifade etmektedir. Bu sürecin en önemli özelliği zaman ve mekan kısıtlamalarını ortadan kaldırması, yani gerçek anlamda ya da iletişim alanında mesafeleri aşarken geçen süreyi kısaltmasıdır. Küreselleşme dünyanın küçülmesini ve insanların birbirlerine yaklaşmalarını sağlamış ve bu süreç dünyanın her köşesine ulaşmıştır. Zaman ve işgücü tasarrufu sağlayan üretim teknikleri (robot teknolojisi gibi), mesafeleri aşmaya yarayan teknolojiler (modern ulaştırma araçları ve telekomünikasyon teknolojisi) yeni fikirlerin, teknolojilerin ve kurumların dünyanın her köşesine anında ve çok hızlı yayılmasını sağlamaktadır (Bornman, 2001: 93).

Ekonomik küreselleşme, ekonomik faaliyetlerin artan şekilde uluslararası düzeyde yer aldığı bir süreç olarak tanımlanabilir. Bu süreç, uluslararası mal ve hizmet ticaretine güçlü bir liberal yaklaşım ve uluslararası sermaye hareketleri ile belirginleşirken, ülkelerin piyasalarını ve ekonomilerini birbirlerine bağımlı hale getirmektedir. Bilgi ve iletişim teknolojilerindeki hızlı gelişim sayesinde uluslararası ticaret ve finans faaliyetlerini kısıtlayan coğrafi sınırlar ve zaman farkları ortadan kalkmış, sınırsız ya da sanal bir piyasa ortaya çıkmıştır (Bornman, 2001: 93).

Uluslararası ticaretin gelişimi üç aşamada gerçekleşmiştir (Bornman, 2001: 94): Birinci aşamada, İkinci Dünya savaşı sonrası dönemde ulusal ekonomiler ya da ulus devletler arasındaki ticaret artmıştır. 1970'lerden 1980'lerin sonuna kadar olan dönem ikinci aşamayı oluşturmaktadır. Bu dönemde hızlı teknolojik gelişmeler olmuş ve ticaret kısıtlamaları sistemli şekilde azaltılmış, çokuluslu şirketler ortaya çıkmıştır. Üçüncü aşama ise, 1990'ların sonunda dijital teknolojiler ve iletişim ağlarındaki gelişmeler ile belirlenen sınırsız ekonomidir. Bu aşamada bilgi çok önem kazanmış, bilgiye erişimin hızlanması ve kolaylaşması ile ülkeler arasındaki ilişkiler dengeli hale gelmiştir.

Küresel ekonominin en karakteristik özelliği çokuluslu şirketlere dayanmasıdır. Çokuluslu şirket, birden fazla ulusal nüfuz sahasında şubelere ve bağlı şirketlere sahip olan şirket olarak tanımlanabilir (Hirst ve Thompson, 2000: 15). Çokuluslu şirketler, küreselleşmenin getirdiği mal ve hizmet üretiminin artmasının en önemli aracıdır (İyibozkurt, 1999: 37).

Küreselleşmenin, toplumların yeniden yapılanması ile yeni bir toplumsal yapının ortaya çıkması ve ekonomik yapının değişmesi gibi iki önemli sonucu olmuştur. Küreselleşme dünya çapında sermayenin dolaşımını hızlandırmış ve etki alanını genişletmiştir. Teknolojik gelişmeler, bilgi ve iletişim teknolojilerinde büyük ilerlemeler sağlamıştır. Bilgisayar teknolojisindeki gelişmeler ile bilgi işleme, depolama ve iletme faaliyetleri son derece hızlanmış ve ucuzlamıştır. Dünyanın her köşesi, ileri iletişim teknolojileri sayesinde birbirine bağlanmıştır. Küreselleşme sürecinin ortaya çıkardığı ekonomik yapı, stratejik bir faktör olarak rekabet gücünü ön plana çıkarmaktadır.

Ortaya çıkan bu yeni yapıda bilginin önem kazanması ve bilgi teknolojilerindeki gelişmeler, ekonomik ve toplumsal yapıda dönüşümlere yol açmıştır. Sanayi toplumundan bilgi toplumuna geçilmiş, eski ekonomik yapı yerini bilgi ekonomisine bırakmış, hizmet sektörü önem kazanmış, küresel rekabet artmış, bilgi işletmelerin en önemli sermayesi haline gelirken işletmeler de bir değişim sürecine girmiştir.

1.3. Bilgi Toplumu ve Bilgi Teknolojileri

Geçmişten bu yana üretim ilişkileri, toplumların yapısını tanımlayan en önemli etkendir. İlkel toplum olarak adlandırılabilecek ilk dönemlerde bugünkü anlamda bir toplumsal yapı bulunmamaktaydı. Üretim ise toplayıcılık ya da avcılıktan oluşmaktaydı. İnsan topluluklarında üretim ilişkisi avlanmak için yapılan görev bölüşümü ve avın paylaşımından öteye gitmemekteydi (Erkan ve Erkan, 1998: 23).

Bu dönemin ardından gelen tarım devrimi sulu tarımla birlikte vahşi hayvanların evcilleştirilmesi gibi gelişmeleri beraberinde getirmiş ve tarım toplumunu oluşturmuştur. Tarım toplumunda üretim ilişkileri karmaşıklaşmaya başlamış, toprak ağaları, köleler, tüccarlar, küçük esnaf gibi sınıflar toplumdaki yerlerini almaya başlamışlardır. Tarım devrimi dünyanın her yerinde aynı anda ortaya çıkmamış, tarım toplumları ile birlikte ilkel toplumlar da varlıklarını sürdürmüşlerdir (Ceyhun ve Çağlayan, 1997: 1).

Tarım devriminin ardından 18. yüzyılda buhar makinesinin bulunması ile ilk teknolojik devrim, sanayi devrimi ve bu devrimin yapılandırdığı sanayi toplumu doğmuştur. İngiltere'de başlayan sanayi devrimine diğer Avrupa ülkeleri de hızla ayak uydurmuş, tarım toplumu aşamasında Avrupa'dan ileride olan doğu ülkeleri Avrupa'nın gerisinde kalmıştır. Sanayi devrimi sonucunda Avrupa ülkeleri tarım toplumu aşamasında kalan ülkeleri sömürgeleştirme çabalarına girişmişlerdir.

İkinci Dünya Savaşı'nı izleyen yıllarda teknolojik gelişmeler tarım ve sanayi toplumlarını çok farklı bir aşamaya getirmiştir. Yeni buluşlar ve bilimdeki ilerlemeler (jet motoru, roketler ve uzaya gidiş; atom bombası, nükleer enerji ve termonükleer enerji çalışmaları; plastikler; tıp alanındaki ilerlemeler; televizyon ve dünya çapında yaygın telefon hizmeti; hızlı trenler ve yakıt tüketimi düşük taşıtlar; tranzistör, tümleşik devreler, lazerler ve daha sonra mikro işlemciler, yoğun yarı-iletken bellekler ve yazılım) dünyada yeni bir teknolojik devrime yol açmıştır. Bilgi devrimi olarak adlandırılan bu ikinci teknolojik devrim ABD'de başlamış, Japonya'ya ve Batı Avrupa'ya sıçramıştır (Ceyhun ve Çağlayan, 1997: 2).

Bilginin kendi doğasından kaynaklanan toplumsal değişim, beraberinde bilgi toplumunu getirmektedir. 1960'lı yıllardan itibaren bazı sosyal bilimciler, ABD ve Japonya gibi ileri düzeyde sanayileşmiş ülkelerde, toplumun temel niteliklerinde köklü bir değişim eğilimi gözlemlemişlerdir. Birçok yönden sanayi toplumundan farklılık gösteren bu yeni toplumu tanımlamak için İkinci Dünya Savaşı sonrasında kullanılan sanayi toplumu kavramı yerine çok sayıda kavram ortaya atılmıştır. Söz konusu bu dönem, post-modern dönem, sanayi sonrası toplum, bilgi toplumu, kapitalist ötesi toplum, teknokratik çağ ve bilişim toplumu gibi farklı isimlerle anılmıştır. Bilgi toplumu kavramı, yeni teknolojilerin yol açtığı ekonomik ve toplumsal değişimler anlamında kullanılmaktadır (Akın, 2001: 20-24).

Günümüzde bilginin toplanması, saklanması, işlenmesi ve yeniden saklanması alanlarında teknolojik olanaklar gelişmiş, önemi giderek artan bilgi, dördüncü üretim faktörü olarak ekonomik sisteme dahil edilmiştir. Bilgisayar donanımı ve yazılımındaki gelişmeler, bilginin çok daha hızlı işlenmesine, daha güvenle saklanmasına ve yeniden erişilmesine olanak sağlamaktadır. Bilgi teknolojileri alanındaki gelişmeler bilgi alışverişinin büyüyerek hızlanmasını, kurulan bilgi süper otoyolu sayesinde uluslararası bilgi edinme ve kullanım olanaklarını arttırarak bilgi çağına girilmesini sağlamıştır (İlyasoğlu, 1997: 3). 1980'li yıllarda başlayan bu hızlı gelişim ve değişimler bilgi çağını başlatmış, sanayileşme sürecini tamamlamış ülkelerde bilgi toplumu olarak adlandırılan yeni bir toplum yapısını oluşturmuştur.

Bilgi çağının önceki dönemlerden farkını vurgulayan beş temel özellik bulunmaktadır (Senn, 1995: 9):

- Bilgi çağının temelleri bilgi toplumuna dayanmaktadır.
- Bilgi çağında işletmeler faaliyetlerini büyük ölçüde bilgi teknolojilerine dayandırmaktadırlar.
- Bilgi çağında iş süreçleri verimlilik artışı dikkate alınarak bilgi teknolojilerine dayalı olarak yapılandırılmaktadır.
- Bilgi çağında başarı, bilgi teknolojilerinin kullanımında etkinlik ile ölçülmektedir.
- Bilgi çağında birçok ürün ve hizmet, bilgi teknolojileri ile iç içe geçmiş durumdadır.

1.3.1. Bilgi Toplumu

Bilgi çağı ve bilgi toplumu ile ilgili çözümlemelerde genellikle tarihsel süreç içinde belli özellikler taşıyan dönemleri dalgalar halinde isimlendirmekten yararlanılmıştır. Bu yorumlara göre tarihte iki önemli dönüşümün gerçekleştiği, üçüncü dönemin ise fiilen yaşanmakta olduğu belirtilmektedir. Bu yaklaşıma göre, toplumsal gelişmenin ilk dönüm noktası tarımın ortaya çıkması, ikincisi ise sanayi devrimidir. Bu iki dalga da kendilerinden önceki kültür ve uygarlıkları ortadan kaldırmıştır. Birinci değişim dalgası olan tarım devrimi binlerce yıl sürmüştür. İkinci dalga, yani sanayi uygarlığının yükselişi ise yalnızca üç yüz yılda gerçekleşmiştir. Günümüzde dünya üçüncü dalga olarak adlandırılan hızlı bir değişim süreci içindedir. Üçüncü dalga beraberinde yeni yaşam ve çalışma tarzları, yeni bir toplumsal yapı, yeni bir ekonomik düzen getirmektedir (Toffler ve Toffler, 1996: 19).

On bin yıl kadar önce tarım devrimi başlamış ve yavaş yavaş tüm dünyaya yayılarak tarıma dayalı yeni bir yaşam biçiminin gelişmesine yol açmıştır (Drucker, 1999). Tarımın ortaya çıkışı insan ırkına, yeryüzünün kaynaklarının zenginliğe dönüştürülmesi için yeni bir yöntem sunmuştur. Neredeyse dünyanın her yerinde yaşanan "Birinci Dalga" değişimi ile köylü merkezli ekonomiler doğmuş, avcılık ve toplayıcılık insanların temel geçim kaynakları olmaktan çıkmıştır (Atik, 1999). 17. yüzyılın sonlarından itibaren, tarım toplumuna geçiş henüz hızını kaybetmemişken Avrupa'da yeni bir değişim dalgasına yol açan "Sanayi Devrimi" başlamıştır. Sanayileşme olarak adlandırılan bu süreç tüm dünyaya hızlı şekilde yayılmıştır. Tarım devriminin etkisi birkaç küçük topluluk dışında durulurken, birçok tarım ülkesi çelik üretme tesisleri, otomobil fabrikaları, dokuma fabrikaları, demiryolları kurma çabası içine girmişlerdir (Akın, 1999). Tarımsal üretimin ana girdisi toprak olurken, sanayi toplumu döneminde toprağın yerini makineler almıştır. Mekanik düşünce ve bu teknolojinin ürünü makineler sanayi toplumunun belirleyici unsuru olmuştur. Sanayi toplumunda zenginlik ve refah artışının kaynağı sermaye mallarıdır (Erkan, 2001).

Sanayi toplumları, teknik bilgiye dayalı, rasyonel şekilde örgütlenmiş toplumlardır. Bir sanayi toplumunda temel kurum endüstriyel girişimdir ve emeğin makine-yoğun üretim süreci etrafında örgütlenmesinden doğan bir toplumsal hiyerarşiye dayanmaktadır. Tüm sanayi toplumlarında teknoloji, eğitim-öğretim, teknik bilgi, iş ve beceri türleri, ücret yelpazesi benzerdir. Sanayileşmiş ülkelerde diğer meslek gruplarına oranla teknik meslekler daha hızlı gelişirken, işletme yönetimi teknik bir beceri olarak kendini göstermektedir (Dura ve Atik, 2002: 33).

İnsanlık tarihinin etkileyen ikinci dalga olarak kabul edilen sanayi devriminin etkileri sürerken, 1950'li yılların ortalarında ABD'de çok daha başka ve önemli bir süreç olan Üçüncü Dalga ortaya çıkmış ve büyük çaplı toplumsal dönüşümlere yol açmıştır (Toffler, 1992: 13). İkinci Dünya Savaşı'ndan hemen sonra ortaya çıkan toplum "Kapitalist Ötesi Toplum", "Sanayi Sonrası Toplum", "Bilişim Toplumu", "Enformasyon Toplumu" ya da "Bilgi Toplumu" olarak adlandırılmaktadır. Buna göre, yeni toplumun temel ekonomik kaynağı, yani üretim araçları sermaye, emek ya da doğal kaynaklar değil, bilgidir (Drucker, 1994).

Günümüzde, sanayi devriminin yönlendirdiği yenilenme, değişim ve dönüşüm süreci tamamlanmış ve bilgi toplumu sanayi toplumunun yerini almaya başlamıştır. Bilgi teknolojilerinin yarattığı olanaklar yeni bir ekonomik gelişme döneminin yanında toplumsal yapıda da hızlı bir dönüşüm süreci başlatmıştır. Sanayi toplumundan bilgi toplumuna dönüşüm, tarıma dayalı geleneksel toplum yapısından sanayi toplumuna geçiş sürecinden daha hızlı olmuştur. Bu durum, yeni teknolojilerin gelişme hızı ile insanlığın bu teknolojilere uyum esnekliğinin yüksekliğinden kaynaklanmaktadır (Erkan, 1998: 11).

Bilgi toplumu; yeni temel teknolojilerin gelişimi ile bilgi sektörünün, bilgi üretiminin, bilgi sermayesinin ve nitelikli insan faktörünün önem kazandığı, eğitimin sürekliliğinin ön plana çıktığı, iletişim teknolojileri, bilgi otoyolları, elektronik ticaret gibi yeni gelişmeler ile toplumu ekonomik, sosyal, kültürel ve siyasal açıdan sanayi toplumunun ötesine taşıyan bir gelişme aşaması olarak tanımlanabilir. Sosyo-ekonomik gelişme sürecinde başta insan faktörü ve bilgi olmak üzere tüm alanlarda yapısal değişimi gerekli kılan, sanayi toplumunun uzantısı olan bilgi toplumunun ortaya çıkardığı yapı, "bilgi ekonomisi", "sanayi-sonrası toplum", "bilişim toplumu", "bilgi çağı" ve benzeri şekillerde ifade edilmektedir. Ayrıca, sosyo-ekonomik gelişme sürecinde tarım devrimi birinci dalga, sanayi devrimi ikinci dalga, bilgi devrimi veya bilgi toplumundaki gelişmeler ise "üçüncü dalga" olarak nitelendirilmektedir. Üçüncü dalga, ekonomik, sosyal, kültürel ve siyasal alanda yeni bir yaşam biçimi getirmektedir. Bu yeni gelişmeler yeni davranış biçimlerinin oluşmasına yol açmakta ve toplumu standartlaşma ve merkezileşmenin ötesine taşımaktadır. Bu yeni uygarlık, farklı bir dünya görünümünü de beraberinde getirmekte; zamanı, mekanı, mantık ve nedenselliği kendine özgü biçimde ele alırken, geleceğin politikasının ilkelerini de kendine göre oluşturmaktadır (Aktan ve Tunç, 1998: 121).

Bilgi toplumunun temel özelliklerinden biri de, sanayi toplumunda ön planda olan maddi ürünler yerine, bilgi toplumunda bilgi üretiminin önem kazanmasıdır. Bilgi toplumunun sürükleyici gücü, bilişim teknolojisinin ürünü olan bilgidir. Bilimsel bilgi bilgisayar sistemleri içerisinde bilimsel yöntem ve süreçler ile işlenip elde edildiği için daha objektif olmaktadır. Sanayi toplumunun bilişim teknolojisi ile geleceğin bilişimsel ve sistematik bilgileri üretilecektir. Kısacası bilgi toplumunun bilişimsel bilgisi, bilgi teknolojileri içinde geleceğe yönelik işlenmiş bilgidir. Bilgi toplumunda bilginin temel özellikleri sürekli üretebilmesi ve artış göstermesi, iletişim ağları içerisinde taşınabilir, bölünebilir ve paylaşılabilir olması ile özetlenebilir. Bilişimsel bilgi, hem bilgi toplumundaki üretim sürecinin hem de tüketim sürecinin en önemli girdisidir ve emek, sermaye ve doğal kaynak şeklindeki diğer üretim faktörlerini önemli ölçüde ikame etmektedir (Erkan, 1998: 96-97).

Bilginin kendi doğasından kaynaklanan toplumsal değişim, beraberinde bilgi toplumunu getirmektedir. 1960'lı yıllardan itibaren bazı sosyal bilimciler, ABD ve Japonya gibi ileri düzeyde sanayileşmiş ülkelerde, toplumun temel niteliklerinde köklü bir değişim eğilimi gözlemlemişlerdir. Birçok yönden sanayi toplumundan farklılık gösteren bu yeni toplumu tanımlamak için İkinci Dünya Savaşı sonrasında kullanılan sanayi toplumu kavramı yerine çok sayıda kavram ortaya atılmıştır. Söz konusu bu dönem, post-modern dönem, sanayi sonrası toplum, bilgi toplumu, kapitalist ötesi toplum, teknokratik çağ ve bilişim toplumu gibi farklı isimlerle anılmıştır. Bilgi toplumu kavramı, yeni teknolojilerin yol açtığı ekonomik ve toplumsal değişimler anlamında kullanılmaktadır (Akın, 2001: 20-24). İkinci Dünya Savaşı'ndan sonra ortaya çıkan dönüşümlerin yarattığı bu toplumu Bell (1973) sanayi sonrası toplum (post-industrial society), Drucker (1993a, 1993b) kapitalist ötesi toplum (post-capitalist society) ve öğrenen toplum (learning society), Toffler (1981) üçüncü dalga toplumu (third wave society), Masuda (1990) enformasyon toplumu ya da bilgi toplumu (information society) olarak adlandırmaktadır. Bu yeni toplum, hizmetler sınıfı toplumu (service class society), küresel bilgi toplumu (global information society), dijital dünya (digital world) gibi kavramlarla da ifade edilmektedir (Öğüt, 2001: 27). Yeni toplumun temel ekonomik kaynağı, yani üretim araçları sermaye, emek ya da doğal kaynaklar değil, bilgidir (Drucker, 1994).

Bilgi çağı toplumunda, eğitimi ile çağının gereksindiği yetenekleri ortaya koyabilen birey ve bilgi ön plana çıkmıştır. Sanayi toplumunda sahip olunan malların miktarı yaşam standardının belirleyicisiyken, bilgi çağı toplumunda hizmetler ile sağlık, eğitim, eğlence ve sanatsal etkinlikler gibi olanaklarla ölçülen yaşam kalitesi belirleyicidir (Bell, 1973: 127).

Tablo 1: Sanayi Toplumu – Bilgi Toplumu Karşılaştırması

	SANAYİ TOPLUMU	→	BİLGİ TOPLUMU
Ekonomik Özellikler			
Pazar	Statik	→	Dinamik
Faaliyet Alanı	Ulusal	→	Küresel
Dayanak Noktası	Fiziksel sermaye	→	Entelektüel sermaye
Örgüt Yapısı	Bürokratik, hiyerarşik	→	Çalışma ağı, girişimci
İşin Coğrafi Hareketliliği	Düşük	→	Yüksek
Bölgelerarası Rekabet	Düşük	→	Yüksek
Endüstri			
Üretim Yönetimi	Kitle üretimi	→	Esnek üretim yeteneği
Temel Üretim Faktörleri	Sermaye, emek	→	Yenilik, bilgi
Kritik Teknolojik Faktör	Mekanizasyon	→	Dijitalleşme
Rekabet Avantajı Kaynağı	Maliyet	→	Yenilikçilik, kalite, pazar bilgisi, maliyet
ArGe'ye Verilen Önem	Orta	→	Yüksek
Sektörel İlişkiler	Yalnız çalışma	→	Anlaşma ve birleşme
Pazarlama Faaliyetleri	Kitlesel pazarlama	→	Bireysel pazarlama
İş Gücü			
Hedef	Sürekli iş	→	Yüksek ücret ve gelir
Beceriler	İşe odaklılık	→	Geniş kapsamlı beceriler, birden çok konuya hakim olma
İşveren – İşgören İlişkileri	Rekabet	→	Birlikte çalışma
İstihdam Özelliği	Sabit	→	Risk ve fırsatlarla donatılmış
Politik Yapı			
Şirket – Devlet İlişkileri	Yaptırımcı	→	Şirketlerin yenilenme ve büyümesine destek
Yönetim Amacı	Güvenlik amaçlı	→	Bireysel haklara odaklı
Güç Odağı	Ulus-devlet	→	Küresel ve bölgesel örgütlenmeler
Devlet Denetimi	Kontrolcü	→	Esnek, pazar odaklı
Toplumsal Özellikler			
Değerler	Uyumluluk, seçkinlik, sosyal sınıflar	→	Bireysellik, çeşitlilik, katılımcılık
Eğitim	Kitleselleştirilmiş dönemsel eğitim	→	Bireyselleştirilmiş yaşam boyu öğrenim
Aile Yapısı	Çekirdek aile	→	Birey merkezli farklı aile biçimleri
Zamanın Ruhu	Rönesans (bireysel özgürlük)	→	Küreselleşme (insan ve doğanın ortak yaşayışı)
Değer Standartları	Maddi değerler (fizyolojik gereksinimlerin tatmini)	→	Zaman-değeri (hedefe ulaşmaya yönelik gereksinimlerin tatmini)
Etik Standartlar	Temel insan hakları, insancıllık	→	Öz-disiplin, toplumsal katılım
Teknolojik Sistem			
Üretim Sistemi	Montaj hattına bağlı üretim teknikleri	→	Bilgi teknolojilerine dayalı üretim teknikleri
İletişim Sistemleri	Görsel ve yazılı basın-yayım araçlarına dayalı iletişim sistemleri	→	İnternet ve dijital teknolojilere dayalı iletişim sistemleri
Mekanizasyon	İşgücünü ikame eden makineler	→	Beyin gücünü geliştiren bilgisayarlar

Kaynak: (Arthur Andersen, 2001: 16; Masuda, 1990: 6-7; Öğüt, 2001: 26'dan uyarlanmıştır.)

Bilgi çağına geçiş süreci incelendiğinde dikkat çeken olgu, sanayi toplumunun önde gelenlerinin serbest rekabet ortamında bir adım daha öne geçebilme kaygısı ile yaptıkları teknolojik atılımlardır. İkinci Dünya Savaşı dönemi ile birlikte özellikle savunma sanayinde kendini gösteren teknolojik atılımlar sıcak savaş döneminden soğuk savaş dönemine geçildikçe yerini sanayi toplumunun son aşaması olan toplumsal refah – yüksek tüketim toplumuna ulaşmaya yönelik anlayışa bırakmıştır (Savaş, 2002). Drucker'a göre (1993a:, 11), İkinci Dünya Savaşı sonunda kabul edilen ve savaştan dönen her Amerikalı askere üniversiteye gidebilmesi için para verilmesini öngören Amerikan Er Hakları Yasası bilgi toplumuna geçişin bir işareti olarak görülmektedir. Sanayi toplumunun ve bilgi toplumunun nitelikleri, karşılaştırmalı olarak yukarıdaki tabloda (Tablo 1) verilmektedir.

1.3.2. Bilgi Teknolojileri

Teknoloji, bilimsel bilginin (knowledge) belirli bir amacın gerçekleştirilmesi için bazı araçlar, makineler kullanılarak ya da bazı aşamalardan geçirilerek mal ve hizmet üretiminin gerçekleştirilmesinde kullanılmasıdır (Durusoy ve Velioğlu, 2002: 51). Diğer bir deyişle teknoloji, bilimsel ve endüstriyel yöntemleri inceleyip, bunların üretimde uygulanabilir biçimde kullanımları ile ilgilenen bilimsel uğraş ve bu şekilde elde edilen bilgilere dayalı olarak geliştirilen makineler, yöntemler ve süreçlerdir. Sosyolojik yaklaşım teknolojiyi insan ve yaşadığı dünya arasındaki ara birim olarak tanımlarken, teknolojinin fiziksel yönünü değil, toplumsal etkilerini incelemektedir. Politik açıdan bakıldığında teknoloji ulus devletlerin siyasi süreçlerde etkin olarak kullandığı bir etkendir. Ekonomik açıdan bakıldığında ise, teknoloji üretim faktörlerinden bir kaynak olarak görülmekte, teknolojinin piyasa, sanayi kolları, ulusal ve uluslararası ekonomi üzerindeki etkileri dikkate alınmaktadır.

Teknoloji, yeni ölçüler ve ölçütler getirerek insanın doğa üzerindeki denetimini arttırmış, dünyaya bakışını, düşünce, duygu ve davranışlarını, toplumsal ilişkilerini değiştirmiştir. Bu değişimler beş farklı yolla gerçekleşmektedir (Bell, 1973: 188-89):

- Teknoloji daha düşük maliyetle daha fazla mal üretimine olanak sağlamaktadır. Bu nedenle de toplumların yaşam standartlarını yükseltmenin başlıca aracıdır. Ayrıca, ekonomik gelişmenin ileri aşamalarından itibaren toplumsal eşitsizliği azaltabilecek bir araç olmuştur.
- Teknoloji toplumda mühendis ve teknisyenler adı verilen, çalışma sürecinin planlayıcı kadrosunu oluşturan yeni bir sınıf yaratmıştır.
- Teknoloji işlevsel ilişkileri ve nicel olanı ön plana çıkaran yeni bir rasyonellik tanımı ve düşünce biçimi yaratmıştır. Bu yeni anlayışa hakim olan ölçütler etkinlik ve optimumlaştırmadır; yani kaynakları en az maliyet ve çaba ile kullanmaktır.
- Ulaştırma ve haberleşme alanlarındaki teknolojik gelişmeler, yeni ekonomik yapılar ve toplumsal etkileşimler yaratmıştır.

- Zaman ve mekanla ilgili olanlar başta olmak üzere, estetik algılamaların tümü değişmiştir. Günümüzde hız ve hareket kavramları geçmiştekinden çok farklıdır.

Sanayi toplumunun ve onun üzerinde gelişen bilgi toplumunun temeli teknolojiye dayanmaktadır. Ekonomik gelişme ve değişmelerin kaynağı teknolojidir. Geçmiş dönemlerde ekonomik analizlerde teknolojik gelişmelere gereken önem verilmemiş, verimlilik artışı işçi başına sermaye faktörüne bağlanmıştır. Ancak yapılan hesaplamalar, işçi başına sermaye artışı ile açıklanamayan verimlilik artışının başka bir faktörden kaynaklanıyor olması gerektiğini göstermiştir. Bu olgunun açıklaması Robert M. Solow tarafından yapılmış; verimlilik artışını sağlayan gizli faktörün teknoloji olduğu ortaya konulmuştur (Bell, 1973: 190-191).

Bilgi çağını bağlatan bilgi teknolojilerinin gelişimi bilgisayarların ortaya çıkışına dayanmaktadır. Bilgisayarların ortaya çıkışı, bir dizi bağımsız gelişmenin bir araya gelmesi sonucunda olmuştur. İlk bilgisayarlar düşük hızlı, çok büyük ve işlevsellikleri sınırlı makinelerdi. Bilgisayar teknolojisinde kullanılan sayısal yöntemler eskiden beri bilinmekteyse de bu yöntemleri yaşama geçirecek bileşenlerin ortaya çıkışı (1980'lerde sayısal teknolojide ortaya çıkan ilerlemeler) bilgi teknolojilerindeki gelişimi başlatmıştır. Bu teknolojik atılım, farklı yöntemler ile veri toplanmasını olanaklı kılarken, bilgisayar teknolojisinin özünü oluşturan bellek ve işlemcilerin küçülmesi ve bilgisayardan ayrı bir bileşen gibi kullanılmaya başlanması ile toplanan verilerin saklanıp işlenmesini kolaylaştırmıştır (Ceyhun ve Çağlayan, 1997: 11-13).

Bilgi toplumuna geçiş sürecinde son derece önemli bir role sahip olan bilgi teknolojilerinin özellikleri şu şekilde sıralanabilir (Bozkurt, 2000b: 120):

- Yaygın kullanım alanına sahip olan bilgi teknolojileri maliyetlerde büyük düşüşlere yol açmakta, iletişimi ve bilginin korunmasını kolaylaştırmaktadır. Üretim, pazarlama, satış, teknik servis ve yönetim faaliyetleri üzerinde bilgi teknolojilerinin etkisi çok büyüktür.
- Bilgi teknolojileri, işgücü, hammadde, enerji ve sermaye kullanımında tasarruf sağlarken, ürün ve hizmetlerin kalitesini arttırmaktadır.
- Bilgi teknolojileri işletmelere, tüketicilerin taleplerine daha kolay uyum yeteneği, yani esneklik kazandırmaktadır.
- Üretimde kullanılan araç ve makinelerin kolaylıkla değiştirilebilmesini sağlayan bilgi teknolojileri küçük ve orta büyüklükteki işletmelerin de gelişmelerine yardımcı olmaktadır.
- Bilgi teknolojilerinin yol açtığı değişimler işgücünün yeni nitelikler kazanmasını zorunlu kılmaktadır.
- Bilgi teknolojileri yalnızca sektörel anlamda değil, işletmelerin yönetim ve örgüt yapılarında da değişimlere yol açmaktadır. Bilgi teknolojileri işletmelerin daha yatay bir örgütlenmeye gitmelerini sağlarken, işletme birimleri arasında bilgi akışını da kolaylaştırmaktadır.

İş dünyası başlangıçta bilgisayarları muhasebe-finans uygulamaları, üretimin otomasyonu, bilgi depolama ve işleme gibi gereksinimlerini çok daha hızlı ve ucuz yapabilmek için kullanırken, artık bilginin stratejik değeri öne çıkmış ve bilgisayarlar, bilgi işleme yerine veri kullanma ve yönetim olanakları arttırma amacına hizmet etmeye başlamıştır (İlyasoğlu, 1997: 3-4).

1.4. Bilgi Ekonomisi

Sanayi Devrimi ile başlayan dönüşüm süreci insanlık tarihi için bir yapısal değişimi gündeme getirmiştir. Sanayi Devrimi'nin ortaya çıkardığı yeni teknolojiler, yeni bir üretim ortamı ve yeni bir yaşam tarzı yaratmıştır. Sanayi Devrimi teknolojik yeniliklerin üretim alanında kullanılmasının ekonomik, toplumsal, politik ve kültürel alanlarda yol açtığı değişimleri kapsayan bir süreç bir olarak gerçekleşmiştir. James Watt'ın 1765'te buhar makinesini bulması ve bunun bir enerji kaynağı olarak kullanılması teknolojik açıdan; Adam Smith'in 1776'da yazdığı Ulusların Serveti isimli eseri ekonomi bilimi açısından; 1789 Fransız Devrimi politik gelişmeler açısından birer dönüm noktası olmuştur (Erkan, 1998: 3).

İkinci Dünya Savaşı sonrasında ileri teknolojilerin kullanımı ile birlikte kitle üretimi yaygınlaşmış, standartlaşmayı ve verimliliği arttıran yöntemler devreye sokulmuştur. Yönetim ve üretim teknolojilerindeki gelişmeler, ölçek ekonomileri hedefi, uzmanlaşma, zaman-hareket etütleri, iş basitleştirmesi, optimizasyon tekniklerinin geliştirilmesi İkinci Dünya Savaşı sonrasında refah toplumu ile özdeşleşmiş kavramlar haline gelmiş ve seri üretim yöntemleri ile en üst teknolojik düzeye ulaşılmıştır. Bu dönemde uluslararası mal ticareti büyük boyutlara ulaşmıştır (İlyasoğlu, 1997: 6).

1960'lı yıllarda sanayileşme sürecinin son aşaması olan refah toplumu ya da tüketim toplumu, 1967 yılında ekonomik kriz ve durgunlukla karşılaşmıştır. 1968 yılında ise, tüm dünyayı saran tepki ve başkaldırı hareketleri ortaya çıkmıştır. 1970'li yılların başında dünya para sisteminde bir değişiklik olmuş, Bretton Woods sistemi terk edilerek esnek kur sistemine geçilmiştir. 1973 yılında ortaya çıkan Petrol Krizi gelişmiş ülkeleri yani arayışlara itmiş, yeni teknolojilerin uygulanması bir fırsat yaratmıştır. Bu da bilgi çağının başlamasına yol açmıştır (Erkan, 1998: 9-10).

Bilgi ekonomisi, ünlü düşünür Roger Cass tarafından son 200 yıl içinde ortaya çıkan değişik ekonomik ve toplumsal gelişmeler ile oluşan dalgalardan biri olarak görülmektedir. Roger Cass 1789 yılından başlayarak 60 yıl kadar devam eden birinci "yeni ekonomi" dönemini Sanayi/Fransız devrimi olarak adlandırmaktadır. İkinci olumlu gelişme dönemi 1848 yılında başlamış ve büyük demiryolu dönemi olarak 25 yıl sürmüş, 1872 yılındaki kriz ile beraber 24 yıllık bir gerileme dönemi ortaya çıkmıştır. Bu dönemin sona erdiği 1896 yılında elektrik, telefon gibi gelişmelerin yol açtığı yeni bir 24 yıllık olumlu dalga ortaya çıkmıştır. Üçüncü "yeni ekonomi" dönemi günümüzün yeni ekonomisini andıran etkiler yaratmıştır. 1921 ile 1947 arasında oldukça sorunlu bir gerileme ile sona eren bu dönemi 1948 yılında İkinci Dünya Savaşı sonrası Bretton Woods anlaşması ve Marshall Planı gibi gelişmeler ile yeni bir 24 yıllık dönem izlemiştir. Bilgisayarın icadı ile şekillenen bu dönem

1973 yılındaki petrol krizi ile düşüşe başlamış, 1993 yılındaki internet devrimine kadar 20 yıl devam etmiştir. 1994 yılında artık yaygın bir şekilde sözü edilen günümüzün "Yeni Ekonomi" dönemi başlamış, bu dönemin öne çıkan temaları bilgi ve iletişim teknolojileri ile küreselleşme olmuştur (Rubin, 2001: 88).

Bilgi ekonomisinin başlangıç koşulları ve temelleri 1970'lere uzanmaktadır. Gelişmiş ülkelerin ekonomilerinde 1970'lerde yaşanan ekonomik kriz, 1980'lerin başında neo-liberal ekonomi politikalarının devreye girmesi ile sonuçlanmıştır. Yenilenen ekonomi politikaları ile birlikte, giderek artan işsizlik – enflasyon (stagflasyon) olgusuna çözüm arayışları içinde yeni bir yatırım alanı olarak bilgi teknolojilerine dayalı sanayi politikalarından söz edilmeye başlanmıştır. Bilgi teknolojilerine yatırımların çoğaltan etkisinin, istihdam ve büyüme üzerinde olumlu etkileri olacağı beklentisi birçok ülkede egemen bir görüş olarak yaygınlaşmaya başlamıştır (Söylemez, 2001: 14).

Günümüzde "eski" olarak adlandırılabilecek bilek gücüne dayalı ekonomik düzen, 1800'lerin başında sanayi devrimi ile başlamış ve 1990'lara kadar gücünü korumuştur. Eski ekonomi, "üretim" üzerine kurulmuş, her tüketicinin beğeni ve isteklerini aynı kabul eden bir standartlaştırma ile yapılandırılmıştı. Kitle üretimi odaklı firmalar ile işleyen eski ekonomi dar bir kitleyi hedef alan, özellikle 1945 sonrasında ulusal pazar odaklı olarak gelişen, maliyetleri sürekli kontrol altında tutmak üzerine yoğunlaşmış bir yapıya sahipti (Arthur Andersen, 2001: 15). Bu sistem 1970'lere kadar işlerliğini sürdürmüş, ancak 1970'lerde ve 1990'ların başında yaşanan ekonomik krizler eski ekonomik düzenin sorgulanması sonucunu doğurmuş ve bir yenilenme sürecine girilmiştir. Eski ekonomiye yeniden yapılanma olanağını inanılmaz hızla gelişen teknoloji ve bilgi üretimi sağlamıştır. Günümüzde, yaratıcılığı oluşturan fikirlerin, teknolojik gelişmelerin ve yenileşmenin öneminin artması ile birlikte bilgi teknolojilerinin altyapısını oluşturduğu bilgi ekonomisi kavramı tüm sektörlerde yerleşmeye başlamıştır. Dünya ekonomisinde bilgiye dayalı dönüşüm sürecinin yarattığı ekonomik koşullar bilgi ekonomisi olarak adlandırılmaktadır. Bilgi ekonomisinin eski ekonomik sistem ile karşılaştırması aşağıdaki tabloda (Tablo 2) verilmektedir.

1990'larda ortaya çıkan bilgi ekonomisinin özünü tüm bilgi akışının dijitalleşmesi oluşturmaktadır. Eski ekonomik yapının çek, nakit para, fatura, yüz yüze görüşmeler, analog telefon konuşmaları, haritalar, grafikler gibi geleneksel araçları artık yerini dijital bilgiye bırakmaktadır. Bilgi çağının başlangıcı, bilgi sektörüne yapılan yatırımların, geleneksel üretim yatırımlarının önüne geçtiği 1991 yılı olarak belirlenmiştir (Buğdaycı, 1998: 158).

Ekonomi her geçen gün daha fazla bilgiye dayanmaktadır. Ekonomik güç bilgiye sahip olanın eline geçmekte, maddi kaynaklar ve emek artık ekonominin ana kaynağı olma niteliğini yitirmektedir. Rekabetçi üstünlük sağlayabilmek için doğal kaynaklara, hammaddelere, ucuz işgücüne ya da büyük tesislere sahip olmak yeterli olmamaktadır. Bilgi ekonomisinde patent, know-how gibi kaynaklar diğer ekonomik kaynaklardan çok daha değerlidir. Yazılım ve biyoteknoloji gibi ileri teknolojiye dayalı şirketlerin değeri, fiziksel varlıklardan çok sahip oldukları bilgi yaratabilme gücü gibi görünmeyen varlıklar ile ölçülmektedir. İnsan kaynakları, bilgi teknolojileri ve müşteri varlığı, şirketlerin pazardaki değerlerini ve rekabetçi üstünlüklerini belirleyen temel göstergeler olarak kabul edilmektedir (Barutçugil, 2002: 25).

Tablo 2: Bilgi Ekonomisi – Eski Ekonomi Karşılaştırması

	ESKİ EKONOMİ		BİLGİ EKONOMİSİ
Ekonomik Özellikler			
Pazar	Statik	→	Dinamik
Faaliyet Alanı	Ulusal	→	Küresel
Örgüt Yapısı	Bürokratik, hiyerarşik	→	Çalışma ağı, girişimci
İşin Coğrafi Hareket Yeteneği	Düşük	→	Yüksek
Bölgelerarası rekabet	Düşük	→	Yüksek
Endüstri			
Üretim Yönetimi	Kitle Üretimi	→	Esnek üretim yeteneği
Temel Üretim Faktörleri	Sermaye, emek	→	Yenilik, bilgi
Kritik Teknolojik Faktör	Mekanizasyon	→	Dijitalleşme
Rekabette Avantaj Kaynağı	Maliyet	→	Yenilikçilik, kalite, pazar bilgisi, maliyet
ArGe'ye Verilen Önem	Orta	→	Yüksek
Sektörel İlişkiler	Yalnız çalışma	→	Anlaşma ve birleşme
Pazarlama Faaliyetleri	Kitlesel Pazarlama	→	Bireysel pazarlama
İş Gücü			
Hedef	Sürekli iş	→	Yüksek ücret ve gelir
Beceriler	İşe odaklılık	→	Geniş kapsamlı beceriler, birden çok konuya hakim olma
İşveren – İşgören İlişkileri	Rekabet	→	Birlikte çalışma
İstihdam Özelliği	Sabit	→	Risk ve fırsatlarla donatılmış
Devlet			
Şirket – Devlet İlişkileri	Yaptırımcı	→	Şirketlerin yenilenme ve büyümesine destek
Denetim	Kontrolcü	→	Esnek, pazar odaklı

Kaynak: (Arthur Andersen Yönetim ve İnsan Kaynakları Ltd. Şti., 2001: 16)

Tablo 3: Bilgi Ekonomisinin Özellikleri

Bilgi: Bilgi teknolojileri, dünya ekonomisini bilgi ekonomisine dönüştürmüştür. Mal ve hizmetlerin içeriği tüketiciler tarafından belirlenirken, bilgi teknolojileri mal ve hizmetlerin bir parçası haline gelmektedir. Bilgi ekonomisinde bir örgütün değerini, o örgütün entelektüel birikimi ve bilgi işçisine verdiği önem belirlemektedir. Sermaye, bilginin bir fonksiyonu haline gelmektedir. Güçlü işletmeler yeni Pazarlar oluşturma, yeni ürünler ve teknoloji geliştirme gibi alanlarda bilgiyi kullanmanın ötesinde, bilgi yaratma sayesinde lider konumlarını sürdürebilmektedirler. Var olan bilgiyi yorumlamak teknik bir işken, bilgiyi yaratma için hayalgücü, sezgi ve içgüdülerden de yararlanmak gerekmektedir. Bilgi yaratan işletmelerde bilgiyi keşfetme ve yenilik yapama görevi işletmelerin belli bir departmanına değil, yaşayan bir organizma olarak görülen tüm işletmeye aittir. Bilginin kaynağı ise, bireydir. Bilgi yaratan işletmelerin temel yaklaşımı, bireysel bilgiyi işletmenin tümüne mal edebilecek bir sistem geliştirmektir. Bilgi teknolojileri, yapay zekaya kadar genişleyen bir yelpazeye sahiptir.
Dijitalleşme: Bilgi ekonomisi, dijital bir ekonomidir. Bilgi ekonomisinde bilgiler 1 ve 0'dan oluşan veri formları ile iletilmektedir. Bilgi çağında tüm bilgiler – ticari faaliyetler, iş anlaşmaları, bireyler arasındaki iletişim, bilimsel konular, ses, görüntü, hareketli objeler vb. – bir silikon parçacığına indirgenebilmekte ve ağlar yardımı ile dünyanın her köşesine iletilebilmektedir. Böylece, büyük miktarlardaki bilgi hızlı, ucuz ve güvenilir şekilde alıcılarına ulaşmaktadır. Örneğin, seyahatlerde taşınabilir bilgisayarlar aracılığıyla elektronik posta kullanılabilmekte ve elektronik posta ile mesajın yanı sıra video dahil her türlü bilgi iletilebilmektedir. Dijital iletişim ticari ilişkileri ve işletmelerin yönetimini büyük ölçüde etkilemekte ve ekonominin geneline doğru yayılmaktadır.
Sanallık: Bilginin niteliğinin analogdan dijitale doğru değişmesi, fiziksel varlıkların sanal hale dönüştürülmesine olanak vermiş ve dijital ağlar içinde sanal ekonomi yaratmıştır. Ekonominin yapısı ile kurumlar ve ilişkilerin doğası değişmiştir. Sanal kelimesi bir şeyin gerçeğe çok yakın olması ya da bir şeyin fiilen olması anlamına gelmektedir. Bir şeyin sanal olabilmesi için başka bir şeyin gücünü ve yeteneğini içermesi gerekmektedir. Günümüzde birçok kurumun sanal olanı ortaya çıkmıştır; sanal piyasa, sanal borsa, sanal şirket, sanal ofis gibi. Ancak, yapılan araştırmalar ağ üzerinden iletişim ile yüz yüze iletişimin birçok açıdan farklılıklar taşıdığını ve sanal ortamlarda iletişim etkinliğinin istenilen ölçüde başarılı olmadığını göstermektedir.
Moleküllerleşme: Bilgi teknolojileri yığınları küçük parçalara ayırmaktadır. Toplumsal ve ekonomik yaşamın tüm yapıları bir dönüşüm içindedir; kitlesel yapılar yerini moleküler yapılara bırakmaktadır. Bağımsızlaşan birimlerin, kendi katkı ve yeniliklerini yaratma şansları doğmaktadır. Bilgi ekonomisinde moleküllerleşme kavramı, fizikteki molekül kavramının incelenmesi ile daha kolaya anlaşılabilecektir. Fizikte maddenin en küçük parçası olan molekül, maddenin niteliklerinin taşıyan en küçük parçasıdır. Katı maddelerde itme ve çekme kuvvetleri dengelendiğinden moleküller birbirlerine yapışık halde kalabilmektedir. Sıvılarda moleküller rahatça hareket edebilmektedirler, ancak yine birbirlerine bağlı durmalarını sağlayan çekici güçler onları bir arada tutmaktadır. Likit kristaller olarak adlandırılan çeşitli organik bileşkeler ise, hem katı hem de sıvı madde özelliği taşımaktadırlar. Bu maddelerde moleküller gruplar halinde hareket etmektedirler. Koşullar değiştiğinde, moleküllerin durumu da değişmektedir. Bu benzetme bilgi ekonomisinin yapısının daha iyi anlaşılabilmesine yardımcı olmaktadır. Bilgi ekonomisinde işletmeler moleküler yapıdadır ve bireyler üzerine kurulmuşlardır. Bilgi işçileri kendi başlarına bir iş birimi olarak faaliyet göstermektedirler. Motive olmuş, kendi kendine öğrenebilen girişimci çalışanlar, yeni araçlar yardımıyla değer yaratmak üzere bilgi yaratıcılıklarını kullanabilecekler şekilde yetkilendirilmişlerdir. Bu çalışanların oluşturduğu dinamik ekipler, likit kristal içindeki hareketli moleküller gibi serbest ve esnek yapıdadır. Bu ekipler arasındaki ilişkiler ve etkileşim bilişim altyapısı aracılığı ile arttırılabilmektedir. Kitlesel üretim, moleküler üretime dönüşürken, kitlesel pazarlama ise, hedef kitlenin belirli müşteri ve birey gruplarına bölümlenmesi ile moleküler pazarlamaya dönüşmektedir.
İletişim Ağları: Bilgi teknolojileri, dijital teknolojinin molekülleştirdiği birimleri yeni bir ağ sistemi içinde yeniden bütünleştirmekte, karşılıklı iletişimin entegre ettiği bir ağ (network) ekonomisi oluşturmaktadır. Bilgi ekonomisinde iletişim ağları küçük ölçekli işletmelere de büyük ölçekli işletmelerin sahip olduğu ölçek ekonomileri ve kaynağa ulaşma gibi avantajları sunmaktadır. Büyük işletmelerin katı bürokrasi, hiyerarşik yapı ve değişim güçlüğü gibi dezavantajları küçük işletmelerde bulunmamaktadır. Büyük ölçekli işletmeler ancak küçük akışkan gruplar şekline örgütlenirlerse esneklik, özerklik ve hızlı hareket etme yeteneği kazanabileceklerdir. Ağla bağlı işletmeler, dışarıda iş ortaklıkları kurabilme,

işletme ilişkilerini sürekli yenileyebilme, işleri dışarıya verme (outsourcing) konularında geniş olanaklara sahiptirler. Tüm ekonomik birimlerin ağlarla birbirine bağlı olması sayesinde şirketler arasındaki iletişim güçlenmekte, tedarikçiler, müşteriler, ilgi grupları ve rakipler bir araya gelebilmektedir. Bilgi ekonomisinde başarı kazanılabilmesi için tüm ülkelerin bir ulusal iletişim ağı oluşturması zorunludur.

Aracısız Ekonomi: Yeni ağ sistemi, eski ilişki ve araçları, dijital şebekeler yoluyla aradan kaldırmaktadır. Aracı işletmeler, fonksiyonlar ve kişiler yeni değerler yaratamazlarsa ortadan kaybolacaklardır. Özel sektörde ve kamu sektöründe birçok kurum ve kuruluş tüketicileri ile ağlar aracılığıyla doğrudan iletişim kurmakta ve aracılarını büyük ölçüde aradan çıkarmaktadırlar. Örneğin, turizm sektöründe oteller ve havayolu şirketleri müşterilerine doğrudan rezervasyon olanağı sunarak aracıları ortadan kaldırmaktadırlar. Aracılar sistemin dışına itilmemek ve gelecekte yok olmamak için yeni değerler üretmeye çalışmak zorundadırlar. Kamu sektöründe aracıların ortadan kaldırılması süreci tasarruf sağlamakta, de devlet ile halkı yakınlaştırırken hizmet kalitesini yükseltmektedir.

Medya Sektörü: Bilgi ekonomisinde bilgisayar, iletişim, medya ve boş zaman teknolojileri birbirini bütünleyerek birlikte sürükleyici ve yönlendirici sektör konumuna gelmektedir. Sanayi ekonomisinde otomotiv anahtar sektör konumundayken, yeni ekonomide hakim sektör bilgisayar, iletişim ve eğlence sektörlerinin birleşmesinden oluşan medya sektörüdür. Bu bütünleşme tüm sektörlerin temeli haline gelmektedir. Yeni medya sanat etkinliklerini, bilimsel araştırmaları, eğitimi ve işletmeleri dönüştürmektedir. Bireylerin çalışma, yaşam ve düşünce biçimleri değişmektedir. Bu yeni bütünleşmiş sektör üretim ve tüketim faaliyetlerini önemli ölçüde etkilemektedir.

Yenilikçilik: Bilgi ekonomisi, sürekli yenilikler getiren bir ekonomidir. Bilgi ekonomisinin anahtar kavramların biri de, ürünlerin, sistemlerin, süreçlerin, pazarlamanın ve bireylerin sürekli yenilenmesini öngören yenilikçiliktir. Bilgi ekonomisinin ilkesi "kendi ürününün modasını kendin geçir" olmaktadır. Çünkü eğer yeni bir ürün üretici şirket tarafından geliştirilmezse, bu ürünü rakipler geliştirecek ve şirketin ürününü modası geçmiş hale getireceklerdir. Yenilik yapma günümüzün rekabet ortamında başarılı olabilmenin en önemli faktörüdür. Yenilikçi şirketlerde ürünlerin yaşam süreleri kısalmaktadır. Yenilikçi ekonomide büyüme büyük şirketler ve kamu sektöründen çok küçük ve orta ölçekli işletmeler sayesinde gerçekleşmektedir. Üretimde kitle üretiminden özelleşmeye, yani kişiye özel üretime geçiş görülmektedir. Yenilikçi ekonomik yapıda bireylerin yaratıcılığı değerin temel kaynağıdır. Sürekli yenilik ortamı, eğitim alanında da değişim ile mümkündür ve eğitim sistemi de içeriğini, öğretim araçlarını ve yaklaşımlarını değiştirmek zorundadır. Yeniliklerin altyapısını bilgi oluşturmaktadır.

Üretici ve Tüketici Bütünleşmesi: Bilgi ekonomisinde tüketici ile üretici arasındaki mesafe ortadan kalkmaktadır. Kitle üretiminin yerini müşteri isteklerine göre şekillenen üretimin almaya başlaması ile birlikte üreticiler tüketicilerin zevk ve gereksinimlerine uygun mal ve hizmetler oluşturmak zorunda kalmaktadırlar. Bilgi ekonomisinde tüketiciler fiilen üretim sürecinin içinde yer alabilmektedirler. Bilgi teknolojileri tüketicilerin üreticiler ile daha fazla etkileşim içinde olmalarına olmalarını sağlamaktadır. Bilginin hem üretilirken hem tüketilirken yenilenmesi ve öğrenme süreci, tüketimi ve üretimi iç içe süreçlere dönüştürmektedir.

Hız: Dijital veriler üzerinde kurulmuş bir ekonomide bilginin işlenmesi ve aktarımındaki hız, ekonomideki verimliliğin ve başarının anahtarı haline gelmiştir. İş dünyası sürekli yenilenirken, ürün yaşam dönemleri de kısalmaktadır. 1990 yılında otomobillerin kavramdan üretime dönüşmesi altı yıl alırken, artık bu süre iki yıl düzeyindedir. Eski ekonomide bir ürünün belirli bir gelir düzeyine ulaşabilmesi uzun yıllar alırken, günümüzde tüketici elektroniği alanında ürün yaşam dönemi iki ay kadardır. Günümüz işletmesi çevresel bilgi akışına anında tepki verebilen gerçek zamanlı bir işletmedir. Müşteri siparişleri elektronik kanallardan alınarak eş zamanlı olarak işlenmekte, ilgili fatura ve belgeler yine elektronik kanallardan geri gönderilirken veri tabanları sürekli güncellenmektedir. Elektronik veri değişimi (EDI – Electronic Data Interchange), işletmenin dış çevresi ile bilgi alışverişini sağlayan güçlü bir sistemdir. Ancak, günümüzde web tabanlı iletişim sistemleri bu sistemin yerini almaktadır. Web teknolojisi aracılığıyla işletmenin müşterileri ve yan sanayisi ile eş zamanlı iletişim kurması extranet olarak adlandırılmaktadır.

Küreselleşme: Bilgi ekonomisi küresel bir ekonomidir. İki kutuplu dünya düzeninin ortadan kalkmasından sonra ekonomik duvarlar da yıkılmış, dinamik, yeni ve değişken küresel bir çevre ortaya çıkmıştır. Bilgi ekonominin en önemli kaynağı haline gelirken, şirketlerin ulusal, yerel ya da uluslararası faaliyet gösteriyor olmaları önemsizleşmiş ve tek bir dünya ekonomisi oluşmuştur. Günümüzde küresel müşteriler küresel ürünler talep etmektedir. Ekonomik faaliyetler geleneksel girdi faktörlerinin maliyet avantajlarına bağlı olarak küresel ölçüde gerçekleşmektedir. Yeni ekonomik ve politik oluşumlar ulus devlet kavramını önemsiz hale getirmektedir. Bilgi teknolojilerinin sağladığı olanaklarla iletişimin giderek artması, küresel rekabet ortamında birleşmeleri ve stratejik ortaklıkları daha önemli hale getirmekte ve iş ortaklıklarının yapısı değişmektedir. Bilgi ve iletişim ağları zaman ve mekan kısıtlamalarını ortadan kaldırarak şirketlere dünyanın her yerindeki müşterilerine yirmi dört saat hizmet sunma olanağı vermektedir. Küreselleşme, teknolojik gelişmelerin yönünü de belirlemektedir; yeni dünya düzeni her yerde pazarlar oluşmasını ve bu pazarlara dünyanın her yerinden katılımın gerçekleşmesini talep etmektedir. Artık ekonomik faaliyetler küreseldir. İletişim ve internet ağları küresel ilişkileri ev ve işyerlerine taşımaktadır. Küresel şirketler dünya çapında müşteriler, satıcılar ve ortakları ile bağlantı halinde olabilmek için bilgi altyapılarını kurmak zorundadırlar. Bunun için de tüm endüstrilerin küresel bazda yeniden yapılanması gerekmektedir.

Çatışma ve Farklı Toplumsal Sorunlar: Ekonomideki bu dönüşüm, yeni toplumsal sorunlar ve farklılıklar yaratmaktadır. Güç, güvenlik, eşitlik, iş yaşamı kalitesi ve demokratik sürecin geleceği gibi alanlarda ele alınması gereken yeni sorunlar ortaya çıkmaktadır. Farklılıkları bir arada tutmak, yeni yaklaşımlar gerektirmektedir. Bilgi ekonomisinde işin ve işgücün tanımı farklıdır. Tarımsal işgücünün yüzdesi azalırken, üretim alanında çalışan işgücünün yüzdesi de düşüş eğilimindedir. Bilgi işçilerinin yönetiminde ortaya çıkabilecek hatalar ya da gerekli bilgi, yetenek ya da motivasyona sahip olmayanların yaşam standartlarındaki düşüşler önemli sorunlar olarak ortaya çıkacaktır. Bilginin artan önemi eğitim alanında da önemli değişimleri gerekli kılmaktadır. Teknolojik gelişmelerin kötü amaçlar için kullanılma olasılığı bilgi ekonomisinde dikkate alınması gereken bir konudur.

Kaynak: (Erkan, 2002: 221-222; Akın, 2001: 34-46; Tapscott, 1998: 40-63)

1750'den 1990'e kadar kapitalizm ve teknoloji dünyayı fethetmiş, yeni bir dünya uygarlığı yaratmıştır. Bu dönemde ortaya çıkan teknolojik yeniliklerin yayılış hızı ve kapsamı teknolojik ilerlemeleri sanayi devrimine dönüştürmüştür. Bu değişimin temelinde bilginin anlamındaki köklü değişiklik yatmaktadır. Bilgi, önceleri var oluşa uygulanan bir kavram olarak görülürken, faaliyetlere uygulanan bir kavram haline gelmiş, bir kaynak ve bir araç olmuştur. Başlangıçta aletlere, süreçlere, ürünlere uygulanan bilgi, sanayi devrimini ortaya çıkarmıştır. 1880'den başlayıp İkinci Dünya Savaşı ile sona eren ikinci aşamada, bilginin işlere uygulanmaya başlaması ile verimlilik devrimi ortaya çıkmıştır. İkinci Dünya Savaşı'ndan sonra başlayan aşamada verimlilik devrimi bilginin kendisine uygulanmaktadır. Bu da, yönetim devrimini yaratmıştır. Bilginin üretimin en önemli faktörü haline gelmesi, dünya ekonomisini bilgi ekonomisine dönüştürmüştür (Drucker, 1994: 33-34). Bilgi ekonomisinin özellikleri yukarıdaki tabloda (Tablo 3) ayrıntılı şekilde verilmektedir.

Dünya, temelinde bilgi olan büyük bir dönüşümden geçmektedir. Sanayi çağı geride bırakılmış, bilgi çağına doğru gidilmektedir. Sanayi devrimi, ekonominin tarımdan sanayiye geçişinin temellerini atmış, yaşam standartlarını yükseltmiş, kırsal yerleşimlerin egemenliğine son verip metropoller dönemini başlatmıştır. Geçen yüzyılda yaşanan bilimsel devrim, bilgi üretimini ve yeni buluşların geliştirilme sürecini dönüşüme uğratmıştır. Bu süreçte, küreselleşme ile eşzamanlı olarak üretim ekonomisinden bilgi ekonomisine, kol gücünden beyin gücüne, sanayi işçisinden bilgi işçisine geçiş gerçekleşmiştir (Von Krogh, Ichijo ve Nonaka, 2002: 5).

1.5. Bilgi Teknolojilerinin Ekonomiye ve Sektörlere Yansıması

Tarihsel süreç içinde bütün ekonomilerin bilgiye dayalı olduğu görülmektedir. Bilgi ekonomisindeki fark, bilginin ekonominin dinamizmine yaptığı katkının büyüklüğünde ortaya çıkmaktadır. Bilginin yönlendiriciliği yalnızca bilgi teknolojilerine dayalı sanayi dalları ile sınırlı değil, yüksek ya da düşük teknolojili bütün sanayi dalları için geçerlidir (Göker, 2000).

Sosyo-ekonomik faaliyetler ancak belli bir bilgi temeline bağlı olarak yürütülebilir. Toplumlarda bilginin kaynağı da yeniliklerdir. Tarihsel gelişme süreci içinde yenilikler bilginin kaynağı olmuştur. Sosyo-ekonomik gelişmede yenilikler (teknolojik, maddi, kurumsal ve düşünsel alandaki buluşların sosyo-ekonomik alana uygulanması ile daha etkin sonuçların gerçekleştirilmesi) önemli bir yere sahiptir. Yenilikler şu alanlarda ortaya çıkmaktadır (Erkan, 1998: 62-63):

- Teknolojik yenilikler – üretim sürecinde,
- Maddi yenilikler – ürünlerde,
- Kurumsal yenilikler – hukuksal ve örgütsel düzenlemeler ile değer yargısı ve davranış kalıplarında,
- Düşünsel yenilikler – bilimsel uğraş ve pratik yaşamın yöntem ve tercihlerine ilişkin alanlarda.

Yenilikler, ortaya çıktıkları ve yayıldıkları mekanlarda verimliliği, üretimi, istihdamı, gelir ve fayda etkilerinin yanı sıra örgütlerin işlevselliğini ve rasyonelliğini arttırmaktadırlar (Erkan, 1998: 63). Bilgi teknolojilerinin yol açtığı ekonomik değişimler genel olarak şu şekilde sıralanabilir;

- Mal üretiminden hizmet üretimine geçiş,
- İş niteliklerinin ve yapısının değişimi
- İş gücünün niteliğindeki değişim,
- Yüksek teknolojilerin yaygın kullanımı,
- Yeni bilişim teknolojilerinin yayılması ve telekomünikasyonun ileri ölçüde kullanılması.

İletişim olanaklarının artması ile zaman ve mesafe kısıtlamaları sorunu, bant genişliği ve hizmetler konularına indirgenmiştir. Bilgi kaynakları fiziksel iletişim araçlarından sanal ortama taşınmış, bilgi ve içeriğe erişim karşılığında bir ücret ödenmeye başlamıştır. Bilginin fiziksel ortamdan sanal ortama taşınması bilgiye erişimi kolaylaştırmış, kapalı tekelci sınırlamaları azaltarak kalite ve eşit erişim kontrolü kavramlarını ortaya çıkarmıştır (Pau, 2002: 1652).

Günümüzde bütün dünyada, üretilen ürünlere bilgi katmak olarak özetlenebilecek yoğun bir faaliyet söz konusudur. Kendi başına bir ürün olan bilgi, sanayi ürünlerinin ve tarımsal ürünlerin içinde de yer alarak onlara değer katmaktadır. İçinde bilginin var olmadığı ürünlerin fiyatı düşmektedir. Toplumsal refahın arttırılabilmesi için bütün ürünlerin içine bilgi eklenmelidir (Tulga, 2002). Bilgiye dayalı gelişen bilgi ekonomisinde temel özellikler; yeni sınıfların yükselmesi, ekonomik yapıda dönüşüm, bazı sektörlerin önem kazanması ve ileri teknolojidir.

Sanayileşme, işgücünün tarım sektöründen tarım-dışı sektörlere kaymasına neden olmuştur. Teknolojik ilerlemeler ile birlikte makineleşmeye gidilmesi sanayi işçisine duyulan gereksinimi azaltmıştır. Bu gelişme sanayileşmiş ülkelerde sanayi sektörünün istihdamdaki payını azaltırken, işgücünün giderek artan oranda hizmet sektörüne kaymasına yol açmıştır.

Küreselleşmenin etkileri, bilgi ekonomisi, bilimsel ve teknolojik gelişmeler uluslararası rekabeti değiştirmiştir. Teknolojik ilerlemeler ve uluslararası rekabet karşılıklı bir etkileşim içindedir. Üretim süreçleri bilgi teknolojilerine dayanırken üretimde esneklik artmakta, yeni meslekler ortaya çıkarken yeni kuruluş yerleri gündeme gelmektedir. Bilgi teknolojilerindeki gelişmeler, tüm dünyada bilgiye dayalı endüstrileri ön plana çıkarırken yeni ürünler ve üretim yöntemlerinin geliştirilmesini sağlamaktadır. Teknolojide değişimler, bilginin temel üretim faktörlerinden biri haline gelmesi rekabet ve teknoloji arasında bir etkileşime yol açmakta, teknolojik ilerlemeler uluslararası rekabet üstünlüğü yaratmanın ana kaynağı olmaktadır. Rekabet ve teknolojik gelişmelerin birlikte yarattığı dönüşüm ülke ekonomisinin verimliliğini belirlemektedir (Erkan, 1993: 53-54).

Bilgi teknolojilerindeki hızlı gelişmeler bilgi çağını yakalamış ülkelerde 1990'ların ikinci yarısından itibaren verimlilik artışı, hızlı ekonomik büyüme, düşük enflasyon ve işsizlik oranları, reel ücretlerde hızlı artış, sermaye hareketliliği, bütçe fazlaları ve yükselen yaşam standartlarının kaynağı olmuştur (Baily, 2001).

Bilgi ve iletişim teknolojilerinin ekonomik büyüme üzerindeki katkıları incelenirken, bilgi ve iletişim sektörlerine ait ürün ve hizmetlerin üretim sürecinde hem girdi hem de çıktı olma özelliğine sahip oldukları dikkate alınmalıdır. Bilgi ve iletişim teknolojilerinin ekonomik büyüme üzerinde iki açıdan olumlu etki yaratacağı öne sürülmektedir (Erdoğan, 2002: 18):

- Bilgi ve iletişim teknolojilerindeki yeni gelişmeler, bilgisayar üretiminde artış sağlayarak ekonomik büyüme üzerinde olumlu etkiler doğurmaktadır. Çünkü aynı girdilerle daha yüksek bilgisayar teknolojileri geliştirmek olasıdır. Bu durum hem bilgisayar üreten endüstrilerdeki verimliliği hem de ekonominin genelinde toplam faktör verimliliğini arttırmaktadır. Ayrıca, gerek sektörel gerekse makro düzeyde işgücü verimliliğinde de artış görülmektedir. 1990'lı yıllardan önce bilgi teknolojileri ile ilgili bazı harcamalar, masraf olarak tanımlanırken son yıllarda bu alanlarda yapılan yatırımlar sermaye malı olarak değerlendirilmektedir.
- İkincisi, bilgisayar sayısındaki artış, çeşitli sektörlerde bilgisayar kullanım kapasitesinde artış sağlamaktadır. Böylece çalışanlar, daha fazla ve daha kaliteli

bilgisayar donanımından yararlanabilmektedir. Bilgisayar kullanan sektörlerde bilgisayar gücündeki artış, bilgisayarların diğer girdiler ile ikamesini gündeme getirerek ortalama işgücü verimliliğini arttırmaktadır.

Alvin ve Heidi Toffler tarafından Üçüncü Dalga ekonomisi olarak tanımlanan bilgi çağı ekonomisinin temel üretim faktörünü bilgi oluşturmaktadır. Doğal kaynaklar, emek, hammaddeler ve hatta sermaye bile sonlu kaynaklarken, bilgi, hangi bağlamda olursa olsun tükenmez bir kaynaktır. Bir buhar kazanı ya da montaj hattından farklı olarak, bilgi aynı anda iki ayrı işletme tarafından kullanılabilmektedir. Aynı zamanda işletmeler bu bilgiden daha çok bilgi üretmek için yararlanabilmektedirler. İkinci Dalga işletmelerinin değeri binalar, makineler, stok ve demirbaşlar gibi somut varlıklar açısından ölçülebilirken, Üçüncü Dalga işletmelerinin değeri, artan ölçüde bilgiyi stratejik olarak ve tüm işletme etkinliklerini yönlendirerek elde etme, yaratma, dağıtma ve uygulama kapasitesinde yatmaktadır. Bilgi çağı işletmelerinin değeri sahip oldukları araçlar, montaj hatları ve diğer fiziksel varlıklardan çok, çalışanların kafalarındaki fikir, görüş ve bilgilere, kontrol ettikleri veri bankaları ile patentlere bağlıdır. Sermaye giderek daha soyut kavramlara dayanmaktadır (Toffler ve Toffler, 1996: 42).

Bilgi ekonomisine uyum, ekonominin tüm birimlerinde bir anlayış değişikliğini gerektirmektedir. Bilgi ekonomisinin gerektirdiği altyapıyı sağlamak tek başına yeterli olmamaktadır. Bilgi teknolojilerinin sağlayacağı olanaklardan en üst düzeyde yararlanabilmek, bilgi ekonomisinin firma ve sektör bazında yol açtığı değişimin yanı sıra ulusal ve küresel bazda yarattığı etkilerin de incelenmesini gerekli kılmaktadır. Bilgi ekonomisi her alanda felsefe, ilke, kurum, yöntem ve kuralları yeniden tanımlamaktadır.

1.5.1. Üretimde Bilginin Kullanımı (Yeni Üretim Teknikleri)

Sanayi toplumlarının bilgi toplumuna dönüşme süreci, üretim biçimlerini değiştirmeleri ile ilgilidir. Sanayi Devrimi'nin ortaya çıkardığı Modern Sanayi Kapitalizmi, üretim biçimini (Fordist Norm'u) değiştirmektedir. Sanayi Devrimi'nin yol açtığı toplumsal dönüşümün teknoloji tabanını nasıl buhar teknolojisi oluşturmuşsa, bugünkü toplumsal dönüşümün teknoloji tabanını da bilgi teknolojileri oluşturmaktadır. Bilgi çağını diğer çağlardan ayırt eden önemli noktalardan biri, bilgi teknolojilerinde kaydedilen devrimsel sıçrama ile bunun üretimdeki ve iş sürecindeki yansımasıdır (Göker, 2001).

Teknolojik gelişmelerin ve bilgi ekonomisinin yarattığı itici güç tüm üretim süreçlerine olumlu yansımaktadır. Bilgi teknolojileri ürünlerin niteliklerini değiştirmektedir. Özellikle yaratıcılık ve bilginin teknoloji ile birleşmesi, ürünlerin değerini de arttırmaktadır. İşletmelerin dünya pazarlarında iyi bir yer edinebilmeleri için katma değeri yüksek ürünlere yönelmeleri gerekmektedir. Değer yaratmak için ürüne bilgi ve yaratıcılık katılması gerekirken, bilgi ve yaratıcılık bir markada değerlendirildiğinde yaratılan katma değer daha da artmaktadır. İşletmelerin yarattıkları ürünlere değer katmalarının yolu, araştırma, geliştirme ve eğitim çalışmalarına ağırlık vermelerinden geçmektedir (Fırat, 2001: 68).

Yaşadığımız çağın ayırt edici özelliği, bilim ve teknolojinin üretim sürecinde kazandığı önemdir. Bilgi teknolojilerindeki gelişmelerin üretim sürecinde yol açtığı değişimler şunlardır (TÜBİTAK, 1997):

- Bilgi ve teknoloji de işgücü gibi, doğrudan bir üretici güç haline gelmiştir.
- Bu üretici gücün diğer üretim faktörleri yanındaki önemi giderek artmaktadır. Çünkü bilgi ve teknoloji, diğer üretim faktörlerini önemli ölçülerde ikame edebilecek bir gelişme hızı kazanmıştır.
- Bilgisayarlı üretim, esnek üretim ve esnek otomasyon sistem ve tekniklerindeki gelişmeler, teknolojinin, kol gücünü bütünüyle ikame etme yolunda olduğunun çarpıcı göstergeleridir.
- Bilgisayar destekli tasarım, sistem simülasyonu ve modelleme tekniklerindeki gelişmeler teknolojinin, beyin gücünü kısmen de olsa ikame edebildiğinin tipik örnekleridir.
- Teknolojinin işgücünü ikame etmesi, birim işgücü başına düşen üretim çıktılarının artması sonucunda verimliliğin yükselmesi demektir. Teknoloji, ikame ettiği işgücü için yeni iş alanları yaratabilme potansiyeline de sahiptir. Bu potansiyelin harekete geçirilmesi, verimliliğin yükseltilmesi ile birlikte, toplumsal refahın da yükseltilebilmesini sağlamaktadır.
- İleri malzeme teknolojilerinde, moleküler biyolojide, biyokimyada, biyoteknolojide ve genetik mühendisliğinde ortaya çıkan gelişmeler, kullanım amacına göre insan eliyle tasarımlanmış yeni malzemeler ve yeni canlılar yaratabilmenin yolunu açmıştır. Bu ise, hammaddelerin etkin olarak kullanılabilmesi ile birim üretim başına düşen ham ya da yarı işlenmiş madde miktarlarının azaltılması, üretim çıktılarının niteliklerinin yükseltilmesi ve üretim sürecinin doğal hammadde kaynaklarına olan bağımlılığının giderek azalması demektir.
- Enerjinin etkin kullanımına yönelik olarak geliştirilen teknikler birim üretim başına düşen enerji miktarının önemli ölçülerde azaltılmasını sağlamaktadır. Aynı teknikler konutlarda, hizmet binalarında ve diğer toplu yaşam alanlarındaki enerji tüketim miktarlarının da yine önemli ölçülerde azaltılmasına olanak tanımaktadır.
- Teknolojik gelişmeler, yeni ürünler, yeni üretim sistem ve yöntemleri, yeni yönetim ve denetim teknikleri geliştirilmesini, var olanların iyileştirilmesini sağlamaktadır. Ayrıca, gelişen teknoloji ile mal ve hizmet kalitesinin yükseltilmesi, ürün ve işlev çeşitliliği sağlanması, gereksinimlerin çok daha yüksek düzeylerde karşılanabilmesi, kısacası, yaşam kalitesinin yükseltilebilmesi mümkün olmaktadır.
- Teknolojik gelişmelerin üretkenlik ve verimlilikte sağladığı artışlar, girişimcilere kârlı olanaklar sunmaktadır.
- Teknolojik gelişmelerin ürün kalitesini yükseltme, çok kısa zaman aralıklarında ürünü çeşitlendirme ve işlevini geliştirme gibi açılardan sağladığı olanak ve esneklikler girişimciler için, dünya pazarlarında karşılaşılan tıkanıklık ya da sınırlılık sorununu çözme yolunu açmaktadır. Teknolojinin sağladığı bu olanakları başarılı

şekilde kullanan girişimciler, ayırt edici niteliklere sahip ürünleri ile istedikleri fiyat düzeyine de erişebilmektedirler. Girişimciler için, pazar ve fiyat sorununu çözmek, bekledikleri kârı gerçekleştirebilme, kârını büyütebilme ve yeniden yatırıma yöneltilebilecek yeterli bir birikim yaratabilme anlamına gelmektedir.

Bilgi ekonomisinde bilgi ve teknoloji, üretimi sürdürebilmenin stratejik unsurları haline gelmiştir. Bilgi ve teknolojiye egemen olan ülke, bu üstünlüğüne dayalı olarak, ekonomide sürdürülebilir bir büyüme, daha iyi yaşam koşulları ve refah sağlayabilmektedir. Makro düzeyde (ülke düzeyinde) geçerli olan bu belirleme, mikro düzeyde (işletmeler düzeyinde) de geçerlidir. Herhangi bir işletmenin dünya pazarlarında rekabet üstünlüğü kazanmasının ve bu konumunu sürdürebilmesinin yolu, kendi alanında teknolojiye egemen olmasından, teknolojik yeniliklerde (inovasyonda) yetkinleşmesinden geçmektedir (TÜBİTAK, 1997).

1980'lerde dünya pazarında esnekliği olmayan üretim sistemi olan Taylorist iş örgütlenmesinin geçerli olduğu Fordist kitle üretim teknolojisi ile üretim yapmak zorlaşmış; üretimde bilgi teknolojilerinin uygulamaya konulması ile yeni, esnek üretim sistemleri ortaya çıkmaya başlamıştır. Post-Fordist üretim sistemleri olarak adlandırılan bu sistemlerde şu avantajlar ortaya çıkmaktadır (Kibritçioğlu, 1998):

- Üretim faktörlerinin tam istihdamına yönelik olarak kapasite kullanım oranının çok fazla arttırılmasına gerek kalmamakta, böylece işçiler üzerindeki baskı hafiflediğinden üretim süreci ile ilgili iyileştirmeler üzerine çalışmalar yapabilmektedirler.
- Üretim miktarı yüksek olduğu ölçüde birim maliyetlerin düşmesi anlamına gelen ölçek ekonomilerinin (economies of scale) önemi azalmakta ve küçük ölçekli işletmeler de uluslararası rekabette başarılı olabilmektedirler.
- Aynı ve benzer girdilerin kullanılacağı birden fazla ürün modeli, firmanın pazarlama bölümünden tüketici tercihleri ile ilgili olarak gelen talep tahminleri doğrultusunda, fabrika içindeki çok küçük değişiklikler (teknolojinin esnekliği) ve çok az zaman kaybı ile üretilebilmektedir.
- Verimlilikleri artan işçilere daha yüksek ücretler ödenebilmektedir.
- Üretim sırasında hammadde, aramalları ve nihai ürünler için stoklama gereksinimi azalacağından maliyet tasarrufları sağlanmaktadır.

Bilgi teknolojilerindeki ilerlemeler üretim faaliyetlerini önemli ölçüde etkilemektedir. Üretim teknolojileri ve yöntemlerindeki gelişmeler sayesinde üretim faaliyetlerini hızlandırmak, ürünleri zamanında pazara ulaştırmak, stokları yenilemek ve hızla değişen tüketici beklentilerine daha hızlı yanıt verebilmek mümkün olmaktadır. Kitle üretiminden sipariş usulü üretime, yani müşteriye göre üretime geçilmektedir. Ürünlerin yaşam süreleri kısalmakta, ürünler pazara çok daha hızlı sürülüp aynı hızla devre dışı kalmakta ve yerlerini yeni ürünler almaktadır. Ürünler, bilgi, teknoloji ve hizmetin bir araya getirilmesi ile karmaşık hale gelmeye başlamıştır. Bu da, yeni dağıtım, pazarlama, finansman ve destek sistemlerini gerektirmektedir (Güzelcik, 1999: 26).

1.5.2. Bilgi Teknolojilerinin Tüketiciler Üzerindeki Etkileri

Küreselleşme ve bilgi teknolojilerindeki gelişmeler işletmelerin müşterilere ve tüketicilere yaklaşımını da değiştirmiştir. 20. yüzyıl bir üretim dönemi olarak tanımlanmaktadır. Bu dönemde işletmelerin karşılaştığı en önemli sorun, yeterli kalitede ürünü tüketicilerin ilgisini çekecek biçimde üretebilmekti. Daha sonra yalnızca üretmenin yeterli olmadığı, çok sayıda tedarikçinin az sayıda müşteriye ürünlerini satmaya çalıştıkları bir dönem başlamıştır. 1990'ların sonlarında güç dengesi üretici, dağıtıcı ve perakendecilerden tüketicilere kaymıştır. Bilgi çağında tüketicilerin gereksinim, istek ve beklentileri ekonomiyi etkileyecek duruma gelmiştir. İşletmelerin geleceği, tüketicilerin işletmeye verdiklere değere ve sağladıkları geri beslemeye bağlı hale gelmiştir.

Günümüzde tüketicilerin çok sayıda farklı seçeneklere sahip olmaları onları daha seçici duruma getirmiştir. Geniş olanaklara sahip tüketicilerin kendi ulusal sınırları dışındaki tedarikçilerden de ürün satın alabilme seçeneğine sahip olmaları rekabeti yoğunlaştırmakta ve tüketici beklentilerini belirlemede etkili olmaktadır. İletişim olanaklarının artması ile tüketiciler türünün en iyisi olan perakendecilerin ve tedarikçilerin kapasitelerinin farkına varmışlar ve yerel pazarlarında da benzer düzeyde ürün ve hizmet talep etmeye başlamışlardır. Bu nedenle de başarılı işletmeler sadece yerel pazarlardaki rekabeti değil, tüm dünyadaki rekabeti dikkate almaya başlamışlardır (Tekinay, 2002: 61).

Bilgi çağının artan rekabet ortamında işletmelerin değerini ve kârlılığını arttırmanın temel yolu, sahip olunan müşterilerin değerini arttırmaktan geçmektedir. Müşterinin ömür boyu değeri (customer life time value) şu şekilde hesaplanmaktadır: Bir müşterinin işletmeye aylık ya da yıllık kazandırdığı paradan, aylık veya yıllık sabit giderleri düşülmekte, ortaya çıkan aylık ya da yıllık net kâr müşterinin tahmini ömrü ile çarpılmaktadır. Ortaya çıkan müşterinin işletme için toplam değerinden müşteriyi elde etmek ve elde tutmak için yapılan harcamalar ve yatırımlar düşüldüğünde müşterinin ömür boyu değeri ortaya çıkmaktadır. Bu nedenle işletmeler, müşterilerinin değerini yükseltmek için güçlü veritabanları oluşturarak müşterilerini takibe almakta ve müşteri sadakatini sağlayacak uygulamalar geliştirmektedirler. Bu uygulamalar orta vadede işletmelere artı değer olarak dönerken, işletmelerin kârlılığı artmakta ve piyasa değerleri yükselmektedir (Fırat, 2000: 152-156).

Dijital ekonomide elektronik pazarlarda sunulan ürün ve hizmetlerin sayısı her geçen gün artmaktadır. Elektronik pazarlarda artan rekabetin getirdiği etkinlik, daha düşük satış fiyatları ve ürün çeşitliliği bu pazarlardan yararlanan tüketici sayısını arttırmaktadır (Brynjolfsson, Smith ve Hu, 2003). Bilgi çağında internet ekonomisinin etkileri bir yandan alternatif iletişim ile medya erişim ve depolama teknolojileri sunarken, diğer yandan da işletmeler ve tüketiciler için tamamen yeni hizmetlerin yaratılmasına olanak vermektedir. İletişim ağları geliştikçe hizmetlerin dağıtım kanallarında değişmeler olmakta, kişiye özel hizmetler ortaya çıkmakta, tüketiciler de bilgi üreticisi durumuna gelmektedir (Pau, 2002: 1652).

Küreselleşme ile birlikte tüm dünyaya yayılan ortak değerler, tüketicilerin paylaştıkları deneyimlere dayalı ortak bir tüketici kültürü yaratmaktadır. Birçok üründe (kozmetikler, giyim, içecekler, müzik, otomobiller, beyaz ve kahverengi eşyalar, bilgisayarlar, cep telefonları vb.) küresel bir tüketici pazarı oluşmaktadır. İletişim ağlarının, özellikle de internetin sağladığı düşük maliyet avantajı, kitap, giyim eşyası, bilgi teknolojisi araçları ve finans hizmetleri alışverişinde küresel çapta yeni bir tüketici kitlesi oluşturmaktadır (Forge, 2000a: 26).

1.5.3. Bilgi Teknolojilerinin İşletmelerin Faaliyetlerine Etkileri

Teknoloji ve internet ekonominin klasik işleyişini değiştirmiş, kendine özgü dinamikleri ve kuralları olan, bilgiye dayalı yeni bir ekonomi kavramı doğmuştur (Seçkin, 2000: 72). Bilgi teknolojilerinin şekillendirdiği bu yeni ekonominin verimliliği, yeniden yapılanmaya yönelik baskıları ve küresel niteliği ekonominin eski işleyişini ve kurumlarını temelinden değiştirmiştir. Teknolojik gelişmeler ve küreselleşme eğilimleri, işletmeleri bilgi toplumu olarak adlandırılan yeni bir yapıya uyum sağlamaya zorlamaktadır (Güzelcik, 1999: 80). Bilgi ekonomisinin temel etkileri, makroekonomik olmaktan çok mikroekonomiktir. Bilgi teknolojilerinin kullanımı ekonomide işletmeler düzeyinde önemli etkiler yaratmaktadır (DeLong, Berkeley ve Summers, 2001).

Hızlı işleyen, geniş finansal piyasalar ile çokuluslu şirketlerin ana planını oluşturduğu ekonomide, firmaların hedefleri ve örgütlenme biçimleri de farklılaşmaktadır. Küreselleşme, ulusal piyasaları yıkarken, pazardan pay alma yarışını da arttırmıştır. Artan serbest rekabet karşısında işletmeler faaliyetlerini uluslararasılaştırırken, aynı zamanda farklı kültürlere ve coğrafyalara ürün pazarlayabilecek esnek yapıyı oluşturmaya çalışmaktadırlar. Uluslararası piyasalarda rekabet edebilmeleri için İşletmelerin hem işgücü hem de hammadde olarak daha esnek bir yapıya sahip olmaları gerekmektedir. Teknolojinin getirdiği değişiklikler sonucunda benzer olarak değişen ve gelişen pazarların beklentilerini karşılayabilecek yönetsel tutumlar da önem kazanmaktadır (Baştürk, 2001).

Günümüzde gelişmiş ülkelerde bilişim sanayileri refahın ana kaynağı haline gelmiştir. Yoğun rekabet ortamında başarılı olmak için bilişim teknolojilerini kullanmaya başlayan işletmelerin sayısı hızla artarken, örgütler bir bütün olarak başarı için bilişimden yararlanmaktadırlar. Bilgi ekonomisinde işletmeler sürekli bir verimlilik arttırma, çevresel talebe tepki verebilme, örgütsel değişimi gerçekleştirme mücadelesi içindedirler. Bilgi ekonomisinde kuruluşların en önemli kaynakları klasik üretim faktörleri değil beyin gücüdür (Kim ve Mauborgne, 1997: 71).

İşletmeler, küreselleşmenin getirdiği rekabet ortamında başarılı olabilmek için yeni pazarlama stratejileri geliştirmektedirler. Bilgi teknolojilerinin maliyet düşürücü özelliğinin yanı sıra, iletişim ve reklam alanlarında sağladığı avantajlardan yararlanmak, yatırımların yükselen soyut değerler ile ilişkisini iyi analiz edebilmek gibi konular önem kazanmaktadır. Bilgi ekonomisi ile birlikte işletmeler yeni bir değer arayışı içini girmişlerdir. Geleneksel olarak işletmelerin değerleri sahip oldukları arazi, bina, donanım gibi fiziksel varlıkları ve mali tabloları doğrultusunda belirlenmekteydi. Ancak, günümüzün başarılı işletmelerine bakıldığında, işletmelerin defter değerlerinin piyasa değerlerinin yüzde ellisinden az bir kısmını oluşturduğu görülmektedir (Arthur Andersen, 2001: 24).

Bilgi ekonomisi işletmelerin sermaye yapılarında da büyük değişimlere yol açmıştır. Günümüzde şirketlerin entelektüel sermayesi, yani çalışanların sahip olduğu bilgi, beyin gücü, know-how, iş süreçleri ve çalışanların bunları sürekli geliştirme yeteneklerinin değeri, fiziksel varlıklarının değerini aşmaktadır. Örneğin, Microsoft'un piyasa değeri içinde fiziksel varlıklarının değeri çok küçük bir yer tutmaktadır (Von Krogh, Ichijo ve Nonaka, 2002: 6). Bilgi sistemlerine yapılan yatırımların değerlendirilmesi kolay olmamaktadır. Bu sistemlerin temel girdisi olan bilgi, yönetim kademesindekileri yeni faaliyetlere yönelttiği ölçüde işletme için bir değer yaratmaktadır (Brynjolfsson ve Hitt, 1996).

İşletmelerin piyasa değerlerini müşteri ilişkileri, markaları, çalışanları ile ilişkileri ve çalışanların profili ile kayıtlı değerlerinin çok üzerine çıkarabileceklerini anlamaları ile yeni iş modelleri oluşmaya başlamıştır. Yeni gelişen değer modeline göre, fiziksel ve mali değerlerin yanı sıra, müşteri tabanları, müşteri profilleri, dağıtım ağları, çalışanları, tedarikçileri ve diğer iş ortakları işletmelerin piyasa değerlerini belirleyen öğeler haline gelmiştir. Liderlik, strateji, yapılanma, süreç, sistemler, kültür, değerler, markalar ve kurumsal bilgi işletmelerin örgütsel varlıklarını oluşturmaktadır. Bu değerlerin etkin kullanımı ile işletmeler büyük başarılar elde edebilmektedirler (Arthur Andersen, 2001: 24-26).

Hemen hemen her sektörde işletmeler, herhangi bir düzeyde teknolojiyi örgütlerinde kullanmakta, piyasa koşullarının zorlaması ve olanakları ölçüsünde de yenilikleri takip etmek zorunda kalmaktadırlar. Rekabet avantajını geliştirme isteği, işletmelerin yeni ve yüksek teknolojilere yönelmelerinin önemli bir nedeni olarak görülmektedir (Akgeyik, 1998: 28). Özellikle 1990'lı yıllarda çarpıcı boyutlara ulaşan teknolojik gelişmeler, işletmelerde teknoloji kullanımını, işletmelerin piyasada tutunabilmeleri için kullandıkları rekabet araçlarından birisi ve hatta en önemlisi haline getirmiştir (Tekin ve Zerenler, 2001: 15). Günümüzün küresel rekabet ortamında bilişim teknolojileri kullanımı işletmeler için artık bir zorunluluk haline gelmektedir. Bunun yanı sıra, özellikle kriz dönemlerinde, işletmelerin kriz ortamından hızlı bir şekilde çıkabilmeleri için işletmelerin iç ve dış iletişimini etkin bir şekilde sağlayan bilgi ve iletişim teknolojileri işletmelere önemli avantajlar sağlamaktadır (Zerenler vd., 2003). Krizin ortaya çıkmasında teknolojik değişikliklerin hızı, değişikliklere uyum süreci ve teknolojiye bağımlılığın oranı önemli ölçüde etkili olacaktır. Özellikle bilgi ve iletişim teknolojilerinin işletmelerde etkin bir şekilde kullanılması, işletmelerin karşılaştıkları krizleri fırsata dönüştürebilmelerinde önemli rol oynamaktadır (Yohe, 1996: 13).

İkinci Dünya Savaşı'ndan 1970'li yılların sonlarına kadar dünyada yaşanan, kitle üretimine dönük ekonomik yapı yoğun bir rekabet ortamı doğurmuştur. Teknolojik gelişmelerin çok fazla yaygınlaşmadığı dönemlerde rekabet gücünün temel öğesi üretim üstünlüğü olarak kabul edilmiştir. Geniş pazarlara büyük hacimde üretim ile çıkabilen işletmeler kitle üretimi ve ölçek ekonomisinin avantajlarını kullanarak rakiplerini geride bırakmışlardır. Özellikle otomotiv, kimya, elektronik ve dayanıklı tüketim malı üreten kuruluşlar pazardaki üstünlüklerini üretim güçleri ile sağlamışlardır. 1970'li yılların bitiminde teknolojinin yaygınlaşarak yaşamın her alanına girmesi ile üretim girdilerini ucuz olarak sağlayan ve bunları teknoloji yardımıyla bir araya getiren işletmeler, daha düşük maliyette rekabet dönemi başlatmışlardır. 1980'li yıllarda Japonların dünya pazarlarına girmesi ile rekabette yeni bir boyut öne çıkmıştır: Kalite. Artık ucuz ve bol ürüne doymuş kitleler, yalnızca gereksinimleri karşılayan değil, beklentilerine uyan ürünleri talep etmeye başlamışlardır. Günümüzde ürünlerde gelişmiş üretim teknolojileri ile kolayca sağlanabilen kalitenin yanında *yenilik, esneklik, hizmet* ve *pazara daha çabuk ulaşma*, yani *hız* faktörlerinin de rekabetçi üstünlüğün önemli boyutları haline geldiği görülmektedir. Rekabetin gizli avantajlarının ise, yaratıcılık ve yeniliktir. Mevcut üretim teknolojileri ve gelişmiş lojistik sistemleri bilinen ürünleri istenilen kalitede üretmeyi olanaklı hale getirmiştir. Kalite artık tek başına bir rekabetçi üstünlük avantajı olarak değerlendirilmemektedir. Buna göre teknolojik gelişmelerin sağladığı verimlilik artışı, dünya pazarlarında bütünleşmeler, bilgi teknolojilerinin yaygınlaşması, ürün yaşam sürelerinin giderek kısalması, pazara yeni ürünler sunma sürelerinin azalması ve sürekli değişen müşteri gereksinimleri işletmeler için farklı yaklaşımları zorunlu hale getirmektedir. Böyle bir ortamda, gelişen güçlü örgütler olarak varlıklarını sürdürmek isteyen işletmeler, çalışma alanlarındaki rekabetçi üstünlüğün gereklerini iyi analiz etmeli ve kendilerini başarıya götürecek stratejileri belirlemelidirler (Etkin Yönetim ve Liderlik Eğitim Merkezi, 2002).

İşletme çalışanları, tedarikçiler, müşteriler ve hatta rakipler ile sıkı bir ilişki içerisinde bulunma gereksinimi, işletmelerin bilgi ve iletişim teknolojilerini kullanımı yaygınlaştırmaktadır. İşletmenin verimlilik, etkinlik ve kârlılık gibi maddi performans ölçütlerinin yanı sıra müşteri memnuniyetini sağlama gibi maddi olmayan ancak işletme için önemli olan performans ölçütlerinin olumlu yönde gelişmesinde, bilgi ve iletişim teknolojilerinin kullanımının sağladığı yararlar önemli olmaktadır. İşletmeler, bilgi ve iletişim teknolojilerini kullanarak hem işletme içinde hem de işletme dışında etkin bir iletişim ortamı sağlamakta, işletme faaliyetlerinin verimliliği de olumlu yönde etkilenmektedir (Zerenler vd., 2003).

Günümüzde işletmelerin değerini belirleyen bilgi, patentler, örgüt yapısı, telifler, bilgi teknolojileri, iş süreçleri ve marka gibi soyut varlıklardır. Bunların yanı sıra müşteriler, çalışanlar, tedarikçiler ve ortaklar ile ilişkileri sağlayan iletişim ağları işletmelerin en önemli sermayesi ve soyut varlığıdır. Bu varlıklar işletmelerin pazar değerinin ve uzun erimli fırsatlarının belirleyicisidir (Galbreath, 2002: 116, 125). Özellikle işletmelerin müşterileri, çalışanları, tedarikçileri ve ortakları ile pazardaki rekabet ortamında başarı sağlayabilecek ilişkiler yürütebilmeleri, bilgi ve iletişim teknolojilerin sunduğu olanaklar sayesinde gerçekleşmektedir.

Tüketiciler ve işletme yöneticileri bilgi teknolojilerinin kullanımından kalite artışı, dakiklik, müşteri hizmetleri, esneklik, yenilik, çeşitlilik ve beklentilere uygunluk gibi faydalar beklemektedirler (Brynjolfsson ve Yang, 1996). Bilgi ekonomisinde müşteri istek ve gereksinimlerinin dikkate alınması bilgi teknolojilerinin yaratacağı değerin göstergesi olmaktadır. Müşteri odaklı işletmeler müşteri hizmetlerine, dakiklik, kalite ve esneklik konularına büyük önem vermektedirler. İşletmeler müşteri odaklı stratejileri ne kadar yoğun uygularlarsa, verimlilikleri de o ölçüde artmaktadır (Brynjolfsson ve Hitt, 1996).

Bilgi teknolojilerindeki hızlı gelişmeler işletmelerde geleneksel faaliyetleri yaygın biçimde değiştirmektedir. Geleneksel işletme faaliyetlerinin ve araçlarının yerini bilgi çağının ortaya koyduğu yeni sistemler ve yöntemler almaktadır. Farklı yollardan gerçekleştirilen ticaret elektronik pazarlara taşınmakta, kâğıt dokümanların ve posta hizmetlerinin yerini elektronik dokümanlar ve e-posta almakta, iş seyahatleri yerini video konferans sistemine bırakmakta, işyerine gitmek yerine uzaktan çalışma mümkün olmakta, fiziksel mağazalar yerlerini sanal mağazalara bırakmaktadır. Bilgi ve iletişim teknolojileri işletmelerde, elektronik ödeme yöntemleri ile ödeme biçimlerini, satış sonrası müşteri hizmetlerini ve müşteri ilişkilerini, tedarik zincirini, dağıtım kanallarını ve kontrolünü, ürün geliştirmeyi, üretim faaliyetlerini, insan kaynakları destek ve eğitimini, finansal ve yönetsel yapıyı ve orta yönetim kontrol yapısını yeniden yapılandırmaktadır (Forge, 2000a: 33-34).

1.5.3.1. Bilgi Teknolojileri ve İşletmelerin Rekabet Gücü

Dünyada İkinci Dünya Savaşı'nın ardından etkileri hissedilmeye başlanan yeni dönem, sanayi toplumu ve buna dayalı ekonomik yapı içinde faaliyet gösteren işletmeleri yoğun bir rekabet ortamı içine sokmuştur (Güzelcik, 1999: 80). Günümüzde rekabet bilgi, yaratıcılık, sürekli yenilik yeteneği gibi soyut öğelere dayanmaktadır (Paige, 2000).

Rekabet, işletmelerin müşterilerinin isteklerini, diğer işletmelerden daha etkin olarak yerine getirmesi, yani mal ve hizmetleri daha kaliteli ve ucuz üreterek sunmasıdır. Günümüzün ekonomik sistemi içinde rekabetçi ürün ve hizmetler sunamayan işletmeler, yaşamını devam ettirme ve büyüme amaçlarını gerçekleştirememektedirler (Akat, 1996: 23).

Teknolojik ilerlemeler ve teknolojilerin daha hızlı ve kolay yayılımı, gelişmekte olan ülkelerdeki işletmeler de dahil olmak üzere, çok çeşitli işletmelere dünya ölçülerinde tesislere yatırım yapma fırsatı vermektedir. Küreselleşmenin yol açtığı değişimler rekabeti arttırmaktadır. Ölçek ekonomilerini arttıran teknolojik ilerlemeler, nakliye ve depolama maliyetlerinin düşmesi, dağıtım kanallarındaki düzenlemeler, üretim faktör maliyetlerindeki değişmeler, coğrafi pazarlardaki farklılıklar ve tüketici malları açısından pazarların ekonomik koşullarının birbirine yaklaşması ve azalan devlet engelleri küresel rekabeti etkileyen çevresel etkenlerdir (Porter, 2003: 360-361, 371).

Teknolojik ilerlemelere en hızlı uyum gösterebilen işletmeler rekabette de öne geçebilmektedirler. İşletmeler için farklı ürünler yaratmak ve müşteriler ile iyi ilişkiler içinde olmak rekabet avantajı yakalamayı sağlayan diğer etkenlerdir. Temel olarak rekabet, rekabet avantajı kazanmak, maliyetleri düşürmek, rakiplere oranla fiyatları arttırmak ve kârın korunabildiği güçlü bir endüstri içinde yer almak gibi konular ile yakından ilgilidir. Rekabet kuralları aynı kalmakta, teknolojik değişim ve ilerlemeler rekabet avantajı yaratabilmek için kullanılmaktadır. Örneğin, farklı ürünler, farklı bilgi ya da içerik, güçlü markalar, iyi müşteri ilişkileri gibi konular rekabet avantajı yaratmaktadır. Bilgi çağında kazanan işletmeler, kendilerine farklı bir alan yaratmış, müşterilerini ve ürünlerini bölümlere ayırmış, interneti rakiplerinden farklı kullanabilenler olacaktır (Porter, 2001: 45-55).

İşletmeler günümüzde rakiplerinin önüne geçebilmek için, içinde yer aldıkları endüstrilerde kendilerine farklı bir yer edinmek durumundadırlar. İşletmelerin üzerinde yoğunlaşacakları bir müşteri grubu belirlemeleri ya da bir ürün grubu üzerinde yoğunlaşmaları halinde, pazarın kendileri için seçtikleri bölümüne farklı bir değer katmaları mümkün olacak, pazarın tamamı ile ilgilenmelerine gerek kalmayacaktır. İşletmelerin rekabet stratejisinin temeli seçim yapmaktır; işletmeler bilgi çağında nerede uzmanlaşacaklarını seçmek zorundadırlar. İşletmeler pazarın tüm bölümleri için üretime kalkıştıklarında, pazarda bir fark yaratamazlar. İşletmeler için farklı olabilmenin yolu, hangi müşteri grubuna hizmet verileceğinin seçilmesi ve rakiplerin yeni ürün ve teknolojilerini kopyalamak dışında ne gibi rekabet biçimlerinin yaratılabileceğinin araştırılmasıdır (Tekinay, 2000: 191). Günümüzde işletmeler farklı ürünler, farklı bilgi ya da içerik, güçlü markalar, iyi müşteri ilişkileri gibi konular ile rekabet avantajı yakalayabilmektedirler. Bilgi teknolojilerinin sunduğu olanakları rakiplerinden daha farklı kullanabilen işletmeler, rakiplerini geride bırakabileceklerdir. İşletmeler, sahip oldukları bilgi ve teknoloji ile kendilerini rakiplerinden farklı bir yere taşıyabilmektedirler. Bilgi, günümüzün küresel rekabet ortamında sürekli rekabet avantajı sağlayan en önemli kaynaktır (Nonaka, 1998: 22).

Küreselleşen dünyada endüstri çağından teknoloji çağına; doğal kaynaklara dayalı endüstrilerden insanın zihin gücüne dayalı endüstrilere geçilmektedir. Bilgi teknolojileri devrimi insan yeteneklerini ve bilgisini sürdürülebilir rekabet avantajının en önemli kaynağı haline getirmektedir. Rekabet avantajı sağlamak isteyen işletmelerin değişimi ve yenilikleri yönetebilme yeteneği kazanmaları gerekmektedir (Paige, 2000). Küreselleşme ile ortaya çıkan yeni rekabet koşulları, eskiye oranla çok daha serttir. Üretimin daha çok teknoloji ağırlıklı olması, gelişmekte olan ülkelerin de, katma değeri yüksek ürünler geliştirerek gelişmiş ülkelerle rekabet edebilmelerini sağlamaktadır. Günümüzde uluslararası sermayenin akış yönü ve üretim faaliyetlerindeki gelişmelerde geleneksel olarak belirleyici olan niteliksiz ucuz işgücü ve hammaddenin bolluğu gibi unsurların önemi giderek azalırken, iyi yetişmiş işgücünün, gelişmiş bir teknolojik ve ticari altyapının varlığı ile etkin işleyen bir piyasa mekanizmasının yanında pazarın değişen ve gelişen tercihlerini yakından izleyebilme ve kolay ulaşabilme gibi kavramların önemi artmaktadır.

İletişim ve bilgisayar teknolojileri yüksek eğitimli insan kaynaklarına gereksinim doğurduğundan ve ulusal verimliliği arttırma ile rekabetçi üstünlük elde etme yolunda daha yüksek katma değer yaratan ürünlerin elde edilmesini sağladığından, ekonomik gelişme açısından en fazla önem verilmesi gereken teknolojiler olarak görülmektedir. Michael E. Porter günümüzde bir işletmenin yönetilmesinde en temel faktör olarak bilgi ve iletişim teknolojilerini saymaktadır. Bilgi çağında işletmeler faaliyetlerini sürdürebilmek ve piyasada kalabilmek için büyük ölçüde bilgi teknolojileri kullanmak durumundadırlar (Zerenler vd., 2003).

1.5.3.2. Bilgi Teknolojileri ve İşletmelerin Verimliliği

Günümüz işletmelerinde kârlılığın yolunun verimlilikten, verimliliğin yolunun ise teknolojiden geçtiği artık herkesçe kabul görmektedir. Kurumsal verimliliği sağlayan teknolojiler işletmelere somut kazanımlar sunmaktadır. Ekonomistler, uzun vadeli ekonomik büyümede en önemli etkenin verimlilik olduğunu belirtmektedirler. Kalkınmanın itici gücü olarak görülen verimlilik, günümüzde gelişmiş ülke ya da toplum olmanın da en önemli ölçütleri arasında ilk sırada yer almaktadır. Çünkü ulusal ekonominin herhangi bir sektöründeki verimlilik artışları, başka sektörleri ve kesimleri de harekete geçirici bir rol oynayabilmektedir (Microsoft Life, 2003).

Günümüzde verimliliği arttırmada bilgi teknolojilerinin önemi herkesçe kabul görüyor olsa da 70'li ve 80'li yıllarda, işletmelerde yeterli verimlilik artışı sağlanamayınca, bazı ekonomistler şirketlerin bilgi sistemlerine yaptığı büyük yatırımların değerini sorgulamaya başlamışlardır. Hatta Nobel ödüllü ekonomist Robert Solow'un 1987'de, "bilgisayar çağının izlerini verimlilik istatistikleri hariç her yerde görebiliyoruz" sözü bu konudaki kuşkuları açıkça ortaya koymuştur (Brynjolfsson ve Hitt, 2000). Ancak Solow ve onun gibi düşünenler böyle bir sonuca varmak için biraz erken davrandıklarını, teknolojiye bir kaç yıl daha zaman tanımaları gerektiğini daha sonraki gelişmeler ile görmüşlerdir. 1990'larda, en son teknolojileri kullanan şirketlerin diğerlerinden çok daha hızla büyüyerek ekonomiye büyük katkıda bulunmaya başlamaları ile birlikte, bu görüşün sahipleri yanıldıklarını itiraf etmek durumunda kalmışlar ve bu konudaki eğilimler hızla değişmiştir. Örneğin, ABD'de 1995'ten itibaren son 20 yıldır hiç görülmemiş bir büyüme hızı sağlanmıştır. Bu büyüme hızının, enflasyon arttırılmadan yakalanması bilgi teknolojileri sayesinde mümkün olmuştur (Microsoft Life, 2003).

Hiçbir teknolojik değişmenin olmaması halinde – yeni buluşların ve yeniliklerin ortaya çıkmaması durumunda – işgücü verimliliği belirli bir noktaya kadar artış gösterir ve o değerde sabit kalırdı. Ancak teknolojik değişimler üretimi arttırmakta ve işgücü verimliliği yükselmektedir (DeLong, 1998). Bilgi teknolojilerine yapılan yatırımlar ile işletmelerin performansları arasındaki ilişkiyi ortaya koymak üzere yapılan araştırmalar, bilgi teknolojilerinin işletmelerin performansları üzerinde olumlu etkileri olduğunu göstermektedir. Bilgi teknolojileri hizmet sektöründe de üretim sektöründe olduğu gibi üretime büyük ölçüde katkıda bulunmaktadır (Brynjolfsson ve Yang, 1996).

Verimlilik artışı bilgi teknolojilerindeki gelişim ile ilişkilendirilmektedir. Bilgi ve teknolojinin ürünlerin bir parçası haline gelmesi ile araştırma ve geliştirme faaliyetlerine daha fazla önem verilmesi verimliliği arttırmaktadır. Teknolojik yenilikler yüksek verimliliğin önemli bir kaynağıdır. Mal ve hizmet üretimindeki artış, kalite geliştirme, yeni pazarlama yöntemleri, pazardaki ürünlerin tasarımının sürekli yenilenmesi gibi gelişmeler bilgi teknolojilerindeki ilerlemeler sayesinde gerçekleşmektedir. Bilgi teknolojilerinin üretimde kullanılması ile işgücünün ve makinelerin daha etkin çalışmaları sağlanmaktadır.

1.5.3.3. Bilgi Teknolojileri ve İşletmelerde Kalite

Günümüzdeki ekonomik ve teknolojik gelişmelerin üretimden tüketime kadar her aşamada yol açtığı değişimler, mal ve hizmet kalitesinin önemini arttırmıştır. Kalite özelliği artık üretim sürecinin sonucunda belirlenen bir unsur olmaktan çıkmıştır. Endüstriyel kuruluşlar pazar paylarını kaybetmemek için kalitesiz üretim yapmamaya özen göstermekte ve kalitenin üretim sürecinde yaratılabilmesi için kalite kontrol sistemleri geliştirmektedirler. Kalite; kaynakların verimli kullanımını sağlayan, ürün ve hizmetlere kullanım uygunluğunu kazandıran, müşteri gereksinimlerine uygun üretim ve hizmet anlayışını egemen kılan ve böylece işletmelerin toplumsal sorumluluklarını da yerine getirmelerine olanak sağlayan bir performans boyutudur. Bu katkıların ölçülmesi ve bu alanda sağlanan gelişmelerin bilinmesi gerekmektedir. Artık kaliteyi işletme performansının bir boyutu olarak değerlendirmek zorunluluk haline gelmiştir. Kalitenin iki boyutu olduğu söylenebilir: Birincisi, müşterinin üründen beklentileri, ikincisi ise tasarım özelliklerinin ürüne yansıma derecesidir. Müşteri odaklı kalite fiyat avantajı ve müşteri değerleri ile birlikte pazar payında artış sağlayacaktır. Aynı biçimde kalite standartlarına uygunluk, verimlilik ve kalitesizlik maliyetlerinde düşme yaratarak düşük maliyet ve rekabetçi üstünlük yaratacaktır. Düşük maliyet ile pazara giren işletmeler ise, yüksek kârlılık ve büyüme sağlayacaktır. Bu artan gelişme döngüsü kalite iyileştirmelerine yapılan yatırımlarla doğru orantılı olarak gelişme gösterecektir (Etkin Yönetim ve Liderlik Eğitim Merkezi, 2002).

İşletmelerin yüksek teknolojiden yararlanması, çok hızlı değişen müşteri zevk ve gereksinimlerine göre üretim yapabilmeleri açısından önem taşımaktadır. Rekabetin üst düzeylerde olduğu günümüzde teknolojik bilgi birikimi doğrultusunda üretim yapabilen ve pazar değişkenliğine uygun esnek üretim yeteneğine sahip işletmeler, daha kaliteli, standartlara uygun ve daha düşük fiyatlı ürünü müşterilerine sunarak rakipleri karşısında yüksek rekabet gücü elde etmektedirler. Böylece, yüksek rekabet gücü için işletmelerin, müşteriler ile yakın ilişkiler kurmaları, onların beklentilerine uygun şekilde ve zamanında yanıt verebilmeleri, şikayet, izlenim ve beğenilerini ayrı ayrı değerlendirmeleri, rakip ürünler ile kendi ürünlerini kıyaslayarak gelişimlerinde süreklilik sağlamaları, analiz ettikleri pazar bilgileri doğrultusunda gelecek dönem çalışmalarına yön vermeleri gerekmektedir (Etkin Yönetim ve Liderlik Eğitim Merkezi, 2002). Bilgi teknolojileri bunların gerçekleştirilebilmesi için gereken altyapıyı ve donanımı işletmelere sunmakta ve bilgi çağının gerektirdiği şekilde hızlı ve kolay çözümlere ulaşmalarını sağlamaktadır.

Toplam Kalite Yönetimi, işletmelerin bilgi çağına uyumunu kolaylaştıracak bir yönetim felsefesidir. Toplam Kalite Yönetimi'nde iletişim çok önemlidir. Çalışanlar ile karşılıklı ve sağlıklı iletişim kurulması ve bu iletişimin hızlandırılması için yalın örgüt yapılanmasına geçilmeli, hiyerarşi yok edilmeli ve açık kapı politikaları uygulanmalıdır (Argun, 1997). Bilgi ve iletişim teknolojileri bilginin işletme içinde akışını hızlı ve kolay hale getirmekte ve daha demokratik örgüt yapılarına olanak tanımaktadır. Bu nedenle işletme içinde Toplam Kalite Yönetimi'nin uygulanmasını etkin ve kolay hale getirmektedir. Bilgi çağında bireyin ve bilginin öne çıkması Toplam Kalite Yönetimi'nin felsefesine uygun düşmektedir.

Toplam Kalite Yönetimi devamlı iyileştirmeyi esas almaktadır. Tüm süreçler yeniden gözden geçirilip daha iyi ve daha hızlı olabilmenin yolları sorgulanmalı ve devamlı iyileştirme yapılmalıdır. Bilgi çağında teknolojik ilerlemeler işletmeleri sürekli değişim, gelişim, yenilik ve iyileştirmeye zorlamakta ve bunları gerçekleştirecek olanaklar sunmaktadır. Günümüzde ürünlerin yaşam dönemlerinin kısalması işletmeleri sürekli yenilik yapmaya ve yeni ürünler tasarlamaya zorlamaktadır. Yeni bir ürün geliştirilirken, üretim, kalite kontrol ve servis aşamalarında ortaya çıkabilecek tüm sorunların önceden belirlenip çözümlenmesi, ürünün mevcut teknoloji ile tam uyum içinde olmasına özen gösterilmesi, hataların tasarım aşamasında önlenmesi için kalite amaçlı tasarım tekniklerinin (Eş zamanlı Mühendislik, KFG-Kalite Fonksiyon Göçerimi, Hata Türü ve Etki Analizi, Kıyaslama-Benchmarking vb.) kullanılması, özellikle ürün tasarımı ve geliştirme çalışmalarının rakip ürünler ile ayrıntılı kıyaslamalar yapılarak gerçekleştirilmesi ve ürün tasarımı konusunda en yeninin yakalanabilmesi için Ar-Ge çalışmalarına ağırlık verilmesi gerekmektedir (Etkin Yönetim ve Liderlik Eğitim Merkezi, 2002).

Küreselleşme ve ticaretin serbestleşmesi ile artan rekabet işletmeleri kaliteli ve tüketici beklentilerinin üzerinde ürün ve hizmetler sunmaya zorlamaktadır. Tüketicilerin seçenekleri ve teknolojik beklentileri artmakta, hatalara karşı hoşgörüleri giderek azalmaktadır. Tüketiciler artık standartlara uygun, beklentilerini aşan ürün ve hizmetleri; topluma, çevreye ve tüketici haklarına saygılı, müşterileri ile satış sonrasında da iletişimini sürdüren, müşteri ilişkilerini önemseyen işletmeleri tercih etmektedirler.

Teknolojik gelişmeler, bilginin artan önemi, tüketici istek ve beklentilerindeki artış, işletmelerde Toplam Kalite Yönetimi felsefesinin uygulanmasını gerektirmektedir. Bilgi teknolojileri, işletmelerin kaliteye ulaşmalarını kolaylaştırmaktadır. Kalite, işletmelerin ürün ve hizmetlerinin somut bir özelliği ve işletmenin imajının bir parçasıdır. Müşteri memnuniyeti işletmelerin başarısının sürekliliğinin önemli bir ölçütüdür. İşletmelerde müşteri memnuniyetinin sürekli izlenmesi ve kalitenin arttırılmasını sağlayacak sistemlerin uygulanması gerekmektedir (Thompson ve Cats-Baril, 2003: 347-349). Bilgi teknolojileri işletmelerde kalite konusunun dikkatle ve etkin biçimde ele alınmasını sağlamaktadır.

1.5.3.4. Bilgi Teknolojileri ve İşletmelerde Örgütsel Değişim

Son dönemlerde en çok öne çıkan kavramların başında değişim gelmektedir. Dünyadaki gelişmeler doğrultusunda makro ve mikro düzeyde tüm örgütlerde değişimin kaçınılmaz olduğu görülmektedir. Çok hızlı yaşanan değişim ve küreselleşme, toplumsal sistemin tüm alt sistemlerini ve bireylerini etkilemektedir.

Bilgi çağının oluşturduğu yapı, örgütleri değişimleri bir fırsat ya da tehdit olarak değerlendirebilecekleri yeni stratejiler belirlemeye zorlamaktadır. Örgütleri değişime zorlayan etkenler aşağıdaki gibi özetlenebilir (Etkin Yönetim ve Liderlik Eğitim Merkezi, 2002):

- Değişen demografik yapı (işgücündeki cinsiyet, dil, ırk, kültür farklılıkları vb.)
- Tüketicilerin bilinçlenmesi ve beklentilerinin (kalite, hızlı hizmet, ucuzluk, ürünün estetik değeri, güvenilir olması vb.) yükselmesi,

- Yeni açılan pazarlar ve beraberinde getirdiği pazar payı kapma yarışı,
- Küreselleşme ve korumacılık,
- Uluslararası ve bölgesel bütünleşmelerin rekabet savaşlarını kızıştırması,
- Yeni teknolojik buluşlar,
- Bilgi teknolojilerindeki gelişmeler (bilgisayar kullanımının yaygınlaşması, üretim sürecinde robotlardan yararlanılması ve haberleşme alanındaki hızlı gelişmeler),
- İnsanların değer ve beklentilerinin giderek benzeşmesi,
- İnsan hakları ve demokrasi alanındaki gelişmeler dolayısıyla örgütlerde insana saygının önem kazanması.

Bilgisayar çağından önce ortaya çıkmış büyük, bürokratik örgütler, değişime uyum sağlayamayan, etkinlikten uzak ve rekabetçi olmayan örgütlerdir. Bu örgütlerin bir kısmı örgüt hiyerarşilerindeki katmanları ve çalışanlarının sayısını azaltarak küçülme yoluna gitmişlerdir. Yatay örgütlenmeye gitmiş örgütler daha az yönetim kademesine sahiptir ve alt düzey çalışanlarına karar alma yetkisi vermişlerdir. Değişen örgütlerde karar alma yetkisine sahip çalışanlar standart çalışma saatlerinin ve işyerinin dışında çalışabilmektedirler. Bilgi teknolojileri bu türden örgütlenmelere olanak sağlamaktadır. Bilgisayar ağları sayesinde takım çalışması ve çalışanların uzak mesafelerden işbirliği yapabilmeleri mümkün olmaktadır. Bu değişimler yönetimin kontrol alanının da genişlemesi, üst düzey yöneticilerin daha uzak mesafelerden daha çok sayıda çalışanı yönetebilmesi anlamına gelmektedir. Çok sayıda işletme bu gelişmelere bağlı olarak orta yönetim kademesini ortadan kaldırmıştır (Laudon ve Laudon, 2000: 19). Bilgi çağında yöneticilerin çalışanlar, tedarikçiler ve müşteriler ile ilişkilerde ortaya çıkan farklılık, karmaşıklık ve belirsizliği yönetebilme yeteneklerini geliştirmeleri gerekmektedir (Lang, 2001: 540).

Elektronik veri sistemlerini ve ofis otomasyon sistemlerini kullanan işletmeler, gelişmiş bilgisayarlar ve internet sayesinde önemli ölçüde tasarruf sağlamakta, bu tasarruflar ile de verimlilik ve etkinliklerini arttırmaktadırlar. Ancak bilgi teknolojilerinin başarılı bir şekilde kullanılabilmesi için iş süreçlerinde, örgüt yapılarında, işgücünde, ürünlerde ve hizmetlerin ulaştırılmasında önemli değişiklikler yapılmalıdır. Geleneksel yöntemler ile üretim yapan işletmeler bu anlayışı benimseyerek yüksek teknolojiyi bir sermaye girdisi olarak kullanmaya ve gerekli örgüt değişimlerini yaşama geçirmeye başladıklarında elde edecekleri kazanımlar ile birlikte bilgi ekonomisinin bir parçası olabileceklerdir (Söylemez, 2001: 21-22).

Bilgi ve iletişim teknolojilerini kullanan işletmeler, piyasadaki değişikliklere hızlı yanıt verebilecek ve yeni fırsatlardan yararlanmalarını sağlayacak esnek bir yapılanma içindedirler. Bilgi ve iletişim teknolojileri büyük ve küçük işletmelere boyutlarının yol açtığı sınırlamaların üstesinden gelebilecekleri esnekliği sağlamaktadır (Laudon ve Laudon, 2000: 21-22).

Günümüzde rekabetin bilgiye dayalı gelişen yapısı, değer zincirlerinin işletme içinde ve işletme dışına doğru yönetilme yöntemlerini de değiştirmektedir. Bilgiye dayalı ürünlerin rekabet dinamikleri fiziksel ürünlerden farklı olduğundan, bilgi ekonomisinde başarılı olabilmek için yeni iş modellerinin oluşturulması gerekmektedir. Dijital ortamda yeni ölçek ekonomileri ve kapsam ekonomileri ortaya çıkmaktadır. Bir işletmenin performansı, yöneticilerinin değer zincirindeki bilgi kaynakları, bireyleri ve takımları harekete geçirebilme ve bu kaynakları değer yaratabilecek faaliyetlere yönlendirebilme yeteneğine bağlıdır. Bilgi ekonomisinin yarattığı ortam, sürdürülebilir rekabet avantajı elde etmek isteyen işletmelerin bilgi işçilerinin, müşterilerin ve tedarikçilerin beceri ve güçlerinden yararlanmalarını zorunlu kılmaktadır (Lang, 2001: 544). Bilgi yönetimi, tedarik zinciri yönetimi, müşteri ilişkileri yönetimi gibi bilgi ve iletişim teknolojilerinin etkin rol aldığı işletme sistemleri işletmelerin sürdürülebilir rekabet avantajı elde etmelerini sağlamaktadır.

1.5.3.5. Bilgi Teknolojileri ve İşletmelerde İnsan Kaynakları

Peter Drucker'a göre kapitalist ötesi topluma doğru kayış, İkinci Dünya Savaşı'nın ardından başlamıştır. Drucker, 1960'ta ilk defa bilgi işçisi ve bilgi işi kavramlarını ortaya atmıştır (Drucker, 1994: 16). Bilgi çağı ve teknolojileri beraberinde yeni meslekler ve nitelikler getirmektedir. Bu değişim temelde sanayi işçiliğinden bilgi işçiliğine doğru ortaya çıkan bir dönüşümdür. Bilgi toplumunun ortaya çıkardığı yeni işler, mavi yakalı işçilerin sahip olmadığı ve elde edebilmek için çok az donanımlı olduğu nitelikler talep etmektedir. Yeni işler önemli miktarda biçimsel eğitim, teorik ve analitik bilgi elde etme ve uygulama yeteneği gerektirmektedir. Çalışma düzeninde ortaya çıkan değişim, farklı bir yaklaşım ve değişik bir kafa yapısını gerekli kılmaktadır. En önemlisi de, sürekli bir öğrenme alışkanlığı istemektedir. İşin sürekliliğini yitirmesine paralel olarak, çalışanlar yaşamları boyunca yeni işlere uygun beceriler kazanma gereksinimi duymaktadırlar. Bir kez öğrenildikten sonra, yaşam boyu sürdürülen sanayi toplumunun işlerinin yerini bilgi toplumunda, yarı-zamanlı (part-time) ya da geçici sözleşmeli işler almaya başlamıştır (Çolak ve Gençler, 2003). Çalışma yaşamı da bir dönüşüm içindedir.

Sanayi toplumunun sürükleyici gücünü düşük becerili, temelde birbiri ile değiştirilebilir, beden gücü ile çalışma oluştururken, fabrika türü kitlesel eğitim, işçileri tekrarlanabilir, tekdüze emeğe hazırlamaktaydı. Buna karşılık bilgi çağında beceri gerekleri hızla artarken, emek giderek birbiriyle değiştirilemez hale gelmektedir. Bilgi ekonomisinin ortaya çıkardığı işlerin gerektirdiği yüksek beceri düzeyi, işler için gerekli niteliklere sahip kişileri bulmayı daha zor ve maliyetli hale getirmektedir (Toffler ve Toffler, 1996: 44). Günümüzde çalışma yaşamı ekonomik, toplumsal ve teknolojik gelişmelere bağlı olarak, sanayi toplumunun çalışma yaşamından çok farklı bir görünümdedir. Artık daha az kişi normal (standart) iş ilişkisi içinde çalışırken, standart-dışı istihdam biçimleri hızla yaygınlaşmaktadır (Çolak ve Gençler, 2003).

Bilgi çağı işgücünde de bilgiye dayalı işlere doğru bir kaymaya yol açmaktadır. Bilgiye dayalı işler geçmişe göre farklı bir iş ortamı ve yönetsel liderlik gerektirmektedir (Lang, 2001: 540). Teknolojik gelişmeler ve özellikle insanın düşünsel işlevlerini ikame edebilen bilgi ve iletişim teknolojileri çalışma ilişkilerinde de başta esneklik olmak üzere önemli değişim ve dönüşümlere neden olmaktadır (Güloğlu, 2003):

- **Esnek Uzmanlaşma:** Esnek uzmanlaşma işgücünün örgütlenmesi ile ilgili esneklik türüdür. Çalışanların iş tanımlarının değişen üretim yöntemlerine, teknolojik koşullara, iş yüküne bağlı olarak değiştirilmesi, çalışanlara değişik alanlarda görev ve sorumluluk yüklenebilmesi demektir.
- **Çalışma Sürelerinin Esnekleşmesi:** Günümüzde yeni teknolojilerin etkisi ile çalışma süreleri de esnekleşmektedir. Esnek çalışma şekillerinden en önemlisi ise kısmi-süreli (part-time) çalışmadır. Kısmi süreli çalışma yaygın uygulanan çalışma süresi esnekliği çeşitlerinden biri olmakla beraber tek değildir. Kısmi süreli çalışma dışında çalışma yerinin zaman açısından paylaşılarak, bir işin birden fazla işçi tarafından yapılması olan iş paylaşımı (job sharing), çağrı üzerine çalışma, sıkıştırılmış çalışma haftası ve esnek vardiya sistemleri de yaygın esnek çalışma biçimleridir.
- **Çalışma Yerinin Esnekleşmesi:** Günümüzde teknolojik gelişmeler sonucu klasik işyeri anlayışı da değişmiştir. Özellikle iletişim araçlarının gelişmesi ile tele çalışma, evde çalışma ve evden çalışma gibi tarzlar giderek yaygınlaşmaktadır.

Bilgi çağında bireyin sahip olduğu bilgi, üretimde entelektüel sermaye haline dönüşebilmektedir. Teknolojik değişim aynı zamanda bilgiyi, buluş ve yenilikleri yaratan insan faktörünün de önemini arttırmıştır. İnsan sermayesi ve entelektüel sermayenin (bilgi+sermaye), maddi sermayeden çok daha önemli olduğu artık kabul edilmektedir. Bilgi ekonomisi sektörlerinde beşeri sermaye, fiziksel sermaye ile entelektüel sermayeyi güçlü bir şekilde tamamlayan bir rol üstlenmektedir. Bilgi teknolojilerinin kullanımı ve üretimi nitelikli işgücü talebini arttırdığından beşeri sermaye yatırımlarında artış gözlenmektedir (Erdoğan, 2002: 15).

Günümüzde işletme iş süreç ve faaliyetleri tam zamanlı elektronik çözümler ile desteklenmekte, etkileşimli, esnek ve bilgisayar ile bütünleştirilmiş yeni bir anlayış ile yürütülmektedir. Teknolojik gelişmeler doğrultusunda insan kaynakları yönetimi de birtakım dönüşümler yaşamaktadır. Bu bakımdan insan kaynakları yönetimi anlayışına ait temel konuların, sürekli öğrenme, yenilenme ve gelişime açık bir işletme kültürü oluşturmak; kariyer planlaması, ücretlendirme, performans değerlendirme, eğitim ve geliştirme gibi temel unsurları bir arada düşünmek; bilgi, öğrenme, gelişim, disiplin ve ödül politikaları gibi alanlarda şeffaf bir ortam yaratmak; çok yönlü örgütsel iletişimi yönetmek; yeni insan kaynakları tedarik yöntemleri geliştirmek; teknolojiden stratejik bir araç olarak yararlanmak çerçevesinde çok yönlü olarak yeniden düşünülmesi ve ele alınması gerekmektedir (Erdal, 2003).

Bilgi teknolojilerinin insan kaynakları yönetiminde kullanılması çalışanlara kendi kariyerlerini planlama konusunda yeni fırsatlar sunmakta, yeteneklerini geliştirme konusunda ihtiyaç duydukları araçları sağlayarak, kişisel gelişim, bilgi ve becerileri doğrultusunda ilerlemelerine yol göstermektedir. Dünya çapındaki bütün şirketlerin insan kaynakları faaliyetlerini web ortamına taşımaya başlamalarının ana nedenleri bürokrasinin azalması, maliyetlerin düşürülmesi ile değer yaratımıdır (Hay Group, 2002: 3-4). İnsan kaynakları yönetimi faaliyetlerinin elektronik ortama taşınması, çalışanlar ve yöneticiler için çalışma ortamını geliştirmekte ve bunun yanında zaman faydası sağlamaktadır. Ayrıca insan kaynakları departmanının monoton ve rutin iş süreçlerini azaltarak etkinlik ve verimliliği arttırmaktır (Erdal, 2003).

İnsan kaynakları yönetimi faaliyet ve süreçlerinin bilgi teknolojileri ile desteklenmesi, işletme içi yapılanmalarda etkinlik ve verimliliğe olumlu katkılarının yanı sıra, internet üzerinde yarattığı çözümler yönünden, personel temini, işletme kültürü ve örgüt yapısına etkileri bakımından birçok fayda sağlamaktadır. Kişisel ve örgütsel gelişim, sürekli yenilenen öğrenen organizasyon yapısı, şeffaflık, iş süreçlerinin yeniden tasarımı ve basitleştirilmesi, standartlaştırma, bölümler-arası etkin iletişim ve motivasyon gibi faydalar ön plana çıkmaktadır (Erdal, 2003).

1.5.3.6. İşletmelerde Bilgi Yönetimi

Yeni ve farklı bir ekonominin doğuşu, bilgisayar ağları dönemi işletmeleri için yeni yönetim teknikleri gerektirmektedir. Artık bilgi işçilerinin, entelektüel sermayenin ve bilgi stoklarının sürekli değişim çağında yönetimi söz konusudur. Bilgi ekonomisinde bilginin yaratılması hem bilgi işçilerine hem de bilgi tüketicilerine aittir. Mal ve hizmetlerin içeriği, müşteri fikirleri tarafından belirlenirken, bilgi teknolojileri mal ve hizmetlerin bir parçası haline gelmektedir. Bilgi ekonomisinde kuruluşların en önemli kaynakları klasik üretim faktörleri değil beyin gücüdür. Örneğin, bilgi çağının işletmelerinden olan Microsoft ele alındığında, maddi kaynaklarının (arazi, bina, stoklar, hammadde vs.) neredeyse yok denecek kadar olduğu ancak, kayda değer tek varlığının işletme içindeki elemanlar olduğu görülmektedir. Bu durum, sermayenin artık önemsiz bir faktör olduğu anlamına gelmemektedir. Ancak, on beş yıl önce kayda değer bir sermayesi olmayan Microsoft'un bugünkü piyasa değeri General Motors ve IBM'den daha fazladır. Yeni ekonomide sermaye, bilginin bir fonksiyonu haline gelmiştir (Akın, 1999: 67).

Bilgi yönetimi, işletmelerin amaçlarına ulaşabilmeleri için entelektüel varlıklarının belirlenmesi ve yönetilmesi ile ilgilidir. Bilgi yönetimi yalnızca işletmenin entelektüel varlıklarının yönetilmesi üzerine değil, bu varlıklar ile ilgili süreçlerin (bilginin yaratılması, saklanması, kullanılması ve paylaşılması) yönetilmesine de odaklanmaktadır. Yöneticiler artık pazarın isteklerini daha etkin bir biçimde karşılayabilmek için işletmelerin entelektüel varlıklarının geliştirilmesine çalışmaktadırlar. İşletmeler, bilgi çağının rekabetçi ortamında varlıklarını sürdürebilmek için gerekli bilgiyi elde etmede ve kullanmada sistematik ve hedefe yönelik bir biçimde hazır bulunmalıdırlar (Warkentin, Bapna ve Sugumaran, 2001: 150).

Bilgi yönetimi uygulamaları, yani bilginin sistematik ve ortak olarak yaratılmasını, paylaşılmasını ve kullanılmasını amaçlayan girişimler, işletmelere beklentilerinin ötesinde kazançlar sağlamaktadır. Aşağıda, bilgi yönetimini başarılı biçimde uygulayan işletmelere birkaç örnek verilmektedir (Barutçugil, 2002: 51-52):

- Bilgi teknolojileri sektörünün önde gelen işletmeleri Microsoft, Dell, Intel, Cisco ve Compaq, 1987-1997 arasındaki on yıllık dönemde piyasa değerlerini elli kat arttırmışlardır.
- General Electric 1997 yılında 1 milyar dolarlık satın alımlarını internet üzerinden gerçekleştirirken, 2000 yılında bu tutarı 5 milyar dolara çıkarmış ve üç yıl içinde satın alımlardan 500 milyon dolara yakın tasarruf sağlamıştır.
- IBM, 1996'da uygulamaya başladığı ileri planlama sistemi (APS) ile ilk yıl stok devrinde yüzde 40, satış hacminde yüzde 30 artış sağlamıştır.
- Chase Manhattan Bank, bilgi yönetimi uygulamaları ile gelirlerinde 11 milyon dolar artış ve 18 ay içinde maliyetlerinde ciddi düşüşler gerçekleştirmiştir.
- Fireman's Fund Insurance eleman sayısını arttırmadan iki yıl içinde yüzde 33 büyüme gerçekleştirmiştir.
- Shell Chemicals, bilgi yönetimine yapılan yatırımın geri dönüşünün bire on olduğunu belirtmektedir.
- Unilever, yeni sabun fabrikalarının üretime geçmesi için gereken 57 haftalık süreyi etkin know-how uygulamaları sayesinde 7 haftaya düşürmüştür.
- Texas Instruments, yarı iletken üretim tesisleri arasında en iyi uygulama bilgilerini paylaşarak yeni bir fabrika yatırımına eşit düzeyde tasarruf sağlamıştır.
- Glaxo Wellcome, hissedar değeri üzerine odaklanarak ve AR-GE çalışmalarına ağırlık vererek hisse senetlerinin değerini önemli ölçüde arttırmıştır.
- Hewlett Packard, aslında şirket içinde bulunan, fakat geliştirme takımları tarafından bilinmeyen uzmanlığın paylaşılmasını sağlayarak yeni ürünleri pazara eskisinden çok daha hızlı sunmaya başlamıştır.

Bilgi yönetimi yalnızca bilgi teknolojileri ile ilgili bir konu olmayıp, aynı zamanda şirkete rekabet avantajı kazandıracak bir konudur. Özellikle küresel ölçekte bilgiyi yaratma, paylaşma ve yeniden uygulama gereği duyan büyük işletmeler için bilgi yönetiminin önemi giderek artmaktadır.

1.6. İnternet ve Yeni İş Modelleri

Sanayi dönemi şirketleri, teknoloji ve internetteki gelişmelere uyum sağlayamazlarsa yok olma tehlikesiyle karşılaşacaklardır. Dijital ekonomi yeni bir iş modeli yaratmıştır: İş toplulukları müşterilerine değer, ortaklarına servet yaratmak için internet üzerinde bir araya gelmişlerdir.

1994 yılında ortaya çıkan ilk web siteleri yalnızca statik birer bilgi kaynağıydı. Şirketler 1995'te web'i keşfettiler. Web'in sağladığı iletişim olanakları, kullanımın yaygınlaşmasını sağladı. Geleneksel şirketler bu yeniliğe geleneksel işlerini taşıyabilecekleri bir ortam olarak yaklaşırlarken yeni dijital ortam şirketleri işlerine sıfırdan başlayarak yeni teknolojiler yaratma, şirket ve müşterilerin bilgi, ürün ve hizmetlere daha kolay erişiminin sağlanmasına kadar birçok fırsatı bir anda yakalamışlardır. Yeni işler ve iş sınıfları ortaya çıkmıştır (Martin, 1997: 3).

Elektronik pazarlar son yıllarda ürün ve hizmetlerin alım-satım yöntemlerini değiştirmiştir. Elektronik pazarlar, fiyat düzeyleri, maliyetleri ve fiyat esneklikleri yönünden geleneksel pazarlara göre çok daha etkindir (Smith, Bailey ve Brynjolfsson, 2000). Bilgi ekonomisinde ürün ve hizmetlerinin piyasaya sunumu çok düşük maliyetler ile gerçekleştirilebilmektedir. İnternet ve web teknolojilerinin sunduğu dağıtım olanakları sayesinde yeni ürün ve hizmetlerin bedelsiz olarak tanıtımı ve müşterilere düşük maliyetler ile çok kısa sürede ulaştırılması mümkündür (Erdoğan, 2002: 16).

İnternetin web teknolojisi aracılığı ile geniş kitlelere yayılması, önceleri sadece belli bir finansal güce sahip olan büyük işletmelerin yararlanabildiği bilişim teknolojilerinin göreceli olarak küçük ölçekli işletmeler ve hatta girişimci bireyler tarafından da ticari amaçlı olarak kullanılabilmesine olanak sağlamıştır. Sanal şirket kavramının bir adım ötesine geçilmesine neden olan bu gelişme ile "ağla bütünleşik şirket" ve "e-ticaret topluluğu" dönemine girilmiştir. E-ticaret topluluğu, bir işkolunda ortak çıkarları için birlikte pazar hakimiyeti arayan bir kurumlar topluluğunu ifade etmektedir. Microsoft ve Intel'in oluşturduğu Wintel ile Sun ile IBM, Oracle ve Netscape tarafından oluşturulan Java yazılım sektöründen gösterilebilecek iki örnektir. Üstelik hem Intel hem de Microsoft Java topluluğuna üye iken, aynı zamanda IBM, Oracle ve Netscape de Wintel topluluğunun aktif katılımcıları konumundadırlar. Bu ilişkilerin dinamiği "ortaklaşa rekabet" kavramı ile bir ölçüde açıklanabilmektedir (Akın, 2002: 3-4).

Bilgi ve iletişim teknolojilerinin verimlilik artışı üzerindeki olumlu etkileri internet kullanımının yaygınlaşması ile artış göstermiştir. İnternet kullanımının verimlilik artışına olumlu katkıları aşağıdaki şekilde özetlenebilir (Erdoğan, 2002: 20):

- İnternet kullanımının yaygınlaşması ile birlikte mal ve hizmetlerin üretim ve dağıtımı için gerekli olan işlem maliyetlerinde önemli düşüşler ortaya çıkmaktadır. Örneğin, elektronik fatura ödemeleri, kamu faaliyetleri hakkında daha hızlı, ucuz ve doğru bilgi alma şansı, vergi ödeme kolaylığı gibi.
- Yönetimsel etkinlik ile birlikte işletmeler, ürün arz süreçlerini etkin bir şekilde gerçekleştirmektedirler. Öte yandan firmaların içsel ve dışsal iletişim süreçleri kolaylaşmaktadır. İnternet kullanımı ile birlikte işletmelerin demirbaş miktarı ve müşteri hizmet maliyetleri düşerken, ortakların şirket hakkında sürekli bilgi edinme şansları artmaktadır. Ayrıca gerek üretim sürecinde gerekse mal ve hizmetlerin tüketicilere ulaşmasında aracıların sayısı azalmaktadır.
- Artan rekabet fiyatları şeffaflaştırmaktadır. Alıcılar ve satıcılar açısından piyasa genişlemektedir. Dolayısıyla firmalar maliyet tasarrufu sağlayıcı yeni teknikleri zorunlu olarak uygulamaya çalışmaktadırlar. İnternet kullanımı ile birlikte gerek ulusal gerekse uluslararası düzeyde ortaya çıkan rekabet, tam rekabet piyasası koşullarına benzer sonuçların doğmasını sağlayabilmektedir. Böylece, düşük kâr marjları, etkin üretim ve müşteri memnuniyeti sağlanabilmektedir.

Bilgi, iletişim ve internet teknolojilerinin yaygınlaşması, ticari ilişkilerde işbirliğini arttırarak müşterilere gereksinimlerine uygun, yüksek kalitede ürün ve hizmetlerin ulaştırılmasına olanak vermektedir. Bilgi teknolojileri işletmelerin tedarik zincirlerini bütünleştirmelerini, sipariş halkalarını sıkıştırmalarını, müşterilerin ağ üzerindeki deneyimlerini iyileştirmelerini ve geleneksel satış kanallarını tamamlamalarını sağlamaktadır. Esnek ve açık uygulamalar, tedarik zinciri topluluklarının iletişimini sağlayarak müşteriler, dağıtıcılar, tedarikçiler, taşıyıcılar ile güvenli işbirliğini sağlamakta ve B2B ticareti geliştirmektedir (Lang, 2001: 551).

E-ticaret, kamu sektörü ya da özel sektörde kurumların, işletmelerin ve bireylerin açık ağ ortamında (internet) ya da kapalı ağ ortamında (intranet), yazı, ses ve görüntü şeklindeki sayısal bilgilerin işlenmesi, iletilmesi, saklanması temeline dayanan ve bir değer yaratmayı amaçlayan ticari işlemlerinin tümünü ifade etmektedir. Bu kapsamda, ticari sonuçlar doğuran ya da ticari faaliyetleri destekleyecek eğitim, kamuoyunu bilgilendirme, tanıtım-reklam vb. amaçlar için elektronik ortamlarda yapılan işlemler de elektronik ticaret kapsamına girmektedir. Bu tür işlemler, sadece ticaret alanında değil, tıp, eğitim, kamu hizmetlerinin sunulması, haberleşme, istihdam gibi alanlarda uygulama olanağı bulduğundan elektronik iş olarak da adlandırılmaktadır (Cox, 2002: 8).

E-ticaret dolaylı ve doğrudan e-ticaret olarak ikiye ayrılmaktadır. Dolaylı e-ticarette, malların siparişi elektronik ortamda yapılmakta, ancak teslimi geleneksel yollarla gerçekleşmektedir. Doğrudan e-ticaret yönetimde ise, sanal mal ve hizmetlerin siparişi, ödemesi ve teslimi elektronik ortamda, on-line olarak gerçekleşmektedir (Ene, 2002: 3).

E-ticaret iş yaşamında pazarlama, satış ve promosyon, ön satış, taşeronluk, tedarik, finansman ve sigorta, ticari işlemler (sipariş, teslimat ve ödeme, servis ve bakım), ortak ürün geliştirme ve çalışma, kamu ve özel hizmetleri kullanma, kamu ile ilgili işlemler (vergi, gümrük, teslimat ve lojistik, kamu alımları), muhasebe, elektronik ortamdaki ürünlerin otomatik ticareti ve anlaşmazlıkların çözümü gibi faaliyetleri etkilemektedir (KOBİNET, 2003).

E-ticaretin en belirgin etkileri, maliyetlerin düşürülmesi, verimliliğin artması, kaynakların etkin kullanılması ve yeni fırsatlar yaratılması gibi alanlarda görülmektedir. E-ticaret küçük ve orta büyüklükteki işletmelerin uluslararası işletmelere, tedarikçilere ve müşterilere erişimine olanak tanımaktadır.

E-ticaret ekonomik ve toplumsal yaşamda önemli değişikliklere yol açmaktadır. E-ticaretin yol açtığı değişiklikler şu şekilde sıralanabilir (Ene, 2002: 35-37; KOBİNET, 2003):

- Ekonomik yaşam canlanmaktadır.
- İşletmeler arası rekabet artmaktadır.
- İşletmelerde genel maliyetler düşmekte ve maliyetlerdeki düşüş fiyatlara yansımaktadır.
- Tüketici açısından ürün seçenekleri artmakta, pazar gücünün tüketiciye geçmesi sağlanmaktadır.
- "Aracısızlaşma" veya "yeni işlevler üstlenen aracılar" oluşmaktadır.
- Yaşam kolaylaşmakta; 7 gün 24 saat (7x24) çalışma ilkesi ile sürekli ticaret ve alışveriş olanağı sunulmaktadır.

- 7x24 prensibi ile açık olan mağazalar, aracıların da işlevlerini değiştirmesi ile ürün fiyatlarını ucuzlatmaktadır. Halen firma-firma arası %90, firma-tüketici arası %10 civarında olan bu oranın, teknolojik altyapının gelişmesi ve tüketiciye daha kolay ulaşılması ile firma-tüketici lehinde yükselmesi beklenmektedir.
- Telekomünikasyon altyapısındaki gelişmeler, ucuz bilgisayarlar, kablo televizyon, telefon hatları vb. altyapı gelişmeleri ile KOBİ'lerin doğrudan evdeki tüketiciye satış yapabileceği ve pazarını genişleteceği tahmin edilmektedir.
- E-Ticaretin yaygınlaşmasındaki teknik ve felsefi nitelik şeffaflık ve açıklıktır. Açıklık, tüketicinin pazar gücünü arttırmakta, fakat kişisel bilgilerin toplanması ile aleyhte de kullanılabilecek bir veritabanı yaratmaktadır. Bu da e-ticaretin gelişiminin önündeki en büyük engellerden biri olarak görülmektedir.
- E-Ticaret ile zamanın göreli önemi değişmekte, pazara coğrafi olarak yakın olmanın önemi ortadan kalkmaktadır.
- İşletme tedarik/zincir yönetiminde düzenli bir planlama ile maliyetler düşürülmektedir. ABD'de bu konuda %15-20 tasarruf edilmiştir.
- Web tabanlı pazarlama (e-pazarlama) ve online sipariş, işletmenin verimliliğini arttırmaktadır.
- Sipariş alma, alındı makbuzu, fatura tutarlılığı vb. izlemede yapılan hatalar e-ticaret ile düşmekte, böylece genel maliyetler azalmaktadır.
- Pazar yapısı, işletmenin örgüt yapısı ve iş modelleri değişmektedir.

E-pazarlama, internetin sağladığı olanaklarla ucuz ve etkili tanıtım yapılmasını sağlamaktadır. Bilgi çağında bilgi ve iletişim teknolojilerinin sunduğu olanaklardan faydalanan tüketicilere, internetin sunduğu olanaklardan yararlanarak ulaşmak mümkün olmaktadır (Öncü, 2002: 13).

Geleneksel pazarlamadan internette pazarlamaya geçmeyi düşünen işletmelerin iş modellerini, örgüt kültürlerini ve müşteri ilişkilerini yeniden tanımlamaları, değer zinciri yapılarını değiştirerek tedarikten satış sonrası hizmetlere kadar bütün işletme işlevlerini yeniden yapılandırmaları gerekmektedir (Kırcova, 2002: 35).

E-ticaret farklı sektör ve endüstrileri etkilemektedir. Özellikle dağıtım sektörü, bilgi ve iletişim teknolojileri sektörü, bilgiye ilişkin ürün ve hizmetler, eğlence, yazılım, müzik gibi dijital dönüşüme uygun ürünler ile ilgili sektörler, alım-satım ya da aktarımla ilgili olan finansal, posta, reklam, seyahat ve ulaşım sektörleri e-ticaretten doğrudan ya da dolaylı olarak etkilenmektedir. E-ticaret yeni çalışma alanları açmakta ve istihdamı arttırmaktadır. E-ticaretin getirdiği fiyat avantajı, e-ticarete konu olan ürünlere talebi ve dolayısıyla üretimi yükselterek istihdamı da dolaylı olarak arttırmaktadır (Kepenek, 2000: 45).

1.7. Bilginin Sektörlere Yansıması ve Hizmet Ekonomisinde Kullanımı

Bilginin ekonomik, toplumsal, kültürel ve politik alanlarda yoğun şekilde kullanıldığı toplumlar bilgi toplumu olarak adlandırılmaktadır. Bilgi toplumu birbiriyle bağlantılı iki gelişmenin sonucunda ortaya çıkmıştır: Teknolojik gelişmeler ve ekonomik gelişmeler.

Teknolojik gelişmelerde bilgi teknolojileri ön plana çıkmaktadır. Bilgi teknolojilerinin gelişimi yaygın kullanım olanakları, kapasitelerindeki artış ve maliyetlerinin düşmesi nedeniyle hızlanmıştır. Ekonomik gelişmelerde, geçmişte bir ekonominin gücünün kaynağı olan birinci sektör (tarım, ormancılık ve madencilik) yerini önce ikinci sektöre (sanayi sektörü), daha sonra da hızla gelişen üçüncü sektöre (hizmet sektörü) bırakmıştır. (Rai ve Lal, 2000: 222). Günümüzde tarım, sanayi ve hizmet sektörlerinden oluşan ekonomik yapının yerini, bilgi sektörünün de dahil olduğu dört sektörlü bir ekonomik yapı almıştır (Dura ve Atik, 2002: 246).

1950'lere kadar tarım sektöründe düşüş yaşanmış ve bu sektördeki istihdam yarı yarıya azalmıştır. Tarım sektöründeki gerilemeyi, üretim ve hizmet sektörlerinde istihdam artışı izlemiştir. 20. yüzyılın ilk yarısında hizmet sektöründeki istihdam, üretim sektöründeki istihdama oranla az da olsa daha hızlı bir artış göstermiştir. İkinci Dünya Savaşı sonrası dönemde birinci sektör olan tarımdaki gerileme devam etmiş ve hizmet sektörü hızlı bir gelişim içine girmiştir. Sanayi sektöründeki ilerleme hızı belirli bir düzeyde sabitlenmeye başlamıştır. 1970'lerden günümüze kadar dördüncü sektör olarak adlandırılan bilgi sektörü gelişmeye ve bu sektördeki istihdam artmaya başlamıştır. Hizmet sektöründe hızlı ilerleme de sürmektedir (Peneder, Kaniovski ve Dachs, 2001).

Hizmet genel anlamıyla, insanların gereksinimlerini gidererek yarar ve/veya doyum sağlayan soyut faaliyetler bütünüdür. Hizmetleri endüstriyel ürünlerden ayıran özellikler şu şekilde sıralanabilir (İçöz, 2001: 31-37; Ruskin-Brown, 2003; Uyguç, 1998: 12-14; T.C. Maliye Bakanlığı, 2004; Hart ve Troy, 1996: 43-49):

- Hizmetler soyut yapıdadırlar, fiziksel bir varlıkları ya da somut yapıları yoktur. Hizmetlerin soyut niteliği, hizmet üreten işletmeleri bu ürünleri somutlaştıracak unsurları (hizmetin sunulduğu ortam, işletme adı, işletmenin genel görünümü, hizmetin kalitesi gibi) ön plana çıkarmaya zorlamaktadır.
- Endüstriyel ürünlerde satış ya da satın alma kararı ertelenebilir ya da ürünler stoklanarak bekletilebilir. Hizmetler depolanamaz ve saklanamazlar. Hizmetler bir kez arz edildikten sonra tüketilmiş demektir; geri kazanımları mümkün değildir. Hizmetlerin kolay bozulabilirliği, hizmet işletmeleri için satış sorunu yaratmaktadır.
- Hizmet üretimi endüstriyel üretimden farklıdır. Hizmet üretimi ve tüketimi birbirinden ayrılamaz. Bu nedenle hizmetin sunumu hizmeti talep edenler ile hizmeti sunanların etkileşimine neden olmaktadır. Hizmet üretiminde üretim sırasında kalite kontrolü çok güç ya da olanaksız olduğundan hizmetlerin standartlaştırılması oldukça zordur. Tüketiciler hizmet üretim sürecinin içinde yer aldıklarından hizmet üretimi sırasında ortaya çıkan aksaklıkların tüketiciye yansıtılmadan ortadan kaldırılması güçtür.
- Hizmet sunumunda insan faktörü büyük önem taşımaktadır. Hizmet, insan faaliyetleri ile yönlendirilen bir dizi faaliyetten oluştuğundan hizmet sunumunda insan ilişkileri hizmetin önemli bir parçasıdır.
- Hizmetler somut ürünler gibi tüketimden önce denenemezler. Ancak, hizmetin sunumu ve kalitesini etkileyen fiziksel koşullar ve nesneler denetlenebilir ya da

kontrol edilebilir. Hizmetlerin somut ürünler gibi önceden denenmemesi, hizmeti satın alan tüketiciler için risk oluşturmaktadır.

- Hizmetler için somut ürünler için olduğu gibi bir kullanım ömründen söz edilemez. Hizmetlerin sürekliliği söz konusudur.
- Hizmetin zaman boyutu vardır. Hizmetin talep edilen zamanda ve en kısa sürede sunulması önem taşımaktadır.

Bilgi sektörü olarak da adlandırılan iletişim ve medya sektörü soyut iletişim ve bilgi içeriğine sahiptir ve küreselleşmenin itici gücü durumundadır. Bilgi ve iletişim kaynakları refah ve rekabet gücü için doğal kaynaklar kadar önemli hale gelmiştir (Pau, 2002: 1652).

Bilgi ekonomisi, bilgi ve iletişim teknolojilerine paralel gelişme gösteren bilgi sektörünün ilerlemesini sağlamaktadır. Ağ üzerinde yapılanan endüstriler, özellikle de hizmet sektörü büyük gelişme göstermektedir. Özellikle eğitim, sağlık, finansal hizmetler, medya, her türlü toptancılık ve perakendecilik, e-ticaret ve e-devlet uygulamaları hızlı bir gelişme içersindedir (Forge, 2000b: 282-283). Bilgi çağı sanayi sektörünü ve geleneksel hizmet sektörlerini yeniden yapılandırmaktadır. Pazara yalnızca internet üzerinden hizmet veren işletmeler girmekte, internette ticaret perakendecilik sektöründe yeni devler yaratmakta, bankacılık ve finans, iletişim, otomotiv ve enerji sektörlerinde birleşmeler görülmektedir (Forge, 2000a: 24).

Bilgi ve iletişim teknolojilerinin etkileri sektörden sektöre değişmektedir. Bilgiye dayalı sektörlerde (dijital ürünler, bilgi hizmetleri gibi) yeni iş modelleri ve daha güçlü rekabet olanakları ortaya çıkmaktadır. Uluslararası pazarlara açık, daha rekabetçi geleneksel endüstrilerde ise, değer artışına yönelik değişimler olmaktadır (Freeman ve Soete, 2003).

Günümüzde bilgi, ürün ve hizmetlerin en önemli parçasıdır ve üstün hizmeti, üstün bilgiye sahip işletmeler sunabilmektedir. Küresel ekonomide üretimde benzerliğin artması ve ürün yaşam sürelerinin kısalması ile ürün rekabetinin önemi azalmış ve hizmet rekabeti önem kazanmıştır; rekabet avantajı elde edebilmenin yolu hizmet sektöründeki başarıdan geçmektedir (Güzelcik, 1999: 70).

Bilgi ekonomisinin ortaya çıkardığı yapı içinde işletmeler, üretim sektörü yerine hizmet sektörü etrafında örgütlenmektedir. Küresel ekonomideki gelişmeler, hizmet sektörleri başta olmak üzere, soyut sektörler olarak tanımlanan üretim sektörleri dışındaki sektörleri öne çıkarmaktadır. Sanayi toplumunda imalat sanayi ekonominin temeliyken, bilgi toplumunda hizmet sektörü gelişmektedir. Günümüzde dünya ölçeğinde hizmet üretimindeki hızlı artış, dünya ekonomisinde hizmetler sektörünün artan önemini göstermektedir (Kurtulmuş, 1998:150). Günümüzde dünya ekonomisi, üretim sektörü yerine, hizmet sektörü etrafında yoğunlaşmaya başlamıştır. Bilgi teknolojilerinin hızlı gelişimi üretimi standartlaştırmış ve hizmet rekabetini ön plana çıkarmıştır (Güzelcik, 1999: 70).

Tablo 4: Dördüncü Sektör (Bilgi Sektörü)

İletişimsel Bilgi Endüstrileri	➔ Özel olarak işletilen bilgi endüstrileri	➔ Araştırmacılar, öngörümleme uzmanları, serbest yazarlar, kredi kontrolörleri, kamuoyu araştırmacıları
	➔ Basım-yayım endüstrileri	➔ Baskı, dizgi, ciltleme, yayım, fotostat kopyalama
	➔ Gazete-reklam endüstrileri	➔ Gazeteler, haber ajansları, dergiler, reklamcılık, halkla ilişkiler
	➔ Bilgi işleme ve hizmet endüstrileri	➔ Bilgisayar merkezleri, veri bankaları, yazılım merkezleri, zaman paylaşımı hizmetleri
	➔ Bilgi makineleri endüstrileri	➔ Baskı makineleri, bilgisayarlar, merkezi donanım, yazı makineleri, çoğaltma makineleri
Bilimsel Bilgi Endüstrileri	➔ Özel olarak işletilen bilimsel bilgi endüstrileri	➔ Avukatlar, muhasebeciler, danışmanlar, bilirkişiler, tasarımcılar
	➔ Araştırma ve geliştirme endüstrileri	➔ Bilgi depoları, araştırma enstitüleri, mühendislik şirketleri
	➔ Eğitim endüstrileri	➔ Okullar, iletişim kursları, seminerler, kütüphaneler
	➔ Bilimsel bilgi donanım endüstrileri	➔ Elektronik hesap makineleri, araştırma donanımları, bilgisayar destekli eğitim donanımları, eğitim araçları
Sanat endüstrileri	➔ Özel olarak işletilen duyusal bilgi endüstrileri	➔ Yazarlar, besteciler, şarkıcılar, ressamlar, fotoğrafçılar, yönetmenler, yapımcılar
	➔ Duyusal bilgi hizmetleri endüstrileri	➔ Tiyatro toplulukları, orkestralar, film yapımcıları, televizyon şirketleri, film salonları, müzik yapım şirketleri
	➔ Duyusal bilgi donanımı endüstrileri	➔ Fotoğraf donanımı, müzik aletleri, film donanımı, kayıt cihazları, televizyon
Etik Endüstriler	➔ Özel olarak işletilen etik endüstriler	➔ Felsefeciler, dini liderler, vaizler
	➔ Dini endüstriler	➔ Dini gruplar, kiliseler, türbeler, tapınaklar
	➔ Ruhsal eğitim endüstrileri	➔ Ruhsal eğitim merkezleri, gönüllü hizmet grupları, yoga, zen, hattatlık, çay törenleri, çiçek düzenleme ve diğerleri

Kaynak: (Masuda, 1990: 68)

Bilgi çağında hizmet ekonomisinin hızlı gelişimi, bilgi çağı ekonomisinin hizmet ekonomisi olarak adlandırılmasına neden olmaktadır. Üretim sektöründe yaratılan ekonomik değer stoklanabilir somut ürünlerin ticareti ile gerçekleşmektedir. Hizmet sektöründe ise, insan yaşamının belirli boyutları ile ilgili soyut ürünler söz konusudur. Bu farklar pazarda alıcı ve satıcılar arasındaki karşılıklı etkileşim ve rekabet avantajı üzerinde etkili olmaktadır. Hizmet sektörü arzının soyut ve stoklanamaz yapısı nedeniyle bu sektörün başarısı, tüketiciler ile doğrudan ve karşılıklı ilişki kurulmasına bağlıdır. Hizmet sektöründe hareketlilik ve örgüt yapısı başarılı müşteri ilişkilerinin en önemli öğeleridir. Hizmet sektörü arzının kalite ve etkinliğinde mekansal sınırlamalar önemli ölçüde etkili olmaktadır. İletişim ağları, bilgi ve iletişim teknolojileri elektronik pazarlara kolayca ulaşılmasını sağlamaktadır (Peneder, Kaniovski ve Dachs, 2001).

Bilginin yaratılmasının ve dağıtımının ekonomik gelişmenin temel faktörü sayıldığı bilgi çağında, iletişim ve medya sektörü diğer üç sektörün yanında dördüncü sektör olarak yer almaktadır. Bilgi sektörünün yapısı yukarıdaki tabloda (Tablo 4) verilmektedir.

Sanayi toplumunun ve onun üzerinde yükselen bilgi toplumunun temelleri bilgi ve teknolojiye dayanmaktadır. Ekonomik değişmeler ve yenilikler yeni teknolojilerden kaynaklanmaktadır (Dura ve Atik, 2002: 169). Bilgi teknolojileri, bilgi ekonomisinin tanımlayıcı aracı konumundadır. Bilgi teknolojileri değer yaratacak yeni kaynaklar oluşturmakta ve endüstrilerin sınırlarını yeniden belirlemektedir (Brynjolfsson ve Hitt, 1996).

Bilgi ekonomisinin ekonomik etkileri geniş bir alanı kapsamaktadır. Bilgi ekonomisini yönlendiren sektörlerdeki teknolojik ilerlemeler çok hızlı gelişmektedir ve gelecekte de bu gelişmelerin aynı hızla süreceği öngörülmektedir. Bilgi sektörünün ürünlerine olan talep esnektir. Hızlı teknolojik gelişmeler bilgi ve iletişim teknolojileri ürünlerinin fiyatlarının düşmesine yol açmaktadır. Talep esnekliği dikkate alındığında fiyatlardaki düşme bilgi ve iletişim teknolojileri ürünlerine yapılan harcamaları arttırmaktadır. Bilgi ekonomisini yönlendiren bilgi sektörünün ekonomik etkileri ve verimliliğe katkıları, üretim maliyetlerinin düşmesi ile bilgi ve iletişim teknolojileri ürünlerinin toplam arzdaki payının artmasının sonucudur (DeLong, Berkeley ve Summers, 2001). Bilgi teknolojileri sektörü ürünlerine yönelik güçlü talep, rekabet avantajı sağlamak isteyen geleneksel endüstrilerden ve hizmet endüstrilerinden gelmekte, bilgi teknolojileri sektörünün üretiminde belirleyici olmaktadır (Baily, 2001). Bilgi sektörüne ait ileri teknoloji ürünlerinin fiyatlarındaki düşme, başta hizmet sektörü olmak üzere tüm sektörleri verimlilik artışı yönünde etkilemektedir (Forge, 2000a: 30).

Dünya ekonomisinde yaşanan dönüşüm ile bilgi ve iletişim teknolojilerinin makroekonomik ve mikroekonomik düzeyde yarattığı etkiler dünya ekonomisinin önemli bir parçasını oluşturan turizm sektörünün de yapısını ve işleyişini değiştirmektedir. Bir hizmet sektörü içinde yer alan turizm sektörü, bilgi çağının getirdiği ekonomik, toplumsal, politik ve kültürel değişimlere uygun olarak yeniden yapılanma süreci içine girmiştir.

İKİNCİ BÖLÜM
BİLGİ TEKNOLOJİLERİ VE TURİZM SEKTÖRÜ

2.1. Bilgi Ekonomisinde Turizm Sektörünün Yeri

Son yıllarda bilgi teknolojilerinde yaşanan ilerlemeler toplumsal yaşamda, küresel ekonomide ve işletmelerin faaliyetlerinde devrimsel dönüşümlere yol açmıştır. Bilgisayarlı sistemlerin geliştirilmesi ve kullanımının yaygınlaşması, işletmelerin faaliyetlerinde büyük ölçüde değişim yaratmıştır. Teknolojik gelişmeler sonucunda sanayi toplumu bilgi toplumuna, eski ekonomik sistem de bilgi ekonomisine dönüşmektedir.

Teknolojik gelişmelere ve yeniliklere bağlı olarak gelişen bilgi ekonomisi günümüzde tüm ülkeleri ve bireyleri etkileyen bir gerçektir (Bobe, 2002). Yeni ekonomik yapı, küresel ve ulusal ekonomiler düzeyi ile işletmeler düzeyinde yeni kurallar anlamına gelmektedir (Forge, 2000b: 270). Bu dönüşümden dünya ekonomisinde önemli bir yeri olan turizm sektörü de etkilenmektedir.

Bilgi teknolojilerindeki gelişmeler sonucunda sanayi ekonomisi yerini bilgi ekonomisine bırakırken, ekonomideki üretim, tüketim ve dağıtım ilişkileri ve ekonomik yapının tamamı, bilgi temeli üzerinde yeniden yapılanmış ve bilgi rekabetin temel etkeni haline gelmiştir. Günümüzde artık bilgi üretilen, yapılan, satılan ve satın alınan ürün ve hizmetlerin temel bileşeni durumundadır. Bilgi ekonomisinde, bilgiyi üretmek, yönetmek ve entelektüel sermayeyi bulmak, geliştirmek, saklamak ve paylaşmak bireylerin, işletmelerin ve ülkelerin en önemli ekonomik işlevi durumuna gelmiştir (Tekin ve Çiçek, 2002: 241-242).

Bilgi ekonomisinin ve bilgi toplumunun belirgin niteliklerini ortaya koyan eğilimler şu şekilde sıralanabilir (Miles, Keenan ve Kaivo-Oja, 2003: 5):

- Bilgi toplumu, bilginin toplanması, işlenmesi, saklanması ve iletilmesi konularında sınırsız olanaklar sunan bilgi ve iletişim teknolojilerinin yaygın kullanımına bağlı olarak gelişmiştir.
- İşletmeler ve uluslar için rekabet avantajı sağlanması konusu ile etkinliği ve verimliliği arttıracak stratejilerin belirlenmesinde yenilikçilik (buluşçuluk-inovasyon) kavramının (özellikle teknolojik ve bunun yanında örgütsel) önemi giderek artmaktadır.
- Hizmet sektörünün ön plana çıkması ile birlikte ekonomik faaliyetlerin büyük bölümü, istihdam ve üretim hizmet sektörüne bağlı olarak gelişmektedir. Hizmet tüm sektörlerde işletmeler için önemli bir yönetim ilkesi haline gelmektedir.
- Bilgi yönetimi giderek önemli hale gelirken işletmeler bilgi kaynaklarını, entelektüel varlıklarını ve insan kaynaklarını daha etkin kullanmalarını sağlayacak yönetsel teknikler uygulamakta ve bilgi sistemleri kullanmaktadırlar (veri madenciliği, işletme kaynak yönetim sistemleri, insan kaynakları yönetimi sistemleri gibi).
- Küreselleşme, demografik yapıdaki değişimler, kültürel değişim ve artan çevre bilinci dünya ekonomisini önemli ölçüde etkilemektedir.

Turistik ürünün kendine özgü nitelikleri turizm sektörünü bilgiye dayalı bir yapı haline getirmektedir. Hizmet sektöründe yer alan turizm yoğun insan ilişkilerine dayandığından, bu sektörde bilgi yönetiminin yanı sıra insan kaynakları yönetimi de büyük önem kazanmaktadır. Dünya ekonomisinde önemli bir yere sahip olan turizm sektörü üzerinde küreselleşme, demografik yapıdaki değişimler, kültürel değişim ve artan çevre bilincinin önemli etkileri olmaktadır.

2.1.1. Turizm Sektöründe Bilginin Yeri

Günümüz turizm sektöründe bilginin yaratılması, dağıtımı ve uygulanması, turizm destinasyonlarının yönetimi açısından kamu sektörü ve özel sektör için büyük önem taşımaktadır. Turizmin gelişme ve refah yaratma potansiyelinin, toplumsal, kültürel ve çevresel etkilerinin yönetimi ile eşgüdüm içinde olması gereği, bilgiyi turizm sektörü için çok daha önemli hale getirmektedir. Turizm sektöründe ortaya çıkan yeni gereksinimler, kalite ve verimlilik artışının sağlanması ve turizmin topluma katkılarının en üst düzeye çıkarılabilmesi için yenilik ve buluş alanında sürekli çaba harcanmasını gerekli kılmaktadır.

Turizm sektörü bilgi-yoğun bir yapıdadır (Poon, 1996: 154; Sheldon, 1997: 2). Turistik ürünlerin diğer ürünlerden ayırt edilmesini sağlayan kendine özgü nitelikleri olan heterojenlik, soyutluk ve stoklanamazlık, bu ürünleri bilgi-yoğun hale getirmektedir. Ayrıca, turizm sektörünün uluslararası niteliği ve hizmet sektörünün bir parçası oluşu bilgi-yoğun yapısını desteklemektedir (Sheldon, 1997: 5). Bu nitelikler ayrıntılı bir biçimde incelendiğinde, turizm sektörünün yoğun bilgiye dayalı bir yapıya sahip olduğu görülmektedir:

- Turistik ürünler çok sayıda farklı mal ve hizmetin bir araya gelmesi ile oluştuklarından karmaşık yapıdadırlar. Turistik tüketiciler seyahatlerini oluştururken çok sayıda işletme ve acenta ile bağlantı kurmak durumundadırlar. Turistik ürünlerin oluşturulmasında turistik işletmeler, acentalar ve turistik tüketiciler arasındaki iletişim, eşgüdüm ve işbirliği büyük önem taşımaktadır (Sheldon, 1997: 5). Turizm sektöründe farklı işletmeler tarafından üretilen ürünler tüketicilere bir bütün halinde sunulduğundan işletmeler büyük ölçüde birbirlerine bağımlıdırlar ve bir işletmede hizmetin aksaması diğer işletmeleri de etkilemektedir (İçöz, 2001: 36). Turistik ürünün oluşturulmasında gerekli olan bu yoğun bilgi akışı, bilgi ve iletişim teknolojileri sayesinde gerçekleşmekte, gerektiği gibi iletilen bilgi turizm sektörünün farklı birimleri arasında bağlantıyı sağlarken turistik ürünün planlanmasını kolaylaştırmaktadır. Bilgi akışı gerektiği şekilde sağlanamadığında turizm sektörünün işleyişinde aksamalar ortaya çıkacaktır. Turistik ürünlerin yapısı karmaşık hale geldikçe daha fazla bilgiye gereksinim duyulmaktadır (Sheldon, 1997: 5).
- Turizm sektörünü bilgi-yoğun hale getiren ikinci özellik de turistik ürünlerin soyut yapısıdır. Potansiyel turistik tüketiciler, satın almak istedikleri ürünü önceden göremezler. Turistik hizmet sağlayıcıların turistik ürünün bir örneğini önceden

turistik tüketicilere incelemeleri için gönderme ya da bu ürünleri vitrinde sergileme olanakları yoktur (Usta, 2001: 107). Turistik ürün tüketiciler tarafından somut olarak algılanamadığından tüketiciler turistik ürün ya da destinasyon hakkında önceden ayrıntılı bilgiye gereksinim duymaktadırlar. Tüketicinin turistik ürün hakkında gereksinim duyduğu bilgi, günümüzde bilgi ve iletişim teknolojilerinin sağladığı yollarla iletilmektedir. Turistik ürünün soyut yapısı, turizm ve bilgi teknolojileri endüstrilerini bir araya getirerek turistik ürünün daha yaratıcı şekilde pazarlanmasını ve daha elle tutulur hale gelmesini sağlamaktadır. Bilgi, turistik tüketicilerin soyut bir ürün satın almalarından kaynaklanan riskleri azaltmaktadır (Sheldon, 1997: 6).

- Turizm sektörünü bilgi-yoğun hale getiren üçüncü nitelik de turistik ürünlerin stoklanamamasıdır. Endüstriyel ürünlerde satış, satın alma ve tüketim kararları ertelenebilir ve ürünler stoklanarak bekletilebilirken, hizmet ürünlerinin üretildiği anda ya da zamanda satılması zorunludur (İçöz, 2001: 34). Bir uçak koltuğu ilgili uçuşta satılamadığında, bu koltuğun sağlayacağı gelir ortadan kalkmış demektir. Bu durum turizm sektörünün tüketicilere sunduğu ürünlerin (konaklama, çekicilikler, ulaşım) hemen hemen tümü için geçerlidir. Bilgi ve iletişim teknolojileri etkin stok izleme ve fiyatlama yöntemleri, getiri yönetimi sistemleri gibi bu sorunu çözümlemeye yardımcı olabilecek yöntemler sunmaktadır. Ayrıca hızlı bilgi akışını sağlayan iletişim ağları sayesinde turizm işletmeleri, elde edebilecekleri gelir ortadan kalkmadan turistik ürünle ilgili son dakika bilgilerini iletebilmekte ve bu ürünü satabilmektedirler (Sheldon, 1997: 6).
- Turizm sektörünün uluslararası bir sektör olması, bilgi-yoğun niteliğini desteklemektedir. Uluslararası seyahatlerde yerel sektörlerde olmayan ölçüde yüklü bir bilgi akışı gerçekleşmektedir. Uluslararası seyahatlere çıkanlar başta sınır kontrollerinde gerekli vize ve pasaport uygulamaları, gümrük uygulamaları, vergiler, döviz uygulamaları ve aşı gereklilikleri gibi sağlık uygulamaları hakkında olmak üzere kültürel farklılıklar, sürüş düzenlemeleri ve dil güçlükleri gibi çeşitli konularda bilgi gereksinimi duymaktadırlar. Uluslararası seyahatlerin artışı ile bilgi gereksiniminin de artması ülkeleri, turizm işletmelerini ve turistik tüketicileri birbirine bağlayacak küresel bir iletişim ağını gerekli kılmıştır. Bilgi ve iletişim teknolojileri olmaksızın turizm sektörünün uluslararası düzeyde etkin işleyişi gerçekleşmeyecektir (Sheldon, 1997: 6-7).
- Turizm sektörünün bir hizmet sektörü olması ona üretim sektöründen farklı bir nitelik kazandırmaktadır. Hizmet sektöründe verimlilik artışına yönelik uygulamaların yaygınlık kazanması turizm sektörünü etkilemektedir. Geçmişte tüketicinin deneyiminin kalitesinin düşeceği endişesi ile hizmet sektörlerinde otomasyona karşı çıkılması eğilimi, 1990'larda zamanın önemli bir değer haline gelmesi ile değişmeye başlamıştır. Tüketicilerin hizmet beklentileri değişen yaşam tarzlarına bağlı olarak değişirken, hız konusu da önem kazanmıştır. Bilgi, etkin hizmetin en önemli kalite göstergelerinden biri olarak kabul edilmektedir (Sheldon

1997, 7). Hizmet sektörünün değişen yapısı içinde rekabet gücü kazanmak isteyen turizm işletmeleri bilginin hızlı ve etkin iletiminin önemini kavramışlardır. Günümüzde turizm sektörü içindeki işletmeler bilgi ve iletişim teknolojilerinin sunduğu olanaklardan yararlanarak tüketicilerin gereksinimlerini etkin bir biçimde karşılamaya ve rekabet gücü kazanmaya çalışmaktadırlar.

Turistik ürünün kendine özgü nitelikleri nedeniyle turistik tüketiciler, turistik üründen önce onunla ilgili bilgiye erişmekte ve bu bilgiye göre ürünü değerlendirerek satın alma ya da almama kararı vermektedirler. Uluslararası turizm faaliyetlerinin artması ile turistik hizmet sağlayıcılar ile turistik tüketiciler arasındaki uzaklığın artması bilgi gereksinimini ve turizm sektörünün bu uzaklığı kısaltarak turistik tüketicilerin bilgiye hızlı ve kolay erişimini sağlayabilecekleri teknolojilere gereksinimini arttırmaktadır. Turizm sektöründe bilgi akışı sürecinde turistik tüketiciler, aracılar, turistik hizmet sağlayıcılar, araştırma kurumları, turizm örgütleri, aracılar ve kamu kurumları gibi çok sayıda farklı taraf yer almaktadır.

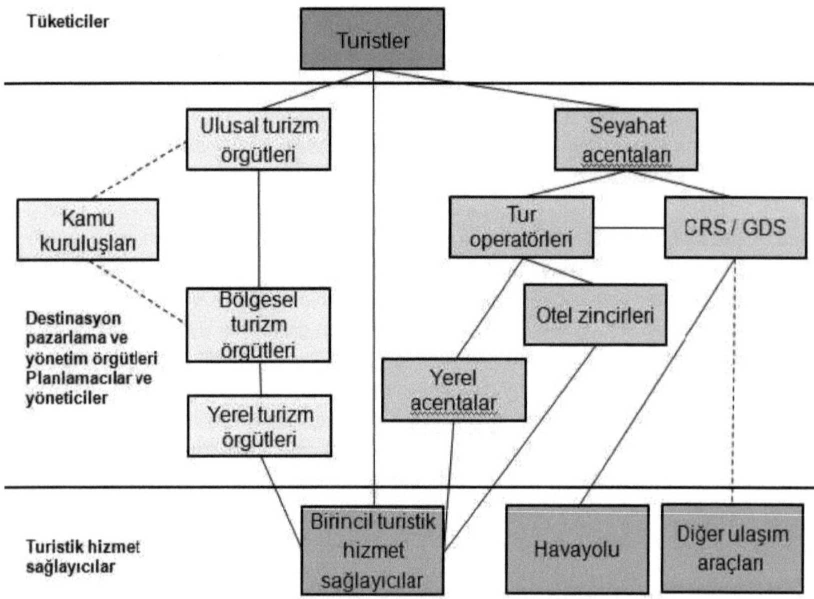

Şekil 1: Turizm Sektöründe Bilgi Akışı (Yapısal ve İşlevsel Görünüm)
Kaynak: (Werthner ve Klein, 1999: 8)

Turistik hizmet sağlayıcılar ağ ekonomisinin sunduğu fırsatları değerlendirirken, turistik tüketiciler de bilgi ekonomisinin sunduğu olanaklardan yararlanmakta ve bu olanakların sunulan hizmetin bir parçası olmasını beklemektedirler. Turizm sektöründe tüketiciler ve hizmet sağlayıcılar arasında yoğun bir bilgi alışverişi gerçekleşmektedir. Turistik tüketiciler kendilerine uygun bir ürün bularak o ürünün erişim koşullarını, fiyatını, nasıl ve nerede satın alacaklarını öğrenmeye çalışmaktadırlar. Turistik hizmet sağlayıcılar da pazar bölümlerini ve bu bölümlerin gereksinimlerini belirleme, pazar bölümleri için uygun özelliklere ve fiyatlara sahip ürünler yaratma ve bu ürünleri pazara iletebilecek bir dağıtım kanalı bulma çabası içindedirler. Turistik hizmet sağlayıcılar aynı zamanda performanslarını en iyi düzeye çıkarabilmek, yeni ürünler planlamak ve en uygun dağıtım kanalını seçebilmek için faaliyetlerini ve pazardaki eğilimleri izlemek zorundadırlar. Turistik tüketiciler ve turistik hizmet sağlayıcılar arasında sürekli ve karşılıklı bilgi alışverişini sağlayan bir iletişim süreci gerçekleşmektedir (Werthner ve Klein, 1999: 6-7). Yukarıdaki şekilde (Şekil 1) turizm sektörü içindeki bilgi akışı görülmektedir.

Arz yönünden çıkarak turistik tüketicilere doğru akan bilgiler, ürün ile ilgili bilgilerdir. Diğer yöne doğru pazar, pazarın yapısı ve eğilimleri ile ilgili bilgi akışı gerçekleşmektedir. Teknik olarak turizm sektörünün oluşturduğu ağ üzerinde dolaşan bilgiler ürün bilgileri, sözleşmeler, ödeme bilgileri ya da pazar istatistikleri gibi farklı konuları içermektedir. Ayrıca Şekil 1'de turizm sektörünün her biriminin özel bir bilgi, yani değer kattığı ve tüketicinin karar sürecini kolaylaştıran bilgiye dayalı değer zinciri de görülmektedir. Bağlantılar arasında bilgi akışının iyileştirilmesi ve bilgi üretiminin arttırılması, hem turistik hizmet sağlayıcılar hem de turistik tüketiciler açısından riskleri azaltmaktadır. Turistik tüketiciler beklentilerinin ve gerçeklerin daha fazla örtüşmesini sağlayacak bir bakış açısı edinirlerken, turistik hizmet sağlayıcılar da pazarın yapısı ve gereksinimleri hakkında daha ayrıntılı bilgilere ulaşabilmektedirler. Böylece turistik hizmet sağlayıcıların pazarı bölümlemeleri ve pazar dilimlerine uygun ürünler oluşturmaları kolaylaşmaktadır (Werthner ve Klein, 1999: 9-10).

2.1.1.1. Turizm İşletmeleri İçin Bilginin Önemi

Turizm sektörü içinde büyük miktarlarda bilgi işlenmekte ve iletilmektedir. Seyahate çıkan her birey için güzergah, tarife, ödeme bilgileri, destinasyon ve ürün bilgileri ile yolcu bilgileri gibi çok sayıda farklı bilginin iletilmesi gerekmektedir. Turizm sektörünün tüm birimleri arasında yoğun bir bilgi akışı gerçekleşmektedir (Sheldon, 1997: 2). Bilginin dağıtılması, toplanması, işlenmesi ve iletilmesi, turizm işletmelerinin günlük faaliyetlerini yürütebilmeleri açısından büyük önem taşımaktadır (Poon, 1996: 154).

Şekil 2'de turizm sektörü içindeki bilgi akışı, gereksinilen ve aktarılan bilgi türleri, bu bilgileri üretenler ve talep edenler ile aralarındaki bağlantılar ayrıntılı olarak görülmektedir. Turizm sektörü içinde bilgi akışı turistik hizmet sağlayıcılar (oteller, çekim kaynakları, havayolları ve diğer ulaşım işletmeleri, otomobil kiralama işletmeleri, eğlence yerleri), aracılar (tur operatörleri, seyahat acentaları ve diğer aracılar), turistik tüketiciler, kamu kuruluşları ile araştırma kuruluşları arasında gerçekleşmektedir.

Karmaşık bir ürün olan turistik ürünün oluşturulmasında çok sayıda, farklı büyüklükte ve farklı alanlarda faaliyet gösteren hizmet sağlayıcı görev almaktadır. Örneğin, havayolu şirketi turistik ürünün yolculuk kısmını sağlarken, bir otel de konaklama kısmını karşılamaktadır. Aracılar, turistik ürünü bir araya getirirlerken farklı mekanlarda faaliyet gösteren hizmet sağlayıcılar ile çalışmak durumundadırlar. Bu nedenle turistik hizmet sağlayıcılar ve aracılar arasında sürekli bir bilgi akışı gerçekleşmektedir. Ayrıca, turizm sektörü içinde faaliyet gösteren herhangi bir turistik hizmet sağlayıcının farklı mekanlara yayılmış büroları arasında da kesintisiz bilgi akışının gerçekleşmesi gerekmektedir (Werthner ve Klein, 1999: 10-11).

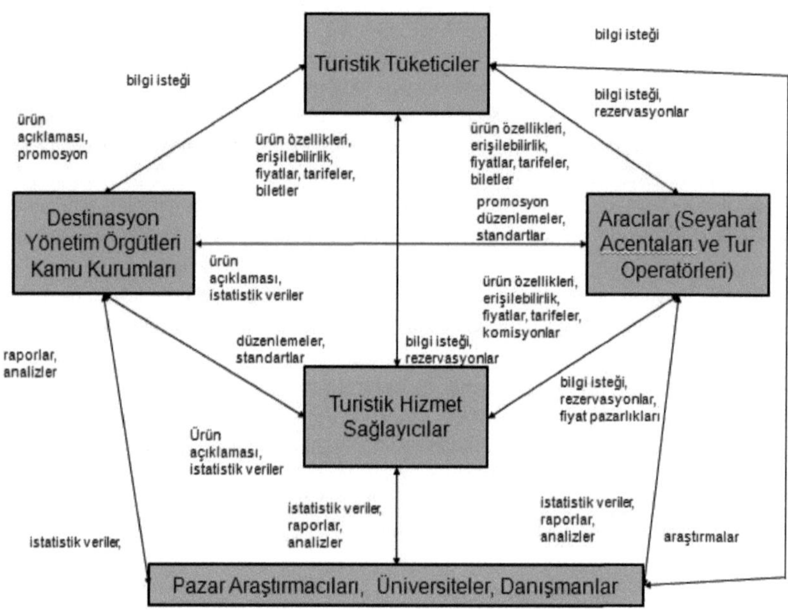

Şekil 2: Turizm Sektöründe Bilgi Akışı
Kaynak: (Werthner ve Klein, 1999: 11; Sheldon, 1997: 3)

Turistik ürünün bilgi yoğun yapısı dikkate alındığında, turizm işletmelerinin başarısında bilgi yönetiminin çok önemli olduğu görülmektedir. İşletmelerin geleneksel olarak yönettikleri ekonomik kaynaklar olan toprak, emek ve sermayenin yanına dördüncü bir kaynak olarak bilgi eklenmiştir. Turizm işletmeleri tüketicilere en iyi hizmeti sunabilmek, verimliliği ve kârlılığı en üst düzeye çıkarabilmek için bilgiyi diğer üç kaynakla bütünleştirmek zorundadırlar. Bilgi, birçok açıdan diğer üç kaynaktan farklıdır. Öncelikle, bilginin kullanıldıkça artma özelliği, turistik tüketicilerin bir otel ya da bir müze hakkında birbirlerine aktardıkları bilgilerin yayılmasına yol açmaktadır. Bu durum, iletilen bilginin olumlu ya da olumsuz oluşuna bağlı olarak işletmeler ya da destinasyonlar için olumlu veya olumsuz etkiler yaratabilmektedir. Bilgi ve bilgi iletişim teknolojileri, diğer kaynakların kısıtlı ya da pahalı olması halinde bu kaynakların yerine kullanılabilmektedir. Bilgiyi diğer kaynaklardan ayıran üçüncü özellik ise, bilginin korunması güç bir kaynak olmasının yaratabileceği güvenlik sorunlarıdır. Bilginin güvenliğinin sağlanması için işletme yönetimlerinin ciddi önlemler almaları gerekmektedir. Turizm sektöründe büyük miktarlarda kişisel bilgi üretildiğinden, bu bilgilerin kötü amaçlı kullanımının önlenmesi daha fazla önem kazanmaktadır (Sheldon, 1997: 10-11).

Hizmet ürünleri, gelecekte gerçekleştirilecek şeyler hakkında verilen sözler olarak tanımlanabilmektedir. Bu durum, hem arz hem de talep yönünde belirsizliğe yol açmaktadır. Tüketiciler hizmet ürününün kalitesi, fiyatı ve hatta hizmetin verilip verilmeyeceği hakkında endişelenirlerken, hizmet sağlayıcılar ise, tüketicilerin sayısından, davranışlarından emin olamamaktadırlar. Tüketicilerin de ürünün hazırlanmasında aktif rol aldığı hizmet pazarında eksik ya da geciken bilgi önemli sorunlara neden olmaktadır. Turizm pazarında bilgi alışverişi yalnızca turistik tüketiciler ve turistik hizmet sağlayıcılar arasında gerçekleşmemektedir. Aracılar da turistik hizmet sağlayıcıların ve diğer aracıların müşterileri durumundadırlar. Bu nedenle turizm pazarındaki tüm taraflar için eksiksiz ve zamanında bilgi sağlanması çok önemlidir (Werthner ve Klein, 1999: 57-58).

2.1.1.2. Turistik Tüketiciler İçin Bilginin Önemi

Turizm, yapısı gereği bilgiye dayalı bir faaliyettir. Turistik tüketiciler turistik ürünü tüketebilmek için günlük ortamlarından uzaklaşarak farklı yerlere seyahat etmektedirler. Turistik ürünün yapısı gereği turistik tüketicilerin önceden bu ürünü denemeleri ya da kontrol edebilmeleri mümkün değildir. Turistik tüketiciler karar verme aşamasında ve seyahatleri ile ilgili işlemleri yaparlarken yalnızca turistik ürün hakkındaki bilgilere ulaşabilmektedirler. Turizm sektöründe satın alma kararı ve tüketim farklı zaman ve mekanlarda gerçekleşmektedir. Bu uzaklıktan kaynaklanan sorunlar ancak turistik tüketicilerin turistik ürünle ilgili önceden edinebilecekleri bilgiler sayesinde aşılabilmektedir (Werthner ve Klein, 1999: 9).

Turistik tüketiciler, soyut yapıdaki turistik ürünleri satın almalarından önce satış noktasında inceleyemezler. Bu ürünleri, kullanımlarından önce ve tüketim yerlerinden farklı bir yerde satın alırlar. Bu özelliklerinden dolayı turistik ürünlerin tüketicileri çekebilmesi, turistik işletmelerin sundukları ürünleri tanıtmalarına ve açıklamalarına bağlı bulunmaktadır. Turistik tüketicilerin beklentilerine uygun doğru ve güncel bilgi, turistik talebin tatmini için anahtar durumundadır (Buhalis, 1998a: 410).

Turizm sektöründe bilgi ve iletişim teknolojilerinin bilgiye hızlı şekilde ve kolay erişimi sağlaması sayesinde seyahatler kolaylaşmakta ve turistik tüketiciler gittikleri yerlerde çeşitli etkinliklere katılabilmek için daha fazla zamana sahip olmaktadırlar (Harbaugh, 1998: 43).

Bir turizm destinasyonunun imajı turistik tüketicilerin satın alma davranışı üzerinde çok etkili olmaktadır (Bigné, Sánchez ve Sánchez, 2001: 607). Turistik tüketicinin satın alma davranışı üzerinde önemli etkiye sahip olan destinasyon imajı, turistik ürünün kendine özgü nitelikleri nedeniyle turistik tüketicinin turistik ürün hakkında elde edebileceği bilgilere göre oluşmaktadır. Turistik tüketiciler bu bilgilere ulaşabilmek için çeşitli kanalları (seyahat acentaları ya da kitle iletişim araçları) kullanmaktadırlar.

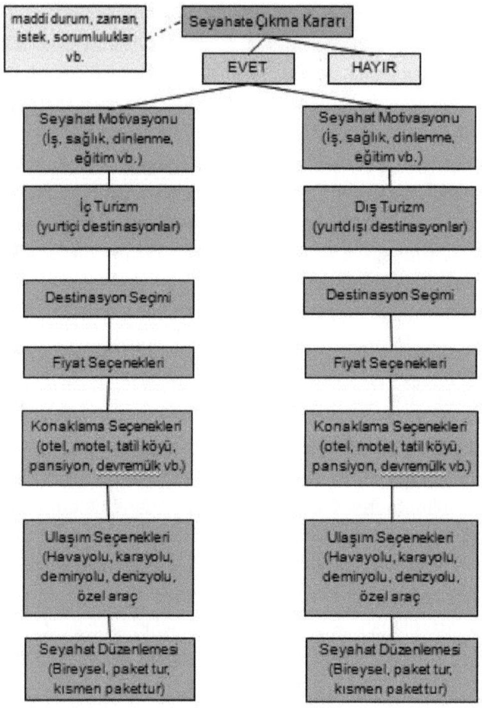

Şekil 3: Turistik Tüketiciler İçin Seyahat Karar Aşamaları
Kaynak: (Tödter ve Brigl, 1997: 40)'tan uyarlanmıştır.

Turistik tüketiciler seyahat kararlarını vermeden önce seyahatleri ile ilgili kuşkularını ve belirsizliği ortadan kaldırabilecek miktarda bilgiye ulaşmaya çalışmaktadırlar. Bu bilgileri ya geçmiş deneyimlerinden elde etmekte ya da çeşitli dış kaynaklardan araştırma yapmaktadırlar. Dış kaynaklar beş gruba ayrılmaktadır: (1) arkadaş ya da akraba önerileri gibi kişisel kaynaklar, (2) basılı ya da elektronik medyada yer alan reklamlar, (3) seyahat acentaları ya da tur rehberleri gibi kaynaklar, (4) turistik işletmeler ile doğrudan bağlantıya geçilerek elde edilen bilgiler ve (5) internet. Bu sıralamaya, destinasyon pazarlama örgütlerinin (turizm büroları, turizm ile ilgilenen kamu kurum ve kuruluşlarının büroları) eklenebilmektedir (Money ve Crotts, 2003: 193).

Günümüzde turistik tüketiciler seyahat kararlarını verirlerken çok farklı ve çeşitli bilgi kaynaklarını dikkate almaktadırlar. Turistik tüketicilerin istek ve beklentileri doğrultusunda yapmaları gereken çok sayıda seçim bulunmaktadır. İlk önce kişi seyahate çıkıp çıkmama kararı vermektedir. Daha sonra destinasyon seçimi gelmekte, turistik tüketiciler iç turizme mi yoksa dış turizme mi katılacaklarına karar vermektedirler. Bir sonraki aşamada turistik tüketiciler seyahatlerinin motivasyonunu ve amacını belirlemektedir. Daha sonraki aşamalarda turistik tüketiciler fiyat, konaklama seçenekleri, ulaşım ve seyahatlerinin düzenlenmesi hakkında karar vermek durumundadırlar (Tödter ve Brigl, 1997: 39-40).

Turistik tüketiciler artan bilgi kaynakları sayesinde (medya, internet, seyahat bilgi sistemleri vb.) daha deneyimli ve bilgili duruma gelmişlerdir. Bu durum özellikle tur operatörlerinin ve seyahat acentalarının turistik tüketicilerin bilgi talebini karşılayabilmek için çalışanlarının eğitimine büyük önem vermeleri sonucunu doğurmaktadır (Tödter ve Brigl, 1997: 42). Yukarıdaki şekilde (Şekil 3), turistik tüketicilerin karar alma süreci gösterilmektedir. Tüm bu aşamalarda turistik tüketiciler doğru ve güncel bilgilere gereksinim duymaktadırlar.

2.1.2. Küreselleşme ve Bilgi Ekonomisinin Turizm Sektörüne Etkileri

Küreselleşme ile birlikte azalan korumacılığın ticari faaliyetleri arttırması, finans piyasalarının bütünleşmesi, özellikle bilgi ve know-how alanlarında yaşanan hızlı teknolojik gelişmeler ulusal ekonomileri ve toplumsal yaşamı büyük ölçüde etkilemektedir. Tüm bu gelişmeler ekonomik, sosyo-kültürel ve çevresel alanlarda karşılıklı etkileşim ile belirlenen küresel bir sistemin temelini oluşturmaktadır. Turizm sektörü de küreselleşme sürecinde birtakım değişimler içindedir. Günümüz turizm sektörünün belirgin nitelikleri arasında tüm dünyada turizm talebinin artması, turistik tüketici tercih ve beklentilerindeki değişmeler, turizm arzındaki yoğunlaşma ve benzerlik ile bilgi ve iletişim teknolojilerindeki gelişmelerin turizm sektörü üzerindeki etkileri sayılabilmektedir. Turizm sektörünün rekabet yapısı içinde turizmin geleneksel ve karşılaştırmalı üstünlük sağlayan kaynakları (iklim, doğal güzellikler, kültür vb.), diğer etkenlerin yanında önemlerini giderek yitirmektedirler. Bilgi (özellikle de stratejik yönetim bilgisi), zeka (örgüt içindekilerin yaratıcılık kapasitesi) ve bilimsel bilgi (know-how, teknolojik becerilerin, teknoloji ve örgüt kültürünün bütünleştirilmesi) turizm örgütlerinin (işletmeler, destinasyonlar ve kurumlar) rekabet gücünün yeni kaynak ve etkenlerini oluşturmaktadır. Günümüzde ünlü plajlar ya da geleneksel kültür başkentlerinin yanında en sık ziyaret edilen destinasyonların insan eliyle yaratılmış çekiciliklerin bulunduğu destinasyonlar (Orlando ya da Las Vegas gibi) olduğu görülmektedir. Yakın gelecekte turizm sektöründe ortaya çıkabilecek büyük rekabetin yeni egzotik tatil yerlerinin ortaya çıkışı olarak değil de bilgi ve iletişim teknolojilerinin yoğun biçimde kullanıldığı turistik ürünler yaratmak şeklinde olacağı öngörülmektedir (Fayos-Solà ve Bueno, 2001: 46-47).

Küreselleşmenin turizm sektörüne etkileri, küreselleşmeyi oluşturan üç temel öğe incelendiğinde daha açık bir şekilde ortaya konulabilmektedir (Vanhove, 2001: 123):

- Küreselleşmeyi oluşturan temel öğelerden biri coğrafidir. Bu kavram turizmin günümüzde küresel ölçekte bir faaliyet olduğunu göstermektedir.
- Küreselleşmenin kapsadığı ikinci alan tüm dünyada tüketici zevk, tercih ve yaşam tarzlarında görülen ve pazarda standartlaşmayı ve homojenliği getiren değişimlerdir. Tüm dünyada tüketici tercihlerinde benzerliği getiren ortak bir tüketici kültürü oluşmaktadır.
- Küreselleşmenin üçüncü temel öğesi ise, tüm dünyada benzer dağıtım sistemleri, pazarlama faaliyetleri, ürün geliştirme vb. faaliyetlerin ortaya çıkmasıdır. Tüm işletmeler faaliyetlerini küresel ölçekte yürütmektedir.

Gelişmekte olan ülkeler için turizm hızlı kalkınmayı sağlayacak bir araç olarak görülmektedir. Uluslararası Para Fonu (IMF) turizmi Yapısal Uyum Programlarının (Structural Adjustment Programmes – SAPs) içine almıştır. Finansal yardımların önkoşullarını oluşturan bu programlar borç isteyen ülkelerin küresel ekonominin bir parçası olmasını, ekonomilerini kamu müdahalelerinden arındırarak liberalleşmelerini, tarıma dayalı bir ekonomik yapıdan üretim ve hizmet sektörlerine dayalı bir ekonomik yapıya geçmelerini, finans sektörünü liberalleştirmelerini gerektirmektedir. Üçüncü dünya ülkelerinde yerel ekonominin yabancı yatırımlara ve çokuluslu şirketlere açılarak küresel ekonomiye uyumunu öngören bu programların uygulanabilmesi için turizm sektörü büyük önem taşımaktadır. 1994 yılında Fas'ta imzalanan ve uluslararası hizmet ticaretinin önündeki engelleri ortadan kaldırılmasına yönelik GATS (General Agreement on Trade in Services / Hizmet Ticareti Genel Anlaşması) anlaşması, çokuluslu şirketlerin Üçüncü Dünya ülkelerinde yatırım yapabilmelerini kolaylaştırmıştır. Turizm sektörünün küresel ekonomi ile bütünleşmesini sağlayan bir diğer anlaşma da yabancı yatırımcıların yerel girdileri kullanmaları gereğini ortadan kaldıran TRIMs (Agreement on Trade-Related Investment Measures / Ticaret ile Bağlantılı Yatırım Uygulamaları Anlaşması) anlaşmasıdır (Chavez, 1999).

Günümüzde küresel ekonomi bilgiye dayalı bir ekonomi haline gelmiştir. Bilgi ekonomisinde hizmet sektörleri ön plana çıkmaktadır. Hizmet sektörleri, bilgiye dayalı hizmet sektörleri ve geleneksel hizmet sektörleri olarak iki grupta incelenmektedir. Bilgiye dayalı hizmet sektörleri arasında bankacılık, sigortacılık, muhasebe, reklamcılık, ilgi hizmetleri, film endüstrisi, sağlık ve eğitim hizmetlerinin büyük bölümü yer alırken; geleneksel hizmet sektörleri arasında finansal kiralama, taşımacılık ve dağıtım, toptan ve perakende ticaret, imtiyaz sistemleri, seyahat, eğlence ve turizm endüstrileri, sosyal hizmetler ve kişisel hizmetler yer almaktadır. Geleneksel hizmet sektörleri bilgiye dayalı hizmet sektörlerine göre daha düşük ve yaygın eğitim düzeyinde çalışanların istihdamına olanak vermekte ve ücretleri daha düşük olmaktadır. Geleneksel hizmet sektörlerinde hizmet çoğunlukla pazarlarda son tüketicilere sunulurken, bilgiye dayalı hizmetlerde sıklıkla diğer işkollarına hizmet sunulmaktadır (Alic, 1997: 6-8). Turizm sektörü, yapısı gereği tüketiciler ile çalışanların yakın ilişkilerine dayandığından, bilgi teknolojileri işgücüne destek olmak için sıklıkla geri planda kullanılmaktadır. Turistik tüketicilere bilgi vermek, rezervasyon olanakları sağlamak vb. için bilgi teknolojilerinden yararlanılsa da ön planda turistik tüketicilere hizmet geleneksel biçimlerde sunulmakta, çalışanlar ile müşteriler arasında ilişkileri ortadan kaldıracak şekilde otomasyona gidilmesinden kaçınılmaktadır.

Bilgi ekonomisinin ortaya koyduğu teknolojik dönüşümlerden turizm sektörü de yoğun biçimde etkilenmektedir. Değişen ekonomide turizm sektörünü etkileyen genel eğilimler şunlardır (Bloch ve Segev, 1996):

- Küreselleşmenin rekabeti arttırması ile birlikte yeni rakiplerin turizm pazarına girmesi,
- Kamu müdahalelerinden arındırma (deregulation) faaliyetleri sonucunda diğer sektörlerden gelen rakipler,
- Değişen tüketici talep ve beklentileri
    - Değişen yaşam tarzlarının farklı nitelikteki seyahatlere ilgiyi arttırması – macera seyahatlerine ya da eğitim+eğlence gezilerine ilginin artması -,
    - Demografik yapıdaki değişimler – gelişmiş ülkelerde yaşlı nüfusun artması -,
    - Tüketici beklentilerinin artması – hizmetlerin kişiye özel hale getirilmesi talebi, hizmetlerden daha fazla yarar ve değer beklentisi -,
    - Tüketicilerin daha bilgili hale gelmesi – özellikle doğrudan pazarlama uygulamaları sayesinde -,
    - Bilgi ve iletişim teknolojileri kullanımına alışkanlığın artması.

Turizm sektörünün ekonomik önemini fark eden güçlü şirketler turizm işletmelerini satın almaya başlamışlardır. Turizm sektöründeki fırsatları fark eden medya ve bilgi teknolojileri şirketleri, bu endüstriye bilgi ve iletişim teknolojileri altyapısı sağlamaktadır. Bu işletmeler turizm sektörünü bilgi ve iletişim teknolojileri ile elektronik pazarların en iyi uygulama olanağı buldukları alanlardan biri olarak görmektedirler (Werthner ve Klein, 1999: 13).

Dünyada nüfus artışına bağlı olarak turizm hareketlerinin artış eğilimi, gelişmiş ülkelerde refah düzeyinin yükselmesi, seyahat motivasyonlarının ve beklentilerinin gelişmesi ve farklılaşması, bilgi ve iletişim teknolojilerindeki gelişmeler, turistik destinasyonların sayısındaki artışa bağlı olarak sertleşen rekabet koşulları, kamu müdahalelerinden arındırma (deregulation) faaliyetleri küreselleşmenin etkilerinin yayılmasını sağlayan güçlerdir. Teknolojik gelişmelerin dağıtım kanalları üzerindeki etkileri herkesin dünyadaki en çekici turistik destinasyonlar hakkındaki en güncel bilgilere en iyi bağlantılar ve fiyatlarla ulaşabilmesini sağlamaktadır (Wahab ve Cooper, 2001: 6).

Turizmin küresel ölçekte yayılması ile birlikte geçmişte turist gönderen ülkeler arasında yer almayan ülkelerde dış gezilere yönelik bir turizm talebi oluşmaya başlamıştır (Swarbrooke, 2001: 163).

Küreselleşmenin getirdiği yoğun rekabet ortamı ve bilginin artan önemi tüm sektörlerde değişim yaratmıştır. Turizm sektörü küreselleşme ve bilgi ekonomisinin yol açtığı değişimlerle daha esnek, sürdürülebilirliğe önem veren ve bireye dayalı hale gelmiştir (Poon, 1996: 9). Bilgi ekonomisi ve küreselleşme toplumsal yapıyı değiştirmiş, hizmet sektörünün önem kazanmasını sağlamış, rekabeti arttırmış ve işletmelerde önemli değişikliklere yol açmıştır. Bilgi ve iletişim teknolojilerindeki gelişmeler tüm dünyayı saran iletişim ağları sayesinde zaman ve mekan kısıtlamalarını ortadan kaldırmış, dünya ticaretini serbestleştirirken tüm insanların bilgiye erişimini son derece kolaylaştırmıştır. Günümüzde işletmeler başarıya ulaşmak ve rekabet gücü elde etmek için teknolojik gelişmelerin yarattığı bu dönüşümü kavramak ve yakından izlemek zorundadır.

2.1.2.1. Küreselleşme ve Bilgi Ekonomisinin Turizm Arzına Etkileri

Uluslararası turizm işletmeleri küreselleşmenin sağladığı olanaklardan yararlanarak faaliyetlerini tüm dünyaya yaymaktadırlar. Küreselleşmenin turizm sektörüne yeni rakiplerin girmesine yol açarak rekabet baskılarını arttırması, turizm işletmelerinin daha karmaşık bir çevrede rekabet etmesine neden olmaktadır. Yeni teknolojiler, zaman ve mekan kısıtlaması olmaksızın yönetim birimlerinin etkin kontrolüne olanak tanımaktadır. Politik ve yasal alanlarda ortaya çıkan değişimler ticaretin serbestleşmesini sağlarken, seyahat endüstrisini kamu müdahalelerinden arındırma (deregulation) faaliyetleri uluslararası yatırımların önündeki engelleri kaldırmaktadır (Buhalis, 2001a: 69).

Çok sayıda büyük havayolu şirketleri ve zincir otel işletmeleri faaliyetlerini küresel ölçekte sürdürmektedirler. Giderek daha çok sayıda turizm işletmesi ürünlerini dünya çapında pazarlama ve farklı ülkelerdeki tüketicilere ulaşma eğilimi içersine girmektedir. Uzun mesafeli seyahatlerde görülen artış, geçmişte yalnızca bir tek kıtada hizmet veren tur operatörlerinin faaliyetlerini artık diğer kıtalara da yaymaları gereğini ortaya çıkarmıştır. Küresel ölçekte faaliyet göstermeye başlayan turizm işletmelerinin değişik kamu düzenlemeleri, iş kültürleri ve istihdam yöntemleri ile karşılaşmaları yeni yönetsel ve örgütsel sorunları gündeme getirmektedir (Swarbrooke, 2001: 163).

Günümüzde turizm pazarı iyice bölümlenmiş bir duruma gelmiştir ve her bir potansiyel tüketici aynı anda birden çok pazar bölümüne ait olabilmektedir. Turistik tüketicilerin gereksinimleri çok hızlı bir şekilde değişmekte, içinde bulunulan dönem için ideal sayılan bir ürünün bir yıl sonra modası geçebilmektedir. Bu hızlı değişim eğilimi, turistik ürünlerin sayı ve türleri artarken daha özel ve kişiye göre düzenlenmiş hale gelmesine, farklı ürünlerin tüketici istekleri doğrultusunda esnek biçimde bir araya getirilmesine yol açmaktadır. Turistik tüketiciler daha esnek bir yapı kazanırlarken turizm pazarı da daha rekabetçi hale gelmektedir (Werthner ve Klein, 1999: 13).

Bilgi ekonomisinde ön plana çıkan kârlılık ve verimlilik kavramları turizm sektöründe müşteriye özel hizmet üretimi, pazar bölümleme, toplam kalite yönetimi, insan kaynaklarındaki değişim (çalışanlara daha fazla yetki verilmesi), sıfır hata ilkesi, getiri yönetimi, çapraz bütünleşme, stratejik ittifaklar, bilgi ortaklıkları gibi uygulamalar ile yaşama geçirilmektedir (Poon, 1996: 9).

Kitle turizmi, değişen toplumsal ve ekonomik koşullar sonucunda sorunlarla karşılaşmış, turizm sektörü yeni arayışlara ve değişim sürecine girmiştir. Yeniden yapılanan turizm sektörü verimlilik ve daha yüksek kârlılık için pazar bölümlenmesi, çapraz bütünleşme, kişiye özel tatil düzenlemeleri, çevreye duyarlılık, yenilikçilik (inovasyon) gibi konulara odaklanmaktadır (Poon, 1996: 84).

Değişen sosyo-ekonomik yapı turizm sektöründe üretim yöntemlerini değiştirmektedir. Son dönemlerde turizm sektöründe üretim, Fordist kitle üretiminden post-Fordist üretim biçimine kaymaktadır (Ioannides ve Debbagei 1997: 230-232). Turizm pazarının az sayıda üreticinin (tur operatörleri ve havayolu şirketleri) kontrolünde, küçük işletmelerin tur operatörlerine bağımlı ve kamu desteğinin yoğun olduğu yapısı yerini yeni rekabet ve işbirliği yöntemlerine bırakmaktadır. Değişen kültürel yapı, işletmeler arasındaki rekabet, ülkeler arasında turizm alanında yaşanan rekabet ve bilgi teknolojilerindeki ilerlemeler kişiye özel tatillerin hazırlanmasını gündeme getirmektedir (Rayman-Bacchus ve Molina, 2001: 591).

1930'lardan 1980'lere kadar geçen sürede kitlesel üretim tüm işletmeler için en uygun, en verimli ve kârlı üretim yöntemi olarak görülmekteydi. Turizm sektörü kitlesel üretim ilkelerini üretim sektöründen daha sonra benimsemiş, 1960'lardan 1970'lerin sonuna kadar uluslararası turizmde kitle turizmi etkin olmuştur. Farklı istek ve beklentileri olsa da turistik tüketiciler kitlesel üretimin yarattığı koşullarda standart paket turlara ve turistik hizmetlere yönelmek zorunda bırakılmışlardır. Günümüzde turizm sektöründeki teknolojik gelişmeler, turizm sektörünün kendine özgü yapısı ve turistik tüketicilerin farklı istek ve beklentileri, turizm sektörünü tüm dünyada kitlesel üretimin yerine benimsenen esnek üretim uygulamaları için çok uygun bir duruma getirmektedir (Poon, 1996: 13-16, 32).

Kitle turizmi standart ve esnek olmayan paket turlara dayanmaktaydı. Yüksek ücretler ödenmeden tatil paketlerinin herhangi bir bölümünde değişiklik yapılması olası değildi. Kitle turizminde üretim, benzer ürünlerin ölçek ekonomilerinden yararlanma düşüncesi ile yinelenmesi yoluyla gerçekleştirilmekteydi. Kitle turizminde pazarlama turistik tüketicilerin istek ve gereksinimlerinin birbirlerinden farksız olduğu mantığına dayanmaktaydı. İkinci Dünya Savaşı sonrasının barış ve varlık ortamında ücretli tatil hakkı, kamu yönetimlerinin turizm sektörüne yoğun ilgisi, gelişmekte olan ülkelerin zincir otellere çekici gelmesi, hava ulaşımındaki düzenlemeler gibi koşulların belirlediği ortamda ucuz petrol, otel inşasındaki hızlı artış, tarifesiz uçuşlar, paket turlar, havayolu şirketlerinin oligopol yapıları, sınırlı teknolojik olanaklar, kitlesel pazarlama, benzer oteller, uçuş ücretlerinde promosyon, kredi kartları ve çokuluslu otel zincirleri turizm sektöründe etkili olmuştur. Benzer nitelikteki ürün ve hizmetlerin benzer özelliklere sahip tüketici grubuna satılması olan kitlesel pazarlama 1980'lere kadar turizm sektöründe etkin olmuştur (Poon, 1996: 32-56).

Günümüzde havayolu ulaşımının kamu müdahalelerinden arındırılması, tatil zamanlarının esnek hale gelmesi, çevresel baskılar, tüketicinin korunması, turist kabul eden ülkelerin kitle turizmini sorgulamaları gibi koşulların belirlediği ortamda bilgi teknolojilerindeki gelişmeler, çapraz bütünleşme, esnek üretim, pazarlama ve ürün geliştirme süreçlerinin bütünleşmesi, yenilikçilik, tüketiciye verilen önem, kitlesel uyarlama, getiri yönetimi, pazar bölümleme ve yenilikçi fiyatlandırma turizm sektöründe etkili olmaktadır. Turizm sektöründe üretim alanında turistik tüketicilerin istek ve beklentileri etkili olmakta, ölçek ekonomilerinin yanı sıra kapsam ekonomilerinden de yararlanılmakta, yatay ve dikey bütünleşmenin yerini çapraz bütünleşme almaktadır. Rekabet aşırı üretim ve fiyat düşürme yerine pazar bölümleme ve yenilik alanlarında gerçekleşmektedir (Poon, 1996: 86-96).

Turizm sektöründe kitlesel pazarlama anlayışı gücünü yitirmektedir. Turistik ürün farklı gereksinimleri, gelir düzeyleri ve zaman kısıtlamaları olan bireylere pazarlanmaktadır. Geçmişte turizm sektöründe yaygın olan kitlesel pazarlama, standartlaşma, kısıtlı seçenekler ve esnek olmayan tatil düzenlemeleri gibi uygulamalar yerlerini çevreye duyarlı, bireysel, esnek ve bölümlenmiş bir yapıya bırakmaktadırlar (Poon 1996, 18). Geçmişte turistik tüketiciler birbirlerinden farklı olamayan bir grup olarak görülürken, günümüzde turizm sektöründe turistik tüketicilerin farklı istek ve beklentileri dikkate alınmaktadır. Standart turistik ürünleri turistik tüketicilere satmaya çalışma anlayışı yerini turistik tüketicilerinin istediklerini üretme çabasına bırakmıştır. Yeni yönetim teknikleri ürün geliştirme ile pazarlama işlevlerini birleştirmeye yönelmektedir. Bu şekilde tüketiciye en yakın işlev olan pazarlamanın ürün geliştirme sürecinde etkili olması ve üretimin turistik tüketicilerin gereksinim ve istekleri doğrultusunda yapılması amaçlanmaktadır. Turistik tüketicilerin istek ve beklentilerinin anlaşılabilmesi, onlara en uygun yöntemlerle ulaşılabilmesi için pazar ve pazarlama araştırmalarına ilgi ve gereksinim artmaktadır. Geçmişte turistik tüketiciler arasında ayrım yapılmaksızın kapasitenin arttırılması önemliyken, günümüzde farklı turistik tüketicilere hizmet sunularak getirinin arttırılması önem kazanmıştır (Poon, 1996: 96-98). Turizm sektöründe kitlesel pazarlama yerini ilişkisel pazarlama, hücre pazarlama, doğrudan pazarlama gibi yöntemlere bırakmaktadır.

İnternetin ticari amaçlı kullanımının yaygınlaşması turizm sektöründeki işletmeleri de internet üzerinden pazarlamaya (e-pazarlama) yönlendirmektedir. İnternetin sunduğu etkileşim ortamı turizm işletmelerine turistik tüketiciler ile karşılıklı iletişim kurarak onların istek ve beklentilerini daha iyi anlayabilme olanağı sunmaktadır. Müşterileri ile daha iyi ilişkiler kurabilen işletmeler satış ve pazarlama faaliyetlerinde müşteri odaklı olabilmektedir (Deniz, 2001: 89).

Bilim ve teknoloji temelli olmayan yenilikler estetik, kültürel, toplumsal ya da örgütsel konular ile ilgili olmaktadır. Yeni giysi tasarımları ya da müzik türleri oluşturmak, tıbbi bilgiler için yeni öğretim ya da iletim yolları bulmak, turizm sektöründe ekoturizm ya da temalı parklar gibi yeni oluşumlar ortaya koymak, yeni örgütsel yapılar oluşturmak bunlara örnek olarak sayılabilir.

Bilgi ekonomisinin belirgin nitelikleri şu şekilde sıralanabilmektedir: Bilgi ekonomisi küreseldir, soyut kavramlar (fikirler, bilgi ve ilişkiler) üzerinde yapılanmıştır ve iletişim ağları aracılığı ile ekonominin her birimi etkileşim içindedir (Gillen ve Lall, 2002: 49).

Bilgi ekonomisinde işletmeler için başarının anahtarı; tüketicilerin isteklerini hızlı şekilde belirleyebilmek ve potansiyel müşterilere bütünlüğü olan, kişiselleştirilmiş ve güncel bilgi ile ulaşmaktır. Günümüzde turistik tüketicilerin sayısının ve kalite beklentilerinin yükselmesi, artan turist trafiğinin düzenlenebilmesi ve beklentilerinin karşılanabilmesi için bilgi teknolojilerinin kullanımını gerekli kılmaktadır. Turistik tüketicilerin talepleri de artmakta ve ödedikleri paranın karşılığını tam olarak almayı talep etmektedirler. Turizm sektöründe bilgi teknolojilerinin kullanımı, büyüyen ve karmaşık hale gelen turizm talebi ile değişen, gelişen ve küçük pazar dilimlerini hedefleyen yeni turistik ürünler tarafından ivmelendirilmektedir (Buhalis, 1998a: 411).

Turizm sektöründe küreselleşmenin itici güçleri; dünya ölçeğinde faaliyet gösteren turistik hizmet sağlayıcılar, bilgisayarlı iletişim ve rezervasyon sistemleri, havayolu ulaşımında maliyetlerin düşmesi ve turistik tüketicilerin seyahat deneyimlerinin artmasıdır. Küreselleşmenin bir turistik destinasyon üzerindeki belirgin etkileri; artan talep ve rekabet, artan işbirliği baskıları, ürünlerde yenilik yapılması, tüketiciye özel ürün oluşturma, markalaşma, daha yüksek hizmet kalitesi, ve gelecekteki yatırımları karşılayacak sermayenin kısıtlı hale gelmesidir. Ayrıca, gelişmekte olan ülkeler turizm sektörünün ekonomilerindeki olumlu etkilerini belirli bir düzeyde sürdürmekte zorlanmaktadırlar (Smeral, 1996).

2.1.2.2. Küreselleşme ve Bilgi Ekonomisinin Turizm Talebine Etkileri

Bilgi ekonomisinde bilgiye erişim olanakları artan tüketiciler işletmelerin kendileri sunduğu ürünleri inceleyip sorgulamadan kabul etmemektedirler. Günümüzde bilgiye geçmiştekinden çok daha kolay ulaşabilen tüketiciler istek ve beklentilerine en uygun ürün ya da hizmeti doğru zamanda, doğru yerde, en uygun fiyat ve kalitede bulabilmektedirler. Rekabetin ve tüketiciye sunulan ürün ve hizmetlerin çeşitliliğinin artması müşteri sadakatini de azaltmaktadır. Bu koşullarda müşteriyi kazanabilmek, kazandıktan sonra müşterinin istek ve beklentileri karşılayıp elde tutabilmek, sadık ve kazançlı müşteriler haline getirebilmek işletmeler için giderek zorlaşmaktadır (Özmen, 2003: 117). Yoğun rekabet ortamında turistik tüketicilerin istek ve beklentilerinin, bilgiye erişim olanaklarının artması turizm işletmelerini de turistik tüketicilerin istek ve gereksinimlerini anlamaya, sadakatlerini sağlamaya yönelik müşteri odaklı uygulamalara yönelmeye zorlamaktadır.

Kitle turizminin yükseldiği dönemlerde tercihleri ve beklentileri hemen hemen aynı olan turistik tüketiciler, kitle üretiminin baskısı ile kitlesel tüketime zorlanmakta, standart ve katı biçimde hazırlanmış paket turları satın almaktaydılar. Değişen sosyo-ekonomik koşullar turistik tüketicilerin istek ve beklentilerinde de köklü değişimlere yol açmıştır.

Günümüz turistik tüketicilerinin istek ve beklentileri, geçmişin kitle turizmine katılan tüketicilerinden farklıdır. Turistik tüketicilerin istek ve beklentilerinde köklü değişimler olmaktadır. Turistik tüketicileri özellikleri altı ana başlık altında incelenebilir (Poon, 1996:, 113-114):

- Turistik tüketiciler daha tecrübeli hale gelmişlerdir.
- Turistik tüketicilerin değerlerinde değişim gözlenmektedir.
- Turistik tüketicilerin yaşam tarzları değişmiştir.
- Demografik yapıdaki değişimler turistik tüketicileri de etkilemektedir.
- Turistik tüketiciler daha esnek hale gelmişlerdir.
- Turistik tüketiciler daha bağımsız bir düşünce yapısına ulaşmışlardır.

Turizm sektöründe tüketici davranışları değişmektedir. Bu değişim eğilimleri sonucunda turistik tüketiciler daha iyi hizmet almayı, ürün içeriğinin ve tüm düzenlemelerin daha özel hale gelmesini, ürün, destinasyon ve diğer hizmetler hakkında daha ayrıntılı bilgi edinmeyi isterlerken, daha hareketli ve eleştirel ancak daha az sadık, fiyata daha duyarlı hale gelmişler, daha kısa süreli sık seyahat etme ve rezervasyon ile tüketim arasındaki zamanı iyice daraltacak şekilde geç seyahat kararları alma eğilimi içine girmişlerdir (Werthner ve Klein, 1999: 12).

Günümüzde toplum yapısındaki değişimler tüketici davranışlarını da etkilemektedir. Yalnız yaşayan bireylerin sayısındaki artış, ailelerin küçülmesi, eğitimli kadın işgücünün çalışma yaşamına girmesi, bireylerin alım gücünün artması gibi değişimler turistik tüketicilerin de istek ve beklentilerini farklılaştırmaktadır. Turistik tüketiciler, turistik ürünlerin istek ve beklentileri doğrultusunda şekillendirilmesini istemektedirler. Turistik tüketicilerin istek ve beklentilerindeki değişimler turistik ürünlerin çeşitlenmesine ve farklılaşmasına yol açmaktadır. Turistik tüketicilerin istek ve beklentilerindeki değişim nedeniyle turizm talebinin değişen yapısı turistik hizmet sağlayıcıları bu yeni yapıya uygun ürünler oluşturmaya zorlamaktadır (Gonzáles ve Bello, 2002: 51, 53).

Tablo 5: Turistik Tüketicinin Değişen Yapısı

Değişen Turistik Tüketiciler		
Artan Deneyim ▪ Daha fazla seyahat deneyimi ▪ Kalite bilinci ▪ Daha yüksek eğitim düzeyi ▪ Hızlı öğrenme yeteneği ▪ Daha fazla eğlence ve macera arayışı ▪ Çeşitlilik ▪ Özel ilgi alanları	**Değişen Yaşam Tarzları** ▪ Esnek çalışma saatleri ▪ Daha yüksek gelir düzeyi ▪ Daha fazla boş vakit ▪ İyileşen sağlık koşulları ▪ Daha sık ve kısa süreli tatil eğilimi ▪ Seyahatin bir yaşan biçimi olarak görülmesi	**Artan Bağımsızlık** ▪ Tüketicilerin boş zamanlarında bir işin içinde olma eğilimleri ▪ Risk alma eğilimi ▪ Kalabalıktan farklı olma isteği
Değişen Değerler ▪ Sahip olma isteği yerine deneyimin parçası olma isteği ▪ Yalnızca eğlencesi için tatile çıkma eğilimi ▪ Çevreye duyarlılık ▪ Farlılık arayışı ▪ Daha zengin içerikli bir tatil arayışı ▪ Gerçek ve doğal olanı arayış	**Değişen Demografik Yapı** ▪ Çocukları evden ayrılmış ebeveynler ▪ Yaşlanan nüfus ▪ Küçülen aile yapıları ▪ Bekarların ve birlikte yaşayanların sayılarındaki artış ▪ Aile değerlerine bağlılıklarına karşın çocuk sahibi olmayı erteleyen çiftler ▪ Çift maaşlı çocuksuz aileler	**Artan Esneklik** ▪ Anlık kararlar alma ▪ Farklı fiyat gruplarından ürün satın alma eğilimi olan tüketiciler ▪ Önceden tahmin edilemeyen davranışlar ▪ Daha plansız tatil eğilimi ▪ Değişen rezervasyon davranışları

Kaynak: (Poon, 1996: 114)

Turistik tüketiciler artık daha deneyimli, çevreye daha duyarlı, daha esnek ve bağımsız, kaliteye daha fazla değer veren ve daha güç memnun edilir durumdadırlar. Geçmişte kitle turizmine katılan turistik tüketicilerin motivasyonları yeni turistlerinden farklıdır. Daha önceki dönemlerde turistik tüketiciler için seyahate çıkmak prestij kazandıran bir faaliyetti; gittikleri yerin fazla önemi yoktu, yalnızca orada bulunduklarını herkesin bilmesini istiyorlardı. Ancak günümüzde turistik tüketiciler için seyahat yaşamın bir parçasıdır; farklı bir deneyim arayışıyla seyahate çıkarlarken, kalite ve paralarının karşılığını almak onlar için birinci sırada gelmektedir. Eski turistik tüketicilerin grup halinde hareket etme, tüm seyahatlerini önceden düzenleme ve tur programlarına kesinlikle uyma eğilimlerinin aksine, yeni turistik tüketiciler anlık kararlar almakta, kalabalıktan farklı olmaya çalışmakta, bireyselliğe ve kontrolü ellerinde bulundurmaya önem vermekte ve değişik fiyat gruplarından farklı turistik ürünleri bir arada satın almaktadırlar. Demografik değişimler – yaşlanan nüfus, küçülen aileler, artan gelir – ve değişen yaşam tarzları da turistik tüketicilerin beklentilerini değiştirmekte ve bireye özel nitelikte oluşturulmuş seyahatlere talebi arttırmaktadır (Poon, 1996: 9-10).

Turistik tüketiciler farklı deneyim arayışları ile yeni yerler keşfetmek istemektedirler. Ekoturizm kavramının önem kazanması ile desteklenen bu eğilim kutup bölgelerini bile turistik destinasyonlar olarak öne çıkarmaktadır (Swarbrooke, 2001: 163).

Gelişmiş ülkelerde çalışanlar yılda bir kez uzun süreli tatil yapmak yerine yılda birkaç kez kısa süreli tatiller yapmak eğilimine girmişlerdir. Gelir düzeyi yüksek fakat zamanı kısıtlı olan turistik tüketiciler en kısa sürede en fazla eğlence, heyecan ve tatmin arayışı içindedirler (Vanhove, 2001: 132).

Kârlılık ve rekabet avantajı elde etme çabaları turistik hizmet sağlayıcıların uluslararası bankacılık, etkileşimli videotekst ve bilgisayarlı rezervasyon sistemlerini kullanan arama ve rezervasyon araçları başta olmak üzere birçok teknolojik gelişmeyi yönlendirmelerine yol açmaktadır. Turizm sektöründeki teknolojik gelişmeler turistik tüketicilerin bilgi isteğini arttırırken, güncel bilgilere daha kolay ulaşmalarını sağlayarak onlara daha fazla seçenek sunmaktadır (Rayman-Bacchus ve Molina, 2001: 592-593).

Kitlesel tüketimde turistik tüketiciler turistik destinasyonların kültürüne, halkına ve çevresel değerlerine karşı duyarsızdılar. Deneyimsiz ve kitlesel tüketime yönelmiş turistik tüketiciler güneş-deniz-kum ağırlıklı tatillere ilgi duymaktaydılar. (Poon, 1996: 32). Geçmişte gruplar halinde, tüm düzenlemelerin önceden yapıldığı tatillere çıkmayı güvenli bulan turistik tüketiciler, günümüzde bireyselliği önem veren, diğerlerinden farklı olma çabası içinde anlık kararlar veren bir yapıya dönüşmektedirler (Poon, 1996: 90). Tüm dünyada seyahat düzenlemelerini internet aracılığı ile yapan ve turistik hizmetleri internet üzerinden satın alan turistik tüketicilerin sayısı artmaktadır.

2.1.3. Turizm Sektöründe Bilgi Teknolojilerinin Yeri

Turizm işletmelerinin yüklü miktarda bilgiyi potansiyel tüketiciler için toplama, saklama ve dağıtma gereksinimleri bu işletmelerin bilgi teknolojilerini kullanmalarını zorunlu hale getirmektedir (Mutch, 1995: 553). Turizm sektörünün bilgi yoğun yapısı, bilgi toplamayı, işlemeyi, depolamayı ve iletmeyi kolay ve etkin hale getiren bilgi teknolojileri ile desteklenmektedir. Turizm sektörü ile bilgi teknolojilerinin ortaklığı 1978 yılında ABD'de havayolu endüstrisinin kamu müdahalelerinden arındırılmasından (deregulation) bu yana hızlı bir gelişim göstermektedir (Poon, 1996: 11). Son yıllarda bilgi ve iletişim teknolojileri turizm sektöründe yaygın biçimde kullanılmakta ve bu alandaki gelişmeler turizm sektörünün yapısını büyük ölçüde etkilemekte ve değiştirmektedir (Frew, 2000: 136). Turizm sektöründe tüm işletmeler pazarda tutunabilmek ve rekabet avantajı elde edebilmek için bilgi ve iletişim teknolojilerinin sunduğu olanaklardan yararlanmaktadırlar.

Turizm sektöründe bilgi teknolojileri uygulamalarının on temel özelliği bulunmaktadır (Poon, 1996: 12):

- Gelişmiş teknolojiler turizm sektöründe uygulama alanı bulmaktadır.
- Bilgi ve iletişim teknolojileri sistemi tüm turizm sektörüne yayılmaktadır.
- Turizm sektöründe yer alan tüm birimler bilgi teknolojilerinden yararlanmaktadır.
- Turizm sektöründe bilgi teknolojileri hızlı bir yayılma göstermektedir.
- Bilgisayarlı rezervasyon sistemleri baskın teknoloji olarak ortaya çıkmıştır.
- Bilgisayarlı rezervasyon sistemleri kendi başlarına bir kâr kaynağı haline gelmişlerdir.
- Teknolojik gelişmeler turizm sektöründe rekabeti yeniden yapılandırmaktadır.
- Teknoloji turizm sektöründe insan emeğinin bir alternatifi durumunda değildir. Bilgi ve iletişim teknolojileri bilgi-yoğun işlevleri (yönetim, pazarlama, dağıtım, satış) etkilemektedir.
- Turizm sektöründe bilgi teknolojilerinin en yoğun olarak kullanıldığı alanlar dağıtım ve satışlardır.
- Turizm sektöründe teknoloji;
    - Üretim verimliliğini arttırmaktadır.
    - Daha yüksek kalitede hizmet sunulmasını sağlamaktadır.
    - Daha etkin pazarlama ve dağıtım hizmetlerini olanaklı kılmaktadır.
    - Çalışanların vakitlerini daha iyi hizmet sunmaya ayırmalarına olanak vermektedir.
    - Yeni ve esnek hizmetler oluşturulmasını sağlamaktadır.

Bilgi teknolojilerinin yarattığı baskılar (bilgisayarlar, iletişim ağları, etkileşimli televizyon sitemleri), artan tüketici istekleri (esneklik, uyum, kişiye özel mal ve hizmet vb.) ve artan rekabet ile (küresel pazarlar, kısalan ürün yaşam dönemleri, artan risk, hızlı değişimler) ekonomik yapıyı değiştirmekte, işletmeleri stratejilerini, ürünlerini ve süreçlerini yeniden belirlemeye itmektedir. Bilgi teknolojilerindeki gelişmelerin getirdiği en önemli yenilik alıcı ve satıcıların bilgi ve veri ağırlıklı bir kanal üzerinden doğrudan iletişimine olanak vermesidir. Bilgi ekonomisinde bilgi ve hizmetin öne çıktığı müşteri odaklı hizmet sektörleri önem kazanmaktadır (Bloch ve Segev, 1996).

Son yıllarda bilgi ve iletişim teknolojilerinde ortaya çıkan gelişmeler turizm sektöründe de geniş uygulama olanağı bulmaktadır. Bilgi teknolojileri yalnızca donanım ve yazılım olarak değil, örgüt içinde ve örgütler arasında bilginin işlenmesini ve akışını sağlayan yönetim ve iletişim sistemleri ile hizmet üretiminde büyük önem taşıyan bir kavram haline gelmiştir (Frangialli, 1998). Bilgi teknolojilerinin turizm sektörü üzerindeki etkilerini, Houghton, Pucar ve Knox'ın bilgi ve iletişim teknolojileri sektörü için hazırladıkları konumlandırma şemasının, Tremblay ve Sheldon (2000) tarafından turizm sektörüne uyarlanmış şekli (Şekil 4) ayrıntılı biçimde ortaya koymaktadır.

Hizmetler

Bilgi – İletişim Altyapısı (sol) / **İçerik** (sağ)

Turizm İletişim Servisleri GDS CRS Videotekst Akıllı Ulaşım Sistemleri Araç-içi Yürütme Sistemleri Elektronik Biletleme Extranet Intranet İnternet erişimi	***Turizm Bilgi Servisleri*** Video konferans Turizm internet portalları Destinasyon Bilgi Sistemleri Destinasyon Kioskları Veri Madenciliği Eğitim Online Seyahat Acentaları
Turizm İletişim Araçları Internet Mobil terminaller (restoran, oto kiralama) Ses tanıma sistemleri Elektronik güvenlik sistemleri Küresel Konumlandırma Sistemleri	***Turizm Bilgi Araçları*** Otel Yönetim Sistemleri Uzmanlık Sistemleri Getiri Yönetimi Elektronik Rehberler Coğrafi Bilgi Sistemleri Satış Noktası Sistemleri Sanal Gerçeklik Akıllı Otel Odası Sistemleri

Ürünler

Şekil 4: Turizm Sektöründe Bilgi Teknolojilerinin Konumlandırılması
Kaynak: (Tremblay ve Sheldon, 2000: 230)

Konumlandırma şemasında yatay eksenin bir ucu, ürün ve hizmetlerle ilgili altyapıyı (bilgi-iletişim altyapısı), diğer ucu da bilgi iletişim teknolojileri firmaları tarafından üretilen ve tüketicinin kullanımına sunulan ürünleri göstermektedir. Dikey eksenin bir ucunda yer alan hizmetler kısmı, son tüketime ve ağın ucundaki son kullanıcılara yönelikken, diğer ucundaki ürünler kısmı ağın temel yapısını oluşturan parçaları göstermektedir.

Teknolojik yenilikler ve turizm sektörü arasındaki ilişkiler şu şekilde gelişmektedir (Tremblay ve Sheldon, 2000: 227):

- Teknolojik yenilikler dikey eksende hizmetler kısmına yakın konumlandırılıyorsa, özel tüketiciler – turistik hizmet sağlayıcılar – için tasarlanmıştır ve bu teknolojiyi kullanan turizm işletmesi teknolojik yenilik üzerinde etkili olmuştur.
- Teknolojik yenilikler dikey eksende ürünler kısmına yakın konumlandırılmışsa, teknolojiyi üretenler tarafından şekillendirmiştir.

- Teknolojik yenilikler yatay eksende içerik kısmına yakınsa, daha esnektir ve son kullanıcıdan etkilenmiştir.
- Teknolojik yenilikler yatay eksende bilgi-iletişim altyapısı kısmına yakınsa, işletmeler arasındaki rekabet tarafından şekillendirilmiştir.

Teknolojik yenilikler ile turizm sektörünün ilişkisinin gelişimi üzerinde etkili olan güçler aşağıdaki şekilde (Şekil 5) gösterilmektedir.

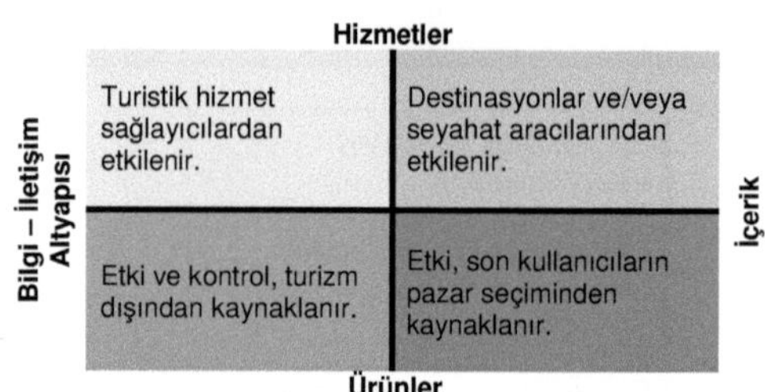

Şekil 5: Teknoloji – Turizm Sektörü Ekseninde Etkileşimler
Kaynak: (Tremblay ve Sheldon, 2000: 228)

Bilgi-iletişim altyapısı ile ilgili bir ürün geliştirildiğinde, bilgi-iletişim sektörü ile bu teknolojiyi kullanan turizm sektörü dışındaki endüstriler bu ürünün geliştirilmesinde etkili olmaktadır. Hizmetler ve bilgi-iletişim altyapısının kesiştiği kısımda, ürün üzerinde turistik hizmet sağlayıcıların etkisi görülmektedir. İçeriği ve yapısı önem taşıyan hizmetler, yerel turizm sistemi tarafından şekillendirilmektedir. Ürünlerin içeriği üzerinde ise, son kullanıcı konumundaki turistlerin doğrudan ve dolaylı etkileri olmaktadır.

Eksenin sol alt köşesinde yeni teknolojik ürünlerin ortaya çıkışında bilgi teknolojileri sektörü etkili olmaktadır. Bu ürünlerin ortaya çıkışında turizm sektörünün doğrudan etkisi olmazken, bu ürünler turizm sektörüne de pazarlanmaktadır. Turizm sektöründe bilgi ve iletişim teknolojilerinin konumlandırılmasını gösteren bu şema, bilgi ve iletişim teknolojilerinin gelişiminin turizm sektörü üzerindeki etkilerini göstermektedir. Bilgi ve iletişim teknolojilerindeki yeni ürünler, havayolu, otomobil kiralama ve otel rezervasyon sistemlerinde gelişmelere yol açmaktadır. Eksenin sol tarafındaki uluslararası ve sektörler-arası iletişim ağları, turizm sektörünün gelişiminde önemli bir yere sahiptir. Ulaşım hizmeti sağlayan işletmeler bu eksenlerdeki gelişme eğilimlerin itici gücü olmaktadır. Sol üst eksendeki gelişmeler, internet ve diğer teknolojik gelişmeler ışığında yeniden yapılandırılan global dağıtım sistemlerinin etkisi altındadır. Sağ alt eksendeki gelişmeler, turizm pazarındaki değişimlerden etkilenmektedir. Son tüketicilerin beklenti ve istekleri, bu eksendeki yeni gelişmeleri yönlendirmekte de diğer sektörlerden teknoloji transferini zorlamaktadır. Kullanılan teknolojiler standartlaştıkça, firmaların sundukları hizmetler ve yarattıkları değer ürün çeşitlendirmenin ve rekabet gücünün en önemli kaynakları haline gelmektedir. Turizm sektörünün artan rekabetçi yapısı, firmaları yeni ürünler geliştirmeye ve yeni pazarlar bulmaya yönlendirmektedir. Sağ üst eksende, hizmet üretiminde kamu, özel ya da karma destinasyon örgütlerinin ve seyahat aracılarının etkisi görülmektedir. Turizm dağıtım kanalları aracılığı ile turistik tüketicilere ulaşma konusundaki rekabet güçlenmekte, yeni hizmet ve ürünler geliştirilmektedir. Destinasyonlar rekabet avantajı elde edebilmek için teknolojik yenilikleri sürekli izlemekte ve uygulamaktadır. Bilgi ve iletişim teknolojilerinin gelişiminde önemli bir yere sahip olan destinasyon yönetim örgütleri ve turizm ile ilgili diğer örgütler turizm sektörünün güçlenmesini sağlamaktadırlar (Tremblay ve Sheldon, 2000: 228).

Bilgi teknolojilerinin turizm sektörü üzerindeki etkileri, kamu sektöründe ve özel sektörde turizm üretimi, pazarlaması, dağıtımı ve yönetimi alanlarında kendisini hissettirmektedir. Bilgi teknolojileri turizm işletmelerinde personelin moralini yükseltmenin yanında yönetsel etkinliği, verimliliği arttırırken yönetimin değişen iş çevresine uyumunu sağlamakta ve yeni fırsatlardan yararlanmaya olanak vermektedir (Buhalis, 1998a: 412).

2.2. Turizm Sektöründe Bilgi Teknolojilerinin Kullanımı ve Etkileri

Turizm sektöründe bilgi teknolojileri yönetsel uygulamaları kolaylaştırırken, coğrafi açıdan, yönetsel açıdan ve pazarlama açısından işletmelere gelişme fırsatları sunmaktadır. Ancak turizm sektörü emek-yoğun bir endüstri olduğundan birçok uygulama halen geleneksel anlamda yürütülmektedir. Turizm sektöründe küçük ve orta büyüklükteki işletmelerin çoğunlukta oluşu bilgi teknolojilerinin kullanımını sınırlamaktadır. Diğer endüstrilerde olduğu gibi turizm sektöründe de bilgi teknolojileri kullanımı endüstri içinde bir iletişim ağı oluşturacak, ürünlere değer katacak ve işletmelerin hissedarları ile kârlı biçimde iletişimini sağlayacak bir ortam sunmaktadır. Ayrıca bilgi teknolojileri kontrol ve karar alma işlemlerini kolaylaştıracak, işletmelerin çevresel değişimlere ve tüketici eğilimlerine etkili şekilde yanıt vermesini sağlayacak yönetsel süreçler geliştirilmesini olanak vermektedir. Bilgi teknolojileri işletmelerin müşterileri ile iletişimini etkin hale getirerek ürünlerini onların istek ve beklentileri doğrultusunda şekillendirmelerini sağladığından müşteri ilişkileri yönetimi alanında da önemli bir rol üstlenmektedir. Müşteri ilişkilerinin sürekli ve küresel ölçekte etkin yönetimi turizm işletmelerinin başarısında çok önemli bir yere sahiptir (Buhalis, 2003: 78).

Bilgi ve iletişim teknolojileri günümüzde hem geleneksel yollardan hem de bilgi teknolojilerini kullanarak tüketicilere ulaşmaya ve pazar paylarını arttırmaya çalışan yeni rakipler ile küresel ölçekte rekabet etmek zorunda olan turizm işletmelerini rekabet dezavantajlarından korumaktadır. Turizm sektörü artan şekilde bilgi teknolojilerinden yararlanarak, yeni yöntemler uygulayarak ve tüm süreçlerini yeniden yapılandırarak tüm süreçlerini yeniden yapılandırarak rekabet yeteneğini arttırmaya çalışmaktadır. Bilgi teknolojilerini turizm sektörünün bütünleyici parçası haline getiren temel etkenler şu şekilde sıralanabilir (Buhalis, 2003: 78):

- Küresel rekabet dünya çapında etkin çalışmayı zorunlu kıldığından ekonomik gereklilik;

- Hızlı teknolojik ilerlemeler ve özellikle internetin yaygınlaşmasının yanı sıra etkileşimli televizyon ve üçüncü nesil cep telefonu teknolojisindeki ilerlemeler;
- Bilgi teknolojilerine yatırılan sermayenin verimliliğini arttıran bilgi teknolojileri fiyat/performans oranlarındaki iyileşmeler;
- Tüketiciler gelişmiş ürünleri kullanmaya alıştıklarında daha iyi hizmetler ve işletmeler ile karşılıklı iletişimin gelişmesini bekleyeceklerinden, tüketici beklentilerindeki artış.

Bilgi ve iletişim teknolojilerinin turizm sektörüne katkısı çok yönlüdür: Turizm işletmelerinde örgüt-içi etkinlik ve verimliliği arttırırken, dış dünya ile etkili bir iletişim kurulmasını sağlamakta ve güvenli ortaklıklara zemin hazırlamaktadır (Buhalis 2003, 99). Turizm sektörü için tüketici beklentilerini daha esnek, daha etkin ve daha hızlı şekilde karşılamak zorunluluk halini almıştır. Bilgi teknolojileri devrimi, turizm sektöründeki yenilikçi ve girişimci işletmelere rekabet gücünü arttıracak ve rekabet avantajı sağlayacak araçlar sunmaktadır. Bilgi teknolojileri sayesinde turizm işletmeleri dünya çapında çok sayıda işletme ile etkin ve düşük maliyetli ortaklıklara girebilmektedir. Ayrıca, bilgi teknolojileri turizm sektörüne, hücre pazarlar (niche markets) için özel ürünler hazırlayarak ürün farklılaştırmasının getireceği rekabet avantajından yararlanma olanağı verecek araştırma ve geliştirme fırsatları sunmaktadır. Bilgi teknolojileri aşağıdaki şekillerde iletişim ve faaliyet maliyetlerini de düşürmektedir (Buhalis, 2003: 78-79):

- İşletim sistemlerini bütünleştirerek,
- İşletme içinde etkinliği en üst düzeye çıkararak,
- Geri plandaki işler için gerekli işgücünü düşürerek,
- Birebir görüşme ya da telefon iletişimini azaltarak, ve
- Turistik tüketicilerin daha önceleri yalnızca turizm örgütleri ile doğrudan bağlantı kurarak edinebildikleri bilgileri sağlayarak.

Turizm sektörünün gelişimi, teknolojik gelişmelerle bağlantılı olarak dört aşamada incelenebilir (Tremblay ve Sheldon, 2000: 218-219):

- Bilgi teknolojilerinin yaygın biçimde kullanılmaya başlanmasından önce, turizm sektöründeki değişimler, ulaşım alanında teknolojik yenilikler ile sosyo-ekonomik ve sosyo-politik değişimlere (harcanabilir gelirlerdeki artış, ücretli izin hakkı gibi) bağlı gelişmekteydi. Teknolojik gelişmeler, turizm sektöründe örgüt yapılarını değiştirecek düzeyde değildi.
- ABD'de havayollarını kamu müdahalelerinden arındırma (deregulation) çalışmaları, turizm sektörünün dağıtım kanallarında önemli değişikliklere yol açmış, bilgisayarlı rezervasyon sistemleri (CRS) ve daha sonra da global dağıtım sistemleri (GDS) geliştirilmiştir. Bilgi ve iletişim teknolojilerinin turizm sektöründe başlattığı değişimler, tüketici hakları, havayolu hizmetlerinin geleneksel dağıtım kanalları üzerinden doğrudan satışı, bilgisayarlı rezervasyon sistemlerinin rekabeti

azaltması ile ortaya çıkan rekabet üstünlüğü gibi yeni konuları gündeme getirmiştir. Avrupa'da ulusal ölçekte kullanılmaya başlanan elektronik iletişim sistemleri (İngiltere'de Prestel ve Fransa'da Minitel), turizm sektörü açısından önem taşımaktaydı.

- Havayolları, konaklama işletmeleri, aracılar ve diğer turizm işletmeleri bilgi teknolojilerine bağlı olarak yeniden yapılanmaya başlamıştır. Bu dönemde yapısal dönüşümler ölçek ekonomilerine bağlı olarak (firma büyüklüğü, ölçek, ürün farklılaştırma derecesi ve değişen pazar payları dikkate alınarak) açıklanmaya çalışılmıştır. Bu dönem, turizm sektörünün küresel ölçekte yapılanma eğilimlerinin habercisi olmuştur. Yine bu dönemde turizm sektörü büyürken, yeni bilgi ve iletişim sistemleri ile banka işlemlerine bağlı olarak uluslararası bağlantılar kurulmaya başlanmıştır. Yeni pazarlama araçlarının, ölçek ekonomilerinin ya da rekabet gücü kaynaklarının büyük tur operatörlerine yarar sağladığının ortaya çıkması, geleneksel turizm aracılarının ortadan kalkacağı yönünde endişelere neden olmaya başlamıştır.

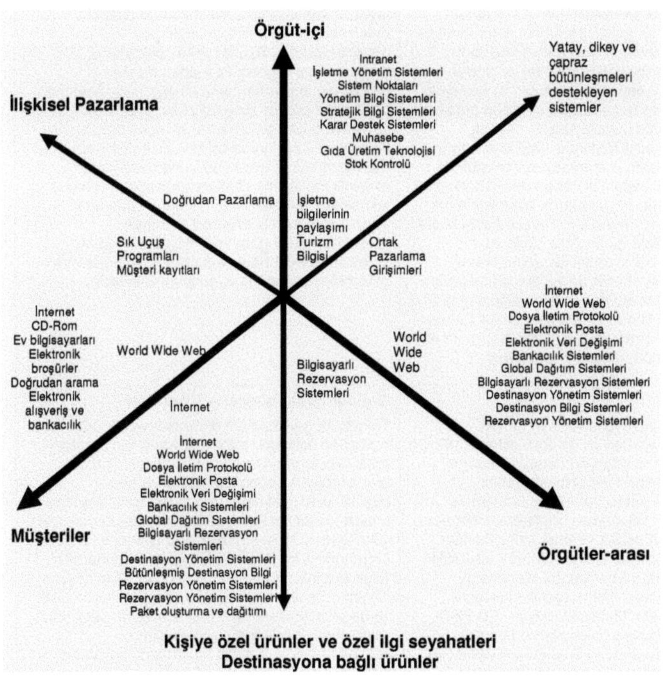

Şekil 6: Turizm Sektörü - Bilgi Teknolojileri Stratejik Çerçevesi
Kaynak: (Buhalis, 1998a: 417)

Tablo 6: Turizm Sektöründe Bilgi Teknolojileri Stratejik Çerçevesi

Örgüt-içi İşlevler	**Örgütler-arası - Örgüt-içi İşlevler**
Bilgi teknolojileri çeşitli işlevleri (önbüro ve arka plan uygulamaları gibi) bir araya getirerek örgüt içinde süreçleri geliştirmektedir. Böylece işletme içinde verimlilik ve etkinlik artmaktadır. Turizm sektöründe işletme yönetim sistemleri ya da otel bilgi sistemleri, muhasebe sistemleri, gıda üretim teknolojileri, tur operatörleri, ulaşım şirketleri ve diğer işletmeler için stok kontrol sistemleri buna örnek gösterilebilir. İnternet teknolojisi ile aynı sistemi kullanan ancak erişim sınırlaması getiren intranet teknolojisi örgüt-içi iletişimi kolaylaştırmaktadır.	Turizm sektöründe hem örgüt-içi hem de örgütler-arası işletme faaliyetlerini destekleyen birçok uygulama bulunmaktadır. Ortak pazarlama girişimleri yatay, dikey ve çapraz bütünleşmeler ile desteklenmektedir. Turizm işletmeleri turistik ürünün oluşturulması ya da ortak pazarlama kampanyaları için tüketici bilgilerini paylaşmaktadırlar. Örneğin, havayolu şirketleri, sık uçuş mili kampanyaları ya da müşterilerine ödüller veya ayrıcalıklar sunmak için otel zincirleri oto kiralama şirketleri ile işbirliği yapmakta, kod paylaşım anlaşmalarından yararlanmak ya da küresel ölçekte faaliyet gösterebilmek için birlikler oluşturmaktadırlar.
Örgütler-arası İşlevler	**Örgüt-içi İşlevler – Tüketiciler**
İletişim ağları işletmeler arasındaki iletişimi desteklemekte ve bağlantıları kolaylaştırmaktadır. Turizm işletmeleri arasındaki iletişimi destekleyecek çok sayıda sistem ve uygulama geliştirilmektedir. Elektronik veri transferi işletmeler arasında veri alışverişini sağlamaktadır. Bu teknoloji daha çok tur operatörleri ve seyahat acentaları arasında yolcu listelerinin, faturaların ve diğer evrakların iletilmesi için kullanılmaktadır. Bilgisayarlı Rezervasyon Sistemleri ve global dağıtım sistemleri seyahat acentaları ile havayolu şirketleri, oteller ve oto kiralama şirketleri arasında bağlantıyı sağlayan uygulamalardır. Ayrıca, Destinasyon Yönetim Sistemleri ve Destinasyon Bağlantılı Bilgisayarlı Rezervasyon Yönetim Sistemleri turizm işletmelerinin bir destinasyondaki yönetim ve Pazarlama çabalarını bütünleştirerek bağlantıyı kolaylaştırmaktadır. İletişim ağları küçük ve orta büyüklükteki işletmelere güçlerini birleştirerek rekabet avantajı kazanma fırsatı sunmaktadır. Ekstranetler de iletişim ağına bağlı işletmeler arasında güvenli iletişim sağlamaktadır. Elektronik posta, World Wide Web, dosya transfer protokolü internetin en yaygın kullanılan, işletmeler ve bireyler arasında bağlantıyı sağlayan uygulamalarıdır.	İşletmeler bilgi teknolojilerinden tüketicilerin bireysel istek ve gereksinimlerini karşılamak için yararlanmaktadırlar. İlişkisel pazarlama tüketiciler ve işletmeler arasında bağ oluşturmak yoluyla müşteri bağlılığını arttırmaktadır. Böylece, karşılıklı fayda sağlanmakta; müşteriler indirim, özel ilgi gibi faydalar sağlarlarken, işletmeler de düzenli müşterilerinin tatminini ve bağlılığını arttırmaktadırlar. Ayrıca, pahalı pazarlama araştırmalarına gerek kalmadan müşteri gereksinimleri ve harcama alışkanlıkları hakkında pazarlama bilgileri elde edilebilmektedir. Doğrudan ve veriye dayalı pazarlama, sık uçuş programları ve müşteri kayıtları da bu amaçla kullanılmaktadır. Deneyimli müşteriler kendilerine daha fazla esneklik ve işletme ile etkileşim sağlayacak bilgi teknolojileri araçlarından yararlanmaktadırlar. Turizm sektöründe tüketicilerin kişisel gereksinimlerine göre ürün oluşturulmasına dayanan bire-bir pazarlama bilgi teknolojilerinde gelişmeler sayesinde uygulanabilmektedir.
Tüketiciler	**Örgütler-arası İşlevler – Tüketiciler**
Elektronik ticaretin yaygınlaşması, turistik tüketicilere bilgi istemek ya da ürün satın almak için turizm işletmeleri ile doğrudan bağlantı kurma olanağı sunmaktadır. Kişisel bilgisayarlar sayesinde turistik tüketiciler turizm ürünleri ve turizm işletmeleri hakkındaki bilgilere anında, ucuz şekilde, etkileşimli olarak ve mekan kısıtlaması olmaksızın ulaşabilmektedirler. Turistik tüketiciler elektronik alışveriş ve bankacılık sistemlerini kullanarak rezervasyonlarını yapabilmekte ve turistik ürünleri satın alabilmektedirler. CD-Rom teknolojisinin gelişmesi, işletmelerin tanıtım olanaklarını arttırmaktadır. Tüketicilere elektronik ortamda hizmet vermek, turizm işletmelerinin maliyetlerini düşürmelerini ve rekabet avantajı elde etmelerini sağlamaktadır.	Tüketiciler gereksinimlerini karşılayacak ürün ve hizmetleri belirleyip satın alabilmek için örgütler-arası işlevlerden yararlanmaktadırlar. Turistik ürünleri büyük çoğunluğu küçük ve orta büyüklükteki işletmeler tarafından sunulduğundan, turistik tüketiciler turistik ürünlerini oluşturmak için çok sayıdaki turistik hizmet sağlayıcıya ait bilgilere, programlara ve tarifelere ulaşmak zorundadırlar. Bilgisayarlı Rezervasyon Sistemleri, Destinasyon Yönetim Sistemleri ve WWW, bireysel kullanıcılar ve bağımsız çalışan seyahat acentaları tarafından işletmelerin bilgilerine ulaşmak için kullanılmaktadır. Turistik tüketicilerin seyahatlerini bireysel olarak planlama eğilimleri, onların turizm ürünlerini seçme, bir araya getirme ve satın almada bilgi teknolojilerinden daha fazla yararlanmaları gereğini ortaya çıkarmaktadır.

Kaynak: (Buhalis, 1998a: 417-419)

Tablo 7: Turizm Sektöründe Bilgi ve İletişim Teknolojilerinin Sağladığı İletişim Tür ve İşlevleri

İşletme-içi İletişim ve İşlevleri **INTRANET** ***Turizm işletmesi içinde bilgi alışverişi***	*İşletmeler-arası İletişim ve İşlevleri* **EXTRANET (VE INTRANET)** ***Turistik ürün sağlayıcılar ve aracılar arasındaki bilgi alışverişi***
Yönetim • Stratejik planlama • Rekabet analizi • Finansal planlama ve kontrol • Muhasebe • Pazarlama araştırması • Pazarlama stratejisi ve uygulanması • Fiyatlama kararları ve taktikler • Orta-vadeli planlama ve geribildirim • Yönetim istatistikleri ve raporları • Faaliyetlerin kontrolü • Yönetim işlevleri ***Bölümler-arası iletişim*** • İşletme işlevleri • İletişim ağları ve bilgi alışverişi • İnsan kaynakları yönetimi • İşgücü eşgüdümü • Faaliyet planlama • Muhasebe ve faturalama • Maaş ve ücretler • Donanım yönetimi ***Birimlerle iletişim ve işlevleri*** • Faaliyetlerin eşgüdümü • Raporlar ve bütçeleme • Hazır bulunma/fiyat/bilgi • Yönetimden gelen emirler • Müşteri ve faaliyet bilgileri için ortak veri tabanlarının paylaşımı	Seyahat öncesi • Genel bilgi • Hazır bulunma/fiyat araştırmaları • Görüşmeler ve pazarlık • Rezervasyonlar ve onaylama • Yardımcı hizmetler • Seyahatle bağlantılı belgeler -grup/ziyaretçi listesi -makbuzlar/belgeler -seyahat çeki (voucher) ve biletleme Seyahat sırasında • Sürecin işleyişi • Planlar hakkında ortakları bilgilendirme • Ortaya çıkan beklenmedik gelişmelere karşı iyileştirici planlar yapma • Gelişmeleri izleme • Seyahat sonrası • Komisyonların ödenmesi ve diğer ödemeler • Geribildirim ve öneriler • Şikayetlerle ilgilenme • Veri madenciliği yoluyla bağlılık yaratma
Turistik Tüketiciler ile Turizm İşletmeleri Arasındaki İletişim **İNTERNET** • Elektronik ticaret • Seyahat tavsiyesi • Hazır bulunma/fiyat/bilgi isteği • Rezervasyon ve onaylama • Rezervasyon için değişiklikler • Depozitolar ve diğer gereklilikler • Özel istekler • Geribildirim/şikayetler	**Turizm İşletmeleri ile Diğer İşletmeler Arasındaki İletişim** **İNTERNET (VE EXTRANET)** • Diğer hizmet sağlayıcılar ve yardımcı Hizmetler -aşılama -seyahat formaliteleri ve vizeler • Sigorta şirketleri • Hava tahminleri • Eğlence ve haberleşme • Banka/finansal hizmetler • Kredi kartları • Diğer hizmetler

Kaynak: (Buhalis, 2003: 100)

Turizm sektöründe bilgi ve iletişim teknolojilerinin kullanılması, bir bilgi ve iletişim teknolojileri çerçevesi oluşturmaktadır. Bu çerçeve turizm sektöründe bilgi ve iletişim teknolojilerinin kullanımının anlaşılmasını sağlarken, teknolojinin turizm sektörü içindeki uygulamalarını da göstermektedir (Buhalis, 1998a: 416). Bilgi ve iletişim teknolojilerinin sağladığı olanaklardan yararlanan turizm işletmeleri işletme içinde etkinlik ve verimliliği arttırmakta, diğer işletmeler, işletme ortakları ve tüketiciler ile etkili iletişim kurmakta ve rekabet avantajı elde etmektedirler. Şekil 6'da bilgi teknolojilerinin turizm sektöründe kullanımı çok yönlü bir yapı içinde gösterilmektedir.

Tablo 6'da turizm sektöründe bilgi teknolojilerinin çok yönlü kullanımına yönelik stratejik çerçevenin, işletme için, işletmeler arasında ve tüketiciler açısından ne anlama geldiği anlatılmaktadır. Tablo 7'de de stratejik yönetim ve pazarlamanın çok yönlü çerçevesine bağlı olarak bilgi teknolojilerinin turizm sektöründeki uygulamaları ve turizm işletmeleri tarafından bilgi ve iletişim teknolojileri aracılığıyla yürütülen işlevlere ait örnekler verilmektedir.

Yukarıdaki şekil (Şekil 6), turizm sektöründe bilgi teknolojilerinin kullanımını sistematik biçimde ortaya koymakta ve stratejik uygulamalarını göstermektedir. Turizm sektöründe işletme yöneticileri ve destinasyonlar bu çerçeveyi etkin kullanabildikleri ölçüde rekabet avantajı elde edeceklerdir. Şekilde, bu çerçevenin çok yönlü yapısının yanı sıra bu çerçeve içinde yer alan turizm sektörü faaliyetleri ile turizm sektöründe yeniden yapılanmanın getirdiği değişim ortaya konulmaktadır. Bilgi teknolojileri şekildeki üç ana eksen arasında farklı yönlerde değişimlere yol açmaktadır. Ortaya çıkan eşleşmeler stratejik yönetim ve pazarlamanın turizm değer zincirinde tüm pay sahiplerine karşılıklı yarar sağlayacak biçimde nasıl kullanılması gerektiğini göstermektedir. Turizm sektöründe bilgi teknolojilerinin yönlendirdiği bütünleşme eğilimlerinin yakın gelecekte tüm endüstriye egemen olacağı öngörülmektedir. Turizm sektöründe bilgi teknolojileri kullanımı stratejik çerçevesi turizm talebi ve arzı açısından bilgi teknolojilerinin önemini ortaya koymasının yanı sıra iletişim ağlarının ve etkileşimin üretim ve tüketim işlevlerini ne şekilde etkilediğini de göstermektedir. Turizm sektöründe bilgi teknolojilerinin sunduğu olanakları göz ardı eden işletmeler, uzun dönemde rekabet dezavantajları ile karşılaşacaklar ve büyük olasılıkla pazar paylarının önemli bir bölümünü kaybedeceklerdir (Buhalis, 1998a: 416, 419).

2.2.1. Turizm İşletmeleri ve Bilgi Teknolojileri

Turizm sektörü farklı alanlarda faaliyet gösteren, çeşitli büyüklüklerdeki ve değişik coğrafi alanlara yayılmış işletmelerden oluşmakta; oluşturduğu pazarlar ve ürünler açısından büyük çeşitlilik göstermektedir. Turizm sektörünün gelişmesinde önemli bir itici güç olan bilgi teknolojileri turizm sektörünü yeniden yapılandırmakta, turizm işletmelerinin işleyişlerini değiştirmekte, yeni teknolojiler ve uygulamalar getirmektedir (Sheldon, 2000: 133).

Turizm sektörü de diğer endüstriler gibi bilgi teknolojilerindeki gelişmelerin getirdiği yeniden yapılanma sürecinden önemli ölçüde etkilenmektedir. Bilgi teknolojileri turizm sektörünün bütününe yayılmakta ve sektörün tamamını etkilemektedir. Bilgi teknolojileri turizm işletmeciliğine, etkin işbirliği ve küreselleşmeyi gerçekleştirecek araçlar sağlamaktadır. Bilginin büyük önem taşıdığı ve bilgi üretiminin, toplanmasının, işlenmesinin, uygulanmasının ve iletiminin günlük işleyişi içinde büyük yer tuttuğu turizm sektörünün önemli bir parçası haline gelmiş olan bilgi teknolojilerinin etkin kullanımı endüstriyi geleceğe taşıyacak bir temel olarak görülmektedir. Bilgi teknolojileri turizm sektöründe pazarlama, dağıtım, tanıtım ve düzenlemede önemli rol oynamaktadır (Buhalis, 1998b).

Turizm sektörü bilgi ve iletişim teknolojilerinden yararlanma gücü ölçüsünde küreselleşmekte ve bilgi ekonomisine uyum sağlamaktadır. Bilgisayarlı sistemlerin kullanılmasının turizm sektöründe yol açtığı dönüşüm, endüstrinin küreselleşmesini ve bilgi ekonomisine uyumunu hızlandırmaktadır.

Bilgi turizm işletmelerinin günlük faaliyetleri ve stratejik yönetimi açısından büyük önem taşıdığından, işletmelerin tüm işlevlerini destekleyen bilgi ve iletişim teknolojileri sistemleri turizm sektöründe yaygın kullanım alanına sahiptir. Turizm sektöründe çok sayıda farklı donanım, yazılım ve ağ sistemlerinden yararlanılmaktadır (Buhalis, 2003: 87-88):

- Turizm sektörüne yönelik donanım, yazılım ve ağ yazılımları,
- Bilgisayarlar ve ağ sistemleri,
- Büro otomasyon, rezervasyon, muhasebe, ücret ve üretim işlevlerine yönelik yönetim uygulamaları,
- Taşınabilir/kablosuz iletişim aygıtları,
- Yönetim destek sistemleri, karar destek sistemleri ve yönetim bilgi sistemleri gibi yönetsel araçlar,
- İşletmeye özel yönetim uygulama sistemleri,
- Veri tabanları ve bilgi yönetim sistemleri,
- İnternet, extranet ve intranet,
- İşletme çevresi ile yürütülen işlemler için ağ bağlantıları (Elektronik veri aktarımı - EDI ya da extranet),
- Ürünlerin internet üzerinden ya da elektronik ortamda dağıtımı,
- Bilgisayarlı rezervasyon sistemleri,
- Global dağıtım sistemleri (Galileo / Amadeus, SABRE, Worldspan gibi),
- Bilgisayarlı rezervasyon sistemleri ile global dağıtım sistemleri arasındaki aracılar (THISCO ve WIZCOM gibi),
- Destinasyon yönetim sistemleri,
- İnternette faaliyet gösteren seyahat aracıları (Expedia.com, Travelocity.com, Preview Travel, Priceline.com gibi),
- Cep telefonu/WAP üzerinden rezervasyon sistemleri,

- Gelişmiş teknolojiye dayalı sistemler ile desteklenen geleneksel dağıtım teknolojileri (videotekst gibi),
- Ücretsiz danışma merkezleri,
- Etkileşimli dijital televizyon,
- CD-Rom,
- Doğrudan tüketiciye hizmet sunan elektronik iletişim sistemleri.

Tablo 8: Bilgi Teknolojilerinin Desteklediği Temel Stratejik ve Yönetsel İşlevler

Temel Stratejik İşlevler	*Temel Yönetsel İşlevler*
• Örgütsel etkinliği ve verimliliği arttırmak • Hizmetlerin kalitesini yükseltmek • Yeni ürün ve pazarlar için stratejik araştırmalar yapmak • Rekabeti izlemek • Yeni ve var olan pazarlara girmek ve pazar payını arttırmak • Yeni ürün ve hizmetler ya da pazarlar yaratarak çeşitliliği sağlamak • Turistik ürünlerin farklı bileşimlerini oluşturmak • Ürünleri farklılaştırmak, kişiselleştirmek ve tüm aşamalara değer katmak • Maliyetleri düşürerek rekabet avantajı elde etmek • Tüketici hizmetlerinde etkinliği arttırarak zamana bağlı rekabet avantajı elde etmek • İş süreçlerini yeniden yapılandırmak ve yönetsel etkinlikleri düzenlemek • İşletme faaliyetlerini yenilemek ve yenilikçi işletme faaliyetleri ortaya koymak • Uzun vadede rekabeti en iyi şekilde sürdürmek • Ortaklıklar geliştirmek ve ağ üzerinde işbirliklerine girişmek	• Bilgi dağıtımı ve rezervasyon işlemleri • Uluslararası turizm işletmeciliği ve pazarlaması • Üretici – aracı – tüketici iletişimini kolaylaştırmak • Turistik ürünlerin oluşturulması ve dağıtımı • Turizm işletmelerinin örgütlenmesi, yönetimi ve kontrolü • Önburo: Rezervasyonlar, kayıt, faturalama, ödemeler, iletişim • Arka plan: Muhasebe, bordrolama, insan kaynakları yönetimi, pazarlama, işletim • Müşteri hizmetleri • Müşteriler ve ortaklar ile iletişim • Beklenmedik durumlara hazırlıklı olma, tepki verebilme ve esneklik • Dinamik getiri yönetimi, fiyat ve kapasite düzenlemeleri, esnek fiyatlama • Performans izleme ve geribildirim mekanizmalarının yapılandırılması • İş süreçlerinin ve çalışanların kontrolü

Kaynak: (Buhalis, 2003: 88, 139)

Bilgi teknolojilere dayalı çözümler işletmelerde etkinliği arttırarak belirli işlem ve süreçlerin maliyetlerini ve sürelerini azaltmaktadır. Kullanılan sistemlerin kapsamlı bir bilgi yönetim sistemi içinde bütünleştirilmesi, işletmenin faaliyet etkinliğini en üst düzeye taşıyarak örgütsel stratejik rekabet gücünü desteklemektedir (Buhalis, 2003: 87). Turizm işletmelerinde günlük faaliyetleri destekleyen, işletmelerin diğer turizm işletmeleri, turistik tüketiciler, ortakları ve tedarikçileri ile iletişimini ve işbirliğini sağlayan bilgi ve iletişim teknolojilerine dayalı temel stratejik işlevler ve yönetim işlevleri yukarıdaki tabloda (Tablo 8) verilmektedir.

Turizm işletmelerinde bilgi teknolojilerindeki gelişmelere bağlı olarak yoğun biçimde kullanılmaya başlanan getiri yönetimi, işletmelerin doğru stokları doğru müşterilere doğru zamanda ve fiyattan satabilmelerine yardımcı olan bir yöntem olarak tanımlanmaktadır. Getiri yönetiminin amacı, doğru ürünleri (havayolları için koltuk, konaklama işletmeleri için oda) doğru müşterilere satarak müşteri gelirlerini en yüksek düzeye çıkarmaktır (McEvoy, 1997: 60).

Turizm sektöründe teknoloji kullanımı tek bir üretici ile ilgili bir kavram olarak düşünülmemelidir. Bilgi teknolojileri turizm sektörünün bütününe yayılmış ve tüm üreticiler tarafından benimsenmiştir. Turizm sektöründe yer alan üreticilerden birinin bilgi teknolojilerini kullanmaya başlaması diğer üreticileri de etkilemektedir. Örneğin, bir havayolu işletmesinin rotaları, çizelgeleri, tarifeleri ve satışa hazır koltuk sayısını kayıtlı tutmak ve rezervasyonları kolaylaştırmak için bilgisayarlı rezervasyon sistemlerini kullanıyor olması, eğer seyahat acentaları havayolu işletmesinin hizmetlerine ulaşabilecek ve rezervasyonları gerçekleştirebilecek bilgisayarlı rezervasyon terminallerine sahip değillerse, yararlı olamayacaktır. Rekabet nedeni ile turizm sektörünün bir bölümünde bilgi teknolojilerinin kullanılması diğer bölümlerinin de teknoloji kullanımı için zorlayacaktır. Turistik hizmet sağlayıcıların tamamı bilgi teknolojilerinin kullanıcıları olsalar da havayolu işletmeleri bu konuda başı çekmektedir (Poon, 1996: 158).

2.2.1.1. Havayolu İşletmelerinde Bilgi Teknolojileri

Turizm sektöründe elektronik dağıtım sistemlerinin kökeni, havayolu işletmelerinde 1950'lerin sonu ile 1960'larda kullanılmaya başlanan stok sistemlerine uzanmaktadır. Başlangıçta örgüt-içi kontrol sistemi olarak geliştirilen sistemler, 1970'lerin ortalarında seyahat acentalarına ve büyük seyahat işletmelerine terminallerin kurulması ile örgütler-arası sistemlere dönüşmüştür. Böylece seyahat acentalarına fiyat ve ürün bilgilerine gerçek zamanlı erişim ve anında rezervasyon olanağı sağlanırken, seyahat acentaları müşterilerine sundukları hizmetin kalitesini yükseltmişlerdir (O'Connor, Buhalis ve Frew, 2001: 336).

Havayolu işletmeleri seyahat acentaları ve diğer dağıtıcılar ile iletişimin ve stoklarını etkin, hızlı, ucuz ve güncel biçimde yönetmenin gerekliliğini çok önce anlamış ve bilgi teknolojilerine yatırım yapmaya başlamışlardır. 1950'lerde rezervasyonlar manuel olarak yapılmaktaydı. Seyahat acentaları elkitaplarından yararlanarak müşterileri için uygun rota ve uçuş ücretlerini bulmakta, rezervasyon ve onaylama için telefon kullanmakta, biletleri de manuel olarak kesmekteydiler. 1962 yılında American Airlines Şirketi SABRE bilgisayarlı rezervasyon sistemini devreye soktu. 1970'lerde SABRE stok kontrol sisteminden daha fazlasını sunmaya başlamış, sunduğu teknoloji uçuş planları hazırlama, farklı bölümleri izleme, uçuş görevlilerinin çizelgelerini belirleme ve yönetim karar destek sistemleri geliştirme gibi uygulamaların altyapısını oluşturmuştur (Buhalis, 2003: 194). O zamandan günümüze bilgi teknolojilerinin havayolu işletmelerindeki önemi artarak sürmektedir.

Havayolu taşımacılığı endüstrisi turizm sektörünün gelişiminde çok önemli bir yere sahiptir. ABD'de 1978 yılında yerel havayolu hizmetlerinin kamu müdahalelerinden arındırılma girişimleri (Deregulation Act - 1978), havayolu işletmelerinde değişimi başlatmıştır. Havayolu işletmeleri için kamu müdahalelerinden arındırma faaliyetleri daha fazla seçenek getirmiş, tüketiciler ön plana çıkarılmıştır (Doganis, 2001: 23). Havayolu taşımacılığında liberalleşme, yeni havayolu şirketlerinin pazara girmelerine ve aynı rotalarda daha fazla havayolu şirketinin rekabetine yol açmıştır (O'Connor, Buhalis ve Frew, 2001: 336). Bu girişimler havayolu işletmelerine rotalarında ve fiyatlarında istedikleri sıklıkta değişiklik yapma hakkı sunmuş, bunun sonucunda esneklik ile iç ve dış iletişim talepleri artmıştır (Buhalis, 2003: 194). Uçuş sayılarındaki ve ücret çeşitliliğindeki artış, artan rekabet ve bilet fiyatlarındaki indirimleri izlemek yönünde seyahat acentaları için zorluklar doğurmuştur. Bunun sonucunda bilgisayarlı rezervasyon sistemlerinin kullanımı yaygınlaşmıştır (O'Connor, Buhalis ve Frew, 2001: 336).

Geçmişte havayolu işletmeleri için rekabet alanında reklam ve hizmet kalitesi yeterli olurken, artık havayolu işletmeleri daha farklı rekabet araçları (farklı rotalar, hizmetler ve fiyat) bulmak durumunda kalmaktadırlar. Havayolu işletmelerinde fiyat ve teknoloji rekabeti ön plana çıkmaktadır (Poon, 1996: 103).

Havayolu işletmelerinin kamu müdahalelerinden arındırılması girişimleri, bu alandaki rekabeti arttırırken promosyonu daha da önemli hale getirmiştir. Havayolu endüstrisinde en yaygın biçimde uygulanan promosyon sık uçuş programlarıdır (Collison ve Boberg, 1991: 182-183). Sık uçuş programı kavramı, müşteri sadakati sağlayabilmek için ilişkisel pazarlama kullanımına çok iyi bir örnektir. Müşteri sadakati sağlayabilen işletmeler kârlarını arttırmakta, satışlarını yükseltmekte, maliyetlerini düşürmekte, ağızdan ağza reklamdan yararlanabilmekte, personelini elinde tutabilmekte ve yaşam boyu müşteri değeri elde edebilmektedir. Havayolu işletmelerinde veriye dayalı pazarlama yöntemi müşteriler ile ilişkileri geliştirmektedir. Bir veri tabanı aracı olan getiri yönetimi, farklı fiyat esnekliklerine, müşterilerin gelirlerindeki değişmelere ve pazardaki değişikliklere uyum sağlanmasını kolaylaştırmakta ve talebin etkin biçimde yönetimine olanak vermektedir. Havayolu işletmelerinde bilgisayarlı rezervasyon sistemleri, sık uçuş programları ve getiri yönetimi pazarlama faaliyetlerini daha etkin hale getirmektedir (Yang ve Liu, 2003: 588).

Havayolu taşımacılığı teknolojik gelişmelerden yoğun biçimde etkilenmektedir. Teknolojik gelişmelerin bir kısmı havayolu taşıma araçlarının tasarımlarını etkilerken, bir kısmı da işletme işlevlerini etkilemektedir. 1950'lerin başından beri havayolu seyahatleri kitlesel bir olgu haline geldiğinden havayolu işletmelerinde bilgi yoğunluğu çok yüksektir. Bilgi yoğunluğunun getirdiği karmaşık yapı havayolu işletmelerinin diğer turizm işletmelerinden önce bilgi teknolojileri kulanım olanaklarını araştırmaya itmiştir. Otomasyona gidilmeden uçuş, fiyat, koltuk, uçuş görevlisi, yolcu, kargo ve bagajı izlemek ve yönetmek son derece güç bir iş olacaktır (Sheldon, 1997: 15).

Havayolu işletmeleri yoğun rekabet ortamı içinde faaliyetlerini sürdürmektedirler. Havayolu işletmeciliğinde maliyetler yüksek, kısa dönemde kapasite sabit, ürün stoklanamaz ve kolayca bozulabilir, talep mevsimlik değişmeler gösteren niteliktedir. Bu ortamda getiri yönetimi sistemlerinin kullanılması pazarın bölümlenmesi, fiyat yönetimi, talep tahminleme, kapasite yönetimi, rezervasyon pazarlıkları gibi olanaklar tanımakta ve faaliyetlerin daha başarılı şekilde yürütülmesini sağlamaktadır (Barlow, 2002: 206-210).

Havayolu işletmelerinde getiri yönetimi kavramı 1970'lerin sonlarından itibaren önem kazanmaya başlamıştır. Havayolu işletmelerini kamu müdahalelerinden arındırma girişimleri, 1991 Körfez Savaşı'nın turizm sektörü üzerindeki olumsuz etkileri, düşük maliyetli havayolu işletmelerinin ortaya çıkışı getiri yönetimini gerekli kılarken, bilgisayarlı rezervasyon sistemleri ve global dağıtım sistemlerinin yaygın kullanımı, kapasite ve talebin gerçek zamanlı olarak izlenmesini etkin yönetimini sağlamaktadır. Bilgisayarlı getiri yönetimi sistemlerinin ortaya çıkışı, turizm işletmelerine gelirlerini en üst düzeye çıkarabilmeleri için getiri yönetimi uygulanmalarından geniş ölçüde yararlanabilme olanağı sunmaktadır (Johns, 2002: 144-147).

Bilgisayarlı rezervasyon sistemleri büyük havayolu işletmeleri tarafından oluşturulup 1970'lerden beri uçuş rezervasyonlarının gerçekleştirilmesi için kullanılırken, zaman içinde hava taşımacılığı ile ilgili diğer hizmetleri de sunacak şekilde geliştirilmiştir (Uluslararası Çalışma Örgütü - ILO, 2001: 27).

2.2.1.2. Konaklama İşletmelerinde Bilgi Teknolojileri

Konaklama işletmelerinde ilk bilgisayar kullanımı 1963 yılında New York'taki Hilton otelinde gerçekleştirilmiştir. Konuk odalarının yönetimi için bir yazılım içeren IBM marka mini bilgisayarın sunduğu teknolojik olanaklar yetersiz kalıp işlerin gecikmesine neden olduğundan, bu sistem kurulumundan kısa bir süre sonra kaldırılmıştır. Ancak 1970'lere gelindiğinde uygun sistemler oluşturulmuş ve önce ABD'deki büyük otellerde kullanılmış, ardından da tüm dünyaya yayılmıştır (Sheldon, 1997: 110).

Bilgi teknolojilerinin konaklama işletmelerindeki kullanımında iki belirleyici etken bulunmaktadır: Konaklama işletmesinin müşteri profili ve faaliyetlerinin karmaşıklığı. Konaklama işletmelerinde müşterilerin deneyimlerinin bilgi teknolojilerinden ne şekilde etkileneceği uygun otomasyon düzeyinin belirlenmesinde önemli olmaktadır. İş seyahatlerine çıkanlar hizmetin etkinliğine ve hızına önem vermekte ve konaklama işletmelerinde teknoloji kullanımını desteklemektedirler. Turistik tüketicilerin bir bölümü ise, teknolojinin -örneğin otel odasında televizyon bulunmasının bile-, tatil deneyimlerini bozmayacağı konaklama işletmelerini seçmektedirler. Konaklama işletmesinde faaliyetlerin karmaşıklığı da bilgi teknolojileri uygulamaları üzerinde etkilidir. Birçok farklı bölümden oluşan büyük konaklama işletmeleri, bilgi teknolojileri uygulamalarından daha fazla yararlanmaktadır. Konaklama işletmesinde faaliyetlerin çeşitliliği büyük miktarlarda bilginin işlenmesini, iletilmesini ve saklanmasını gerektirmektedir (Sheldon, 1997: 110).

Turizm sektöründe bilgi ve iletişim teknolojileri sistemi, bilgisayarlı rezervasyon sistemleri, telekonferans sistemleri, videotekst, elektronik broşürler, bilgisayarlar, yönetim bilgi sistemleri, elektronik fon transfer sistemleri, dijital telefon ağları, havayolu elektronik bilgi sistemleri, akıllı kartlar, uydu yazıcıları ve uzaktan mobil iletişim sistemlerinden oluşmakta ve bu sistemin her bir parçası diğerleri ile bağlantılı çalışmaktadır. Turizm sektöründe kullanılan bilgi teknolojileri sistemleri konaklama işletmelerine faaliyetlerini bütünleştirme (örneğin, ön büro, arka plandaki faaliyetler ve yiyecek-içecek bölümü faaliyetleri) olanağı sunmaktadır. Konaklama işletmelerinde kullanılan işletme yönetim sistemleri dijital telefon ağları ile bütünleştirilmekte ve bu sistemler, seyahat acentalarının bilgisayarlı rezervasyon terminalleri aracılığı ile ulaşabildikleri otel rezervasyon sistemlerinin bağlantı temelini oluşturmaktadır (Uluslararası Çalışma Örgütü - ILO, 2001: 19).

Bilgi teknolojilerindeki hızlı gelişmelerden önce bir otel, pazarlama sistemleri, envanter sistemleri, satış noktası sistemleri, yiyecek – içecek bölümü sistemleri, kalite sistemleri ve ofis sistemleri gibi otelin ayrı bölümleri için ayrı bilgi işlem sistemleri ve örgütsel kanallar kurmak zorunda kalmaktaydı. Bilgi teknolojilerindeki gelişmeler otellere hizmetlerini, bütünleşmiş ve değişikliklere kolayca uyum sağlayabilen bir sistem yaklaşımı içinde, otel müşterilerini sistemin farklı birimleri ile ayrı ayrı bağlantıya geçmek durumunda bırakmadan sunma olanağı vermektedir (Tapscott, 1998: 171-172).

Günümüzde konaklama işletmeleri müşteri kayıtlarını bilgisayarlarda tutmakta, oluşturdukları veri tabanları ile rezervasyon işlemlerini kolaylaştırmaktadırlar. Bu tür verilerin bilgi teknolojilerinden yararlanılarak kaydedilmesi zaman kazandırmakta ve gerekli bilgilere kolaylıkla ulaşılabilmesini sağlamaktadır (Harrison, 2003: 143).

Bilgi teknolojilerinin bilgi depolama, işleme ve dağıtımı konularında sunduğu olanaklar konaklama işletmelerinin etkinliği ve verimliliğini arttırmaktadır. Konaklama işletmelerinde bilgi teknolojileri sayesinde birçok işin elektronik ortamda kısa sürede yapılabilmesi ile çalışanlar müşterilere daha iyi hizmet sunabilmektedirler. Böylece konaklama işletmelerinin müşterilerine sundukları hizmetin kalitesi de yükselmektedir (Poon, 1996: 194).

Konaklama işletmelerinde bilgi teknolojileri sekiz temel faaliyet alanında kullanılmaktadır (Poon, 1996: 194-199):

- Pazarlama, dağıtım, rezervasyon ve satışlar
  - Rezervasyonlar
  - Getiri yönetimi
  - Pazarlama karması
  - Satış planlama ve kontrol
  - Tur operatörü analizi
  - Satış gücü yönetimi
  - Doğrudan pazarlama
- İletişim
  - Rezervasyon sistemleri
  - Müşteri aramaları muhasebe sistemleri (Call accounting systems)
  - En düşük maliyet yöntemleri
  - Uydu iletişim ağları
  - Görüntü iletişimi
  - Telekonferans
  - Video broşürler
  - Videotekst

- Müşteri hesapları
    - Müşteri kayıt ve çıkış işlemleri
    - Satış noktaları
    - İptal raporları
    - Otomatik faturalama
    - Beklenen müşteri giriş ve çıkışları
    - Depozito listeleri
    - Boş oda kayıtları
- Oda yönetimi
    - Oda durumları
    - Müşteri giriş ve çıkışları
    - Kat yönetimi görev belirlemeleri
    - Otomatik uyandırma hizmetleri
    - Mesaj iletimi
- Arka plan
    - Kayıtlar
    - Bordrolama
    - Satın alma
    - Stok kontrolü
    - Yönetim raporları
- Yiyecek-içecek kontrolü
    - Satın alma
    - Stoklar
    - Satış tahminleri
    - Menü planlama
    - Kalite kontrolü
    - Maliyet belirleme
- Enerji yönetimi
    - Otomatik zamanlayıcılar
    - Doluluk algılayıcıları
    - Isı yalıtımı
    - Enerji talep kontrolörleri
    - Ultrasonik sıcaklık kontrolleri
    - Enerji yükü dağıtıcıları
- Güvenlik
    - Otomatik yangın kontrolleri
    - Duman detektörleri
    - Elektronik kilitler
    - Elektronik güvenlik sistemleri

Büyük konaklama işletmeleri stok yönetim sistemlerini kullanırlarken, zincir otel işletmeleri 1970'lerin başından itibaren zincir içindeki tüm otelleri kapsayan sistemler kullanmaya başlamışlardır. Bu sistemler otel işletmelerinde yönetimin yanı sıra bilgisayarlı rezervasyon sistemleri ve global dağıtım sistemleri yolu ile elektronik dağıtımı da sağlamaktadır. İşletme Yönetim Sistemleri (Property Management Systems – PMSs), ön büro, satışlar, planlama ve yönetim işlevlerini kolaylaştırmak için kullanılmaktadır. Bu sistem tüm rezervasyonların, fiyatların, doluluk oranlarının ve rezervasyon iptallerinin yer aldığı bir veri tabanı oluşturulması ve otelin stoklarının yönetilmesi ile yürütülmektedir (Buhalis, 2003: 222).

Konaklama işletmelerinde kullanılan İşletme Yönetim Sistemleri ve bilgisayarlı rezervasyon sistemlerinin işlevleri şu şekilde sıralanabilir (Buhalis, 2003: 222-223):

- Kapasite yönetimi ve getiri yönetimi uygulamalarının etkinliğini arttırmak,
- Merkezi oda stok kontrollerini kolaylaştırmak,
- En son oda bilgilerine ulaşmak,
- Getiri yönetimi uygulamalarını geliştirmek,
- Yönetsel uygulamalara yönelik veri tabanı erişimlerini daha iyi hale getirmek,
- Pazarlama, satış ve faaliyet raporlarına yardımcı olmak,
- Pazarlama araştırmalarını ve planlamayı kolaylaştırmak,
- Seyahat acentalarının izlenmesini ve komisyon ödemelerini sağlamak,
- Otel müşterilerinin konaklama sıklıklarını izlemek,
- Sürekli gelen otel müşterileri için doğrudan pazarlama uygulamaları geliştirmek ve kişiselleştirilmiş hizmetler sunmak,
- Grup rezervasyonlarını ve sık gelen bireysel müşterileri (Frequent Individual Travellers – FITs) arttırmak.

Konaklama işletmeleri getiri yönetimi (ya da oda gelirleri yönetimi) uygulamalarını havayolu işletmelerinden uyarlamış olsalar da sundukları hizmet yapı bakımından havayolu işletmelerininkinden farklı olduğundan, uygulamada farklılıklar görülmektedir. Havayolu işletmelerinde müşteriler belirli bir uçuş için koltuk rezervasyonu yaparlarken, konaklama işletmelerinde müşteriler bir ya da birkaç gece için oda rezervasyonu yapmaktadırlar. Konaklama işletmelerinde rezervasyonlar, talebin ve buna bağlı olarak oda fiyatlarının düşük ya da yüksek olduğu zaman dilimlerine yayılmaktadır. Konaklama işletmeleri için getiri yönetimi, pazar dilimlerinin kârlılıklarının tanımlanması ile kârlılığın en üst düzeye çıkarılmasını, değer yaratmayı, fiyatları belirlemeyi, indirim yapmayı, rezervasyon sürecini iyileştirerek uygulamaları geliştirmeyi ve bu uygulamaların etkinliğini izlemeyi sağlayan bir sistem olarak tanımlanmaktadır (Jones, 2002: 87-88).

Konaklama işletmelerinde bilgi teknolojilerinin kullanımını, müşteri hizmetlerinin kalitesinin arttırılması, faaliyetlerin geliştirilmesi, gelirlerin yükseltilmesi ve maliyetlerin azaltılması gibi istekler yönlendirmektedir (Siguaw, Enz ve Namasivayam vd., 2000: 192).

Konaklama işletmelerinde elektronik dağıtım ağlarının önemi giderek artmaktadır. Elektronik dağıtım seçeneklerinin artması otel rezervasyonlarının çok sayıda farklı kaynak aracılığı ile yapılmasına olanak tanımaktadır. Bunlar arasında doğrudan otel rezervasyonu yapılması, otel zincirlerinin merkezi rezervasyon sistemlerinden yararlanılması, bağımsız rezervasyon acentaları, otel temsilcileri ve konsorsiyum grupları, bilgisayarlı rezervasyon sistemleri ve global dağıtım sistemleri, internet ve destinasyon yönetim sistemleri yer almaktadır. Konaklama işletmeleri seyahat acentalarına bağlı global dağıtım sistemlerini yoğun biçimde kullanıyor olsalar da, turistik tüketicilerin interneti ve elektronik ticareti benimsemeleri, oda satışlarının dağıtımını bu yöne kaydırmaktadır (O'Connor, 2003: 88; Buhalis, 2003: 223). Konaklama işletmelerinde kullanılan bilgisayarlı rezervasyon sistemlerine örnekler ve işlevleri aşağıdaki tabloda (Tablo 9) verilmektedir.

Tablo 9: Konaklama İşletmelerinde Kullanılan Bilgisayarlı Rezervasyon Sistemleri ve İşlevleri

Otel İçindeki Bilgisayarlı Rezervasyon Sistemleri (CRS) ve İşletme Yönetim Sistemleri (PMS) Örnek: Micros/Fidelio OPERA	Bu sistemler, bağımsız bir otelin stok kontrollerini ve rezervasyon işlemlerini kolaylaştırmak için kullanılmaktadır.
Otel zincirlerinin Merkezi Rezervasyon Sistemleri Örnek: Global (Intercontinental)	Otel zincirleri tarafından yönetilen bu sistemler amacı zincirde yer alan otellerin gelirlerini arttırmak, zincirdeki tüm otellerin rezervasyonlarını merkezi rezervasyon ofislerinden yürütmek, global dağıtım sistemleri ve internet yoluyla otel odalarının dağıtımını gerçekleştirmektir.
Bağımsız Rezervasyon Sistemleri Örnek: Utell	Temsilcilik sistemleri küçük ve bağımsız otellerin ya da zincir otellerin kendi sistemleri aracılığı ile global dağıtım sistemlerine ve internete bağlanmalarını sağlamaktadır.
Stratejik Birlikler ve Konsorsiyumlar Örnek: STAR (Best Western)	Temsilcilik sistemleri konsorsiyum üyelerinin stoklarının dağıtımını merkezi olarak konsorsiyumun bilgisayarlı rezervasyon ofislerinden, global dağıtım sistemlerinden ve internetten yapabilmelerini sağlamaktadır.

Kaynak: (Buhalis, 2003: 223)

2.2.1.3. Aracı İşletmelerde Bilgi Teknolojileri

Turizm sektöründe aracı işletmeler turistik ürünü tüketicilere ulaştıran işletmelerdir (Sheldon, 1997: 42). Turizm sektörü içinde çok sayıda farklı aracı işletme yer almaktadır: Seyahat acentaları, tur operatörleri, otel satış temsilcileri, ortak sisteme dahil işletmeler, birlikler, teşvik seyahati planlamacıları, toplantı büroları ve toplantı organizatörleri, işletmelerin seyahat yöneticiler, uzman hizmet sağlayıcılar, havayolu işletmeleri, otomobilcilik kuruluşları, otomobil kiralama işletmeleri, turizm enformasyon büroları gibi (İçöz, 2001: 362-372).

Turizm sektöründeki aracı işletmeler bilgiyi yoğun biçimde kullandıklarından bilgiyi işlemek için bilgi teknolojilerine gereksinim duymaktadırlar. Turistik ürünler, destinasyonlar, tarifeler, fiyatlar ve bulunabilirlik üzerine bilgiler aracı işletmelerin varlıklarını sürdürebilmeleri ve faaliyetlerini etkin biçimde yürütebilmeleri açısından çok önemlidir. Aracı işletmeler elektronik olarak ne kadar çok bilgiye erişebilirlerse, müşterilerine o ölçüde zamanında, güncel ve etkin hizmet sunabilmektedirler. Aracı işletmelerde bilgi teknolojileri uygulamaları etkinliği, verimliliği ve pazara erişim olanaklarını arttırmaktadır (Sheldon, 1997: 42).

Turizm sektöründe en yaygın aracı işletmeler olan seyahat acentaları, çokuluslu ve farklı alanlarda hizmet veren büyük acentalardan küçük ve bağımsız olanlara kadar farklı büyüklükte ve yapıdadır (Sheldon, 1997: 43). Seyahat acentaları bilgi teknolojilerini üç alanda kullanmaktadır (Poon, 1996: 190-191):

- Önbüro otomasyon sistemleri: Önbüro otomasyon sistemleri satış onayları ve turistik ürünlerin elektronik satışı için kullanılmaktadır.
- Arka plan otomasyon sistemleri: Arka plan otomasyon sistemleri, seyahat acentaları tarafından bilgi toplama, saklama, analiz ve pazarlama faaliyetleri için kullanılan bilgisayar programlarını içermektedir. Bu sistemlere muhasebe sistemleri, işletmeler için rapor hazırlamaya yarayan programlar, seyahat acentasının örgüt-içi faaliyetlerini (çalışanların verimliliği, komisyon izleme, kârlı ürünleri belirleme vb.) izlemek için kullanılan programlar, veri tabanı yönetimi ve etkin pazarlama için müşterilerin seyahat alışkanlıklarının izlenmesini sağlayan yazılımlar da dahildir.
- Orta kademe otomasyon sistemleri: Bu sistemler turistik tüketicilere rezervasyon anından seyahate çıkış anına kadar verilen hizmetleri ve kalite kontrolü konularını içermektedir. Bu grupta yer alan sistemlerden biri sık sık bilgisayarlı rezervasyon sistemini sorgulayarak daha uygun fiyatlar ile uçuş olanaklarını ve yedek yolcu listelerini tarayarak müşteriye yer bulunup bulunmadığını araştırmaktadır. Kalite kontrol sistemleri yapılan rezervasyonun doğruluğunu, müşterinin belirlediği tarihlere uyup uymadığını denetlemekte, rezervasyon kayıtlarının seyahat acentasının muhasebe biriminin istediği tüm bilgileri içerip içermediğini ve rezervasyonun müşterinin istek ve beklentilerini karşılayıp karşılamadığını kontrol etmektedir.

Tur operatörleri turistik ürünlerin paket halinde satışını doğrudan ya da perakendeci bir aracı işletme kanalı ile yapan toptancı işletmelerdir (Sheldon, 1997: 60; Buhalis, 2003: 242). 1980'lerin başında tur operatörleri bilgi teknolojilerine yatırım yapmaları ve daha etkin dağıtım yöntemleri kullanmaya başlamaları gerektiğinin farkına varmışlardır. Tur operatörleri verimliliklerini arttırmak, yönetim sistemlerini iyileştirmek, telefon operatörlerinin işgücü maliyetlerini düşürmek, hem tüketicilere hem de acentalara daha iyi hizmet sunabilmek için teknolojiye dayalı bir dönüşüme girmişlerdir. Geliştirilen videotekst sistemleri İngiltere'den (Prestel) başlayarak Almanya'da (Bildschirmtext) ve Fransa'da

(Minitel) tur operatörlerinin seyahat acentaları ile doğrudan iletişimini sağlamıştır (Buhalis, 2003: 243; Inkpen, 1998: 283). İngiltere'de Thomson kendi özel veri görüntüleme sistemini (Thomson Açık-Hat Programı – Thomson Open-line Programme) oluşturan ilk tur operatörüdür. Thomson, 1982'de videotekst sistemi kullanmaya başlamış ve en geniş özel videotekst sistemini kurmuştur. 1986'da ise, seyahat acentaları ile rezervasyon işlemlerinin tamamını etkileşimli videotekst yolu ile gerçekleştiren ilk seyahat acentası olmuş, telefon yolu ile rezervasyon işlemlerini ortadan kaldırmıştır. Bunun sonucunda bilgi teknolojilerine yatırım yapmayan seyahat acentaları Thomson ile iş yapamamaya başlamışlardır (Poon, 1996: 193).

Tur operatörleri turizm pazarındaki işlevleri nedeniyle konaklama ve ulaştırma işletmeleri de dahil olmak üzere tüm turizm işletmeleri, seyahat acentaları ve müşterileri ile karşılıklı iletişim içinde olmak zorundadırlar. Bilgi teknolojileri tur operatörlerinin yüklendikleri görevleri yerine getirmelerinde önemli bir rol oynamaktadır. İnternet, intranet ve ekstranet uygulamalarının ortaya çıkışı, tur operatörlerine önemli olanaklar sunmaktadır. İntranetler sayesinde tur operatörleri işletme içinde faaliyetlerinin eşgüdümünü ve etkinliğini sağlamaktadırlar. Bilgisayar destekli sistemler kullanılarak seyahat acentalarının, pazar hedeflerinin, bölgelerin, havaalanlarının, diğer işletmelerin, destinasyonların, çalışanların, tatil köylerinin vb. performanslarının ölçülmesi tur operatörlerinin etkinliğini arttırmakta, sorunların sistematik çözümünü sağlamakta ve yüksek performansın ödüllendirilebilmesine olanak vermektedir. Bu tür bilgiler uzun dönemli stratejik karar alma sürecinin temelini oluşturmaktadır. Bilginin zamanında ve düzenli akışının sağlanması, tur operatörlerinin faaliyetlerinin uyumunu, turistik hizmet sağlayıcıların turistik tüketicilerin gereksinimlerini karşılayabilmelerini ve olası sorunları çözebilmelerini sağlamaktadır. Tur operatörü çalışanlarının yönetim bürosu ile ya da işletmenin diğer birimleri ile etkin iletişimi, tur operatörünün performansı, diğer işletmeler ile ilişkileri ve müşteri memnuniyetinin sağlanması üzerinde etkili olmaktadır (Buhalis, 2003: 244-246).

Ekstranet sistemleri, tur operatörleri, seyahat acentaları, konaklama işletmeleri ve diğer turistik hizmet sağlayıcılar arasında iletişimi olanaklı kılmaktadır. İşlemlerin elektronik olarak gerçekleştirilmesi, tur operatörlerinin ve seyahat acentalarının tedarikçiler ve müşteriler ile ilişkilerini dijital ortamdan yürütmelerini ve tüm rutin işlemlerin otomatik uygulamalar biçiminde yapılabilmesini sağlamaktadır (Buhalis, 2003: 246).

2.2.1.4. Ulaştırma İşletmelerinde Bilgi Teknolojileri

Ulaştırma, turizm sektörü altyapısının önemli bir parçasıdır. Ulaştırma araçları turistik tüketicilere bir yerden bir yere gitme olanağı sunmalarının yanı sıra bazen de, kruvaziyerler ya da özel tren gezileri gibi, doğrudan turizm deneyimi sunmaktadırlar. Değişik alanlarda hizmet sunan farklı büyüklük ve yapıdaki ulaştırma işletmeleri, havayolu işletmeleri kadar olmasa da, faaliyetlerinde bilgi teknolojilerinden yararlanmaktadırlar. Turist sayısındaki artış, karayolu, demiryolu ve denizyolu ulaşımlarının etkin yönetimini gerekli kılmaktadır.

Tablo 10: Akıllı Ulaştırma Sistemleri

Sistem / İşleyişi ve İşlevi	Turizm Sektörüne Etkileri
• **Yol Rehberlik Sistemleri** Sürücülere sürüş halindeyken en uygun rotayı belirlemede yardımcı olmak üzere tasarlanmıştır. • Araç içindeki bilgisayar yardımı ile Coğrafi Bilgi Sistemi veri tabanına bağlanarak seçilen bölge ile ilgili grafik verilere ve haritalara ulaşılmaktadır. • Veri tabanından gelen bilgiler araç bilgisayarına uydu aracılığı ile aktarılmaktadır.	• Sürücüler belirli bir bölgedeki adresler ile ilgili yol tarifi alabilmektedir. • Ses desteği sayesinde sürücü dönüşlerde uyarılabilmekte, yanlış yola sapılması durumunda sistem yeni bir rota belirlemektedir. • Bilgisayar kolay erişim için sık kullanılan çok sayıda yol tarifini saklayabilmektedir. • Bir yeri iyi tanımayan turistler için bu sistemler kolaylık sağlamakta, gecikmeleri ve olası kazaları önlemektedir. • Bu sistemler bazı oto kiralama işletmeleri tarafından kullanılmaktadır. • Taksilerde ve tur otobüslerinde en uygun (hızlı ya da manzaralı) gidiş yollarının saptanması için bu sistemler kullanılmaktadır.
Sürücü Bilgi Sistemleri • Araç içindeki bilgisayar sistemleri ile sürücülere yol koşulları hakkında gerçek-zamanlı bilgiler sunulması için tasarlanmıştır. • Bu konuda bilgiler video kameralar ve diğer izleme aygıtları tarafından merkezi izleme noktasına aktarılmakta, oradan da uydu iletişimi ya da diğer iletişim araçları aracılığı ile araçlara iletilmektedir.	• Bu sistemler trafik sıkışıklığı yaşanan caddeler, trafik kazaları ve park yerleri hakkında ayrıntılı bilgi sunmaktadır. • Bu sistemler sayesinde turistler yolculuklarını kolaylaştıracak yol ve trafik bilgilerine ulaşabilmektedirler. • Araç içinde yer alan sürücü bilgi sistemleri, sürücülere aracın durumu (hız, dönüş sinyallerinin durumu, farlar, yakıt, su ve yağ göstergeleri) hakkında bilgi vererek güvenli sürüş olanağı sağlamaktadır. Oto kiralama şirketi Avis araç ile ilgili durum göstergelerini, sürücülerin dikkatleri dağılmadan izlemelerini ve sürüş güvenliğini sağlamak için aracın ön camına yerleştirmiştir.
Otomatik Araç Yer Belirleme Sistemleri • Bir aracın yerinin belirlenebilmesi için tasarlanmıştır. • Araçtaki algılayıcılar aracın yerinin belirlenebilmesi için Global Konumlandırma Sistemi ile iletişim halindedir.	• Avustralya'da radyo dalgaları yolu ile taksi ve otobüslerin yerlerini belirleyen sistem araçların konumları tam olarak belirlemekte ve yolcuların bekleme ve yolculuk sürelerini ile varış zamanlarını saptamalarını sağlamaktadır. • Toplu taşıma araçlarında bulunan yer belirleme sistemleri sayesinde yolcular gidecekleri yere varış zamanlarını öğrenirken, terminallerdeki göstergelerden de araçların ne zaman geleceğini izleyebilmektedirler. • Bu sistemler ve araçlardaki cep telefonları, turistlerin araçlarında ortaya çıkan sorunların, turistlere yönelik suçların ve hava koşullarından kaynaklanan sorunların kısa sürede ele alınmasına olanak vererek turist güvenliğini sağlamaktadır. • Doğa sporları yapan turistlerin güvenlikleri taşınabilir GPS aygıtları ve cep telefonları sayesinde artmaktadır.
Merkezi Taşıt Yönetim Sistemleri • Otobüs ve taksi şirketlerinin araçlarını yönetmelerini kolaylaştırmak için tasarlanmış bir sistemler bütünüdür. • Otomatik Araç Yer Belirleme Sistemleri şirkete ait araçların yerini belirlerken, Yol Rehberlik Sistemleri sürücülere yol yardımı sağlamakta, araç kullanımını en etkin düzeye taşıdığından gelirleri arttırmaktadır.	• Bilgisayar destekli sistemler, araç ve yolcu bağlantısını hızlandırarak araçların ve sürücülerin verimli değerlendirilmelerini ve müşteri hizmetlerinin iyileştirilmesini sağlamaktadır. • Araçlarda bulunan yolcu sayaçları, belirli otobüs seferlerindeki yolcu hacminin belirlenmesine olanak vererek işletmelerin faaliyetlerinin etkinliğini arttıracak bilgilere ulaşmalarını sağlamaktadır.
Otomatik Trafik Yönetim Sistemleri • Otomatik Araç Yer Belirleme Sistemleri, Otomatik Geçiş Sistemleri, elektronik mesaj panoları gibi farklı teknolojilerden yararlanılarak yol trafiğinin yönetilebilmesi için tasarlanmıştır. • Veriler, trafik akışını izleyen kapalı devre TV sistemleri ya da yol kenarındaki akıllı algılama aygıtları tarafından iletilmektedir.	• Bu sistemler sürücülere yol durumu, trafik sıkışıklıkları, gecikmeler, yol çalışmaları, trafik kazaları ve yol durumuna göre önerilen hız limitleri hakkında bilgi vermektedir. • Bu sistemler sayesinde, toplu taşıma araçları kavşaklara vardığında otomatik yeşil ışık yanması sağlanarak, toplu taşımanın hızlanması sağlanmaktadır. • Bu sistemlerin kullanıldığı yerlerde trafik güvenliği artmakta ve trafik sıkışıklıkları azalmaktadır.

Kaynak: (Sheldon, 1997: 71-76'dan uyarlanmıştır.)

Turist sayısındaki artış karayolu ulaşımında trafik sıkışıklığına, gecikmelere ve kazalara yol açmaktadır. Turistik bölgelerde ortaya çıkan yoğunluk, kendi aracı ile seyahat eden turistlerin tanımadıkları çevrelerde yol bulmalarını güçleştirmektedir. Bu sorunların çözümü kamu sektörünün stratejik planlama düzeyinde teknoloji destekli ulaştırma sistemlerine yatırım yapması ile gerçekleşebilmektedir (Sheldon, 1997: 70-71).

Karayolu ulaşımında bilgi teknolojileri destekli yönetim uygulamalarının gerçekleştirilebilmesi ve sürücülere yol bilgileri sunulabilmesi için Akıllı Ulaştırma Sistemleri (Intelligent Transportation Systems – ITSs) olarak adlandırılan sistemler geliştirilmiştir. Birçok farklı teknolojiyi içeren Akıllı Ulaştırma Sistemleri'nin turizm sektörü ile yakından ilgili uygulamaları; yol rehberlik sistemleri, sürücü bilgi sistemleri, otomatik araç yer belirleme sistemleri, merkezi taşıt yönetim sistemleri ve otomatik trafik yönetim sistemleridir (Sheldon, 1997: 70-71). Bu sistemlerin işlevleri, işleyişleri ve turizm sektörüne etkileri yukarıdaki tabloda (Tablo 10) özetlenmektedir.

Otomobil kiralama işletmeleri yol rehberlik sistemleri ve otomatik araç yer belirleme sistemlerinin yanında, işletmelerin yönetimi ve pazarlama faaliyetlerinde de bilgi teknolojilerinden yararlanmaktadırlar. Büyük otomobil kiralama işletmeleri geniş alana yayılmış bürolara ve araçlara sahip olduklarından (bazıları uluslararası), havayolu işletmeleri gibi bilgisayarlı rezervasyon ağlarına gereksinim duymaktadırlar (Sheldon, 1997: 77).

Otomobil kiralama alanında faaliyet gösteren birçok zincir işletme, müşteri rezervasyonları, oto kiralama sözleşmeleri ve otomobil stokları bilgilerini içeren veri tabanının bulunduğu bir merkezi bilgisayar sistemine sahiptirler. Bazı işletmeler kendi bilgi sistemlerine sahipken, bir bölüm oto kiralama işletmesi kendi sistemlerini kurmayıp, var olan sistemlerden yararlanmaktadırlar (Sheldon, 1997: 77).

Otomobil kiralama işletmelerinde müşteri rezervasyon veritabanları müşteri bilgilerini saklamakta, getiri yönetimi sistemleri ise, havayolu işletmelerindekine benzer şekilde talebe bağlı olarak farklı fiyatlar verilmesini sağlamaktadır. Sık kullanıcılara ait verilerin saklandığı veritabanları, bu türden müşterilere daha özel hizmet sunulması ve rezervasyon işlemlerinin hızlandırılması için kullanılmaktadır. Otomobil kiralama işletmelerinin bilgisayarlı rezervasyon işletmeleri global dağıtım sistemlerine bağlanarak seyahat acentalarına kısa sürede otomobil rezervasyonu yapma ve sonucunu alma olanağı sunmaktadır. Avis, uçak kalkış saatlerinin tutulduğu bir veritabanı ile müşterilerine uçuşlarının saatlerini bildirebilmektedir. İnternet sayesinde otomobil kiralama işletmeleri tüketicilere doğrudan ulaşarak hizmet sunabilmektedirler (Sheldon, 1997: 77-78).

Turizm sektörü için önem taşıyan demiryolu ulaşımında, turistik tüketicilerin seyahat planlarını ve rezervasyonlarını kolaylaştırmak için bilgi teknolojilerinden yararlanılmaktadır. Demiryolu bilgisayarlı rezervasyon sistemleri yolcuların çizelge ve tarife talebini karşılayabilmek için biletin yanı sıra güzergah ve tarife bilgilerini de sunmaktadır. Avrupa'daki bazı demiryolu işletmeleri yolculara tarife bilgilerini CDRom'lara kayıtlı olarak vermekte, bazıları da bu bilgileri internet üzerinden sunmaktadırlar. Global dağıtım sistemlerine bağlı çalışan demiryolu işletmeleri seyahat acentalarına müşterileri için bilet satın alabilme olanağı vermektedir. Elektronik biletler istasyonlardaki otomatik bilet makinelerinden satın alınabilmekte ve yolcuların gereksindiği bilgiler biletin arkasındaki manyetik bantta yer almaktadır. Akıllı taşıma kartları tüketicilere indirim ve kolaylık sağlamaktadır. Elektronik ödeme ve otomatik kontrol sistemleri demiryolu işletmelerinde yolcu hizmetlerini hızlandırmaktadır (Sheldon, 1997: 79-80; Inkpen, 1998: 87-97).

Denizyolu ulaşımı yolcu ve araç taşımacılığı ile kruvaziyer turlarını içermektedir. Kruvaziyer ve feribot işletmeleri bilgisayarlı rezervasyon sistemlerinden yararlanmaktadırlar. Bağımsız kruvaziyer işletmeleri, müşteri ve ürün bilgilerini sakladıkları kendilerine ait bilgisayarlı rezervasyon sistemlerine sahiptirler. Kruvaziyer turları, uçak koltuklarından ve otomobil kiralamadan daha karmaşık bir ürün olduğundan, rezervasyon veritabanlarının daha geniş kapsamlı olması gerekmektedir. Kruvaziyer işletmelerinin bilgisayarlı rezervasyon sistemlerinin çoğu global dağıtım sistemlerine bağlıdır ve seyahat acentalarının erişimine olanak tanımaktadır. Ancak, kruvaziyer turlarının karmaşık yapısı nedeniyle bu alanda elektronik rezervasyon oranı düşüktür. Denizyolu ulaşımında uydu iletişim sistemleri büyük önem taşımaktadır (Sheldon, 1997: 80-81).

2.2.1.5. Destinasyon Yönetim Örgütlerinde Bilgi Teknolojileri

Turizm ürünlerinin bir bileşimi olan destinasyonlar turistik tüketicilere bütünleşmiş bir deneyim sunmaktadır. Geleneksel olarak destinasyonlar, bir ülke, bir ada ya da bir şehir gibi kesin tanımlı coğrafi alanlar olarak kabul edilmektedirler (Buhalis, 2000a: 97). Turistik tüketicilerin seyahat gereksinimlerini karşılayan ve seyahat motivasyonu yaratan destinasyonlar, toplam turistik ürünü ya da seyahat deneyimini yaratan ürünler, tesisler ve hizmetler bütünü olarak kabul edilmektedir. Destinasyonların sahip oldukları çekim kaynakları, turistik tesisler, hizmetler ve soyut ürünler (kültür, sanat, ortam vb.) birlikte destinasyonun imajını ve ürününü oluşturmaktadır (Buhalis, 2003: 280).

Değişik ülkelerden ve uzak mesafelerden gelen turistik tüketiciler destinasyonlar hakkında kapsamlı bilgilere gereksinim duymaktadırlar. İç turizmde de hızlı büyüme görüldüğünden bu pazar da destinasyonlar hakkında bilgi talep etmektedir. Talep yapısındaki değişim daha seçici ve teknolojiden anlayan turistik tüketicilerin bilgi arayışlarını arttırmaktadır. Bilgi teknolojilerindeki gelişmeler ve talebin zorlayıcı etkileri destinasyon yönetim sistemlerini ortaya çıkarmaktadır. Bilgi teknolojileri destinasyonların gelişmesi ve yönetiminde çok önemli bir yere sahiptir. Destinasyonların planlama, yönetim, pazarlama ve eşgüdüm faaliyetleri kamu sektörü tarafından (ulusal, bölgesel ya da yöresel düzeyde) ya da yerel turizm sektöründeki sorumlular ile ortaklıklar kurularak yürütülmektedir. Destinasyon yönetim örgütleri bilgi teknolojilerinin sunduğu fırsatların farkına vararak işlev ve performanslarını arttırmak, pazarlama faaliyetlerini küresel ölçekte sürdürebilmek için bu olanaklardan yararlanmaktadırlar. Destinasyon yönetim sistemleri, kamu sektörü ya da özel sektör örgütleri veya ikisinin birleşimi olan örgütler tarafından yönetilmektedir (Buhalis, 2003: 280, 282).

Turizm sektöründe artan rekabet, turistik destinasyonların etkin bir pazarlama planı ve stratejisi oluşturmasını gerektirmektedir. Turistik tüketicilerin seyahat kararı vermeden önceki bilgi edinme süreçlerinde turistik destinasyon ile ilgili bulabildikleri bilgiler, onların turistik destinasyonun imajı hakkındaki görüşlerini şekillendirmekte ve seçimlerinde etkili olmaktadır (Baloglu ve Mangaloglu, 2001: 1-2).

Bilgi teknolojilerinin turizm sektörü üzerindeki etkileri en belirgin biçimde destinasyon düzeyinde görülmektedir. Destinasyon yönetim örgütlerinin bir bölümü destinasyonlarının tanıtımı, turistik tüketicilere seyahat öncesi ve seyahat sırasında bilgi verilmesi, küçük ve orta büyüklükteki turizm işletmelerine ürünlerini tanıtma fırsatı sunulması, destinasyon yönetim örgütü içindeki yönetsel uygulamaların destinasyon ağ ve tanıtım sistemlerine yayılması işlevlerini gerçekleştirmede internet, intranet ve ekstranet uygulamalarından başarılı şekilde yararlanmaktadırlar (Ma, Buhalis ve Song, 2003: 452).

Destinasyon yönetim sistemleri genellikle kamu turizm örgütleri tarafından geliştirilmektedir. Ulusal turizm örgütleri ile bölgesel ve yerel örgütler destinasyonların pazarlama, tanıtım, reklam, tüketici hizmetleri faaliyetlerini yürütmekte, turizm bürolarını çalıştırmakta, broşürler ve rehberler hazırlayıp dağıtmakta ve destinasyonların stratejik sorumluluğunu üstlenmektedirler. Destinasyon bilgi yönetim sistemleri talepleri kısa zamanda ele alarak, turistik hizmet sağlayıcılara ve turistik tüketicilere etkin ve uygun yollarla bilgi sağlayarak destinasyon yönetimine destek olmaktadır. Bilgi teknolojileri sayesinde destinasyon bilgilerine erişim kolaylaşmakta, destinasyon hakkındaki bilgilerin kalitesi ve miktarı artmakta ve turistik tüketicilerin bilgi arama maliyetleri düşmektedir. Ayrıca bilgi teknolojilerinden yararlanan destinasyonlar veriye dayalı pazarlama yöntemlerini kullanarak hücre pazarlara ulaşabilmekte ve pazarların istekleri doğrultusunda ürünler oluşturabilmektedir (Buhalis, 2003: 282).

Destinasyon yönetim sistemlerinin sağladığı diğer olanaklar şu şekilde sıralanmaktadır (Buhalis, 2003: 283):

- Bilgi taraması (sınıflandırılmış, coğrafi ya da anahtar kelime),
- Turistik tüketiciler için güzergah planlama,
- Rezervasyon,
- Müşteri veritabanı yönetimi,
- Müşteri ilişkileri yönetimi,
- Pazar araştırması ve analizi,
- Basın için fotoğraf arşivi ve halkla ilişkiler materyali,
- Elektronik ve geleneksel kanallardan yayım,
- Etkinlik planlama ve yönetimi,
- Etkili pazarlama ve getiri yönetimi,
- Veri işleme ve yönetimi,
- Finansal yönetim,
- Yönetim bilgi sistemleri ve performans değerleme,
- Ekonomik etki analizi,
- Hava tahminleri, ulaşım tarifeleri, seyahat planlama, etkinlik bilet rezervasyonları gibi hizmetlere erişim.

Destinasyon yönetim sistemleri, destinasyon yönetiminin tüm yönlerini birleştirecek ve yerel düzeyde tüm turizm sektörünü bütünleştirecek şekilde yeniden yapılandırılmış ve bütünleşmiş destinasyon bilgisayarlı rezervasyon yönetim sistemleri oluşturulmuştur. Bu sistemler turizm işletmelerinin ve turistik tüketicilerin tüm gereksinim ve isteklerini karşılayacak hizmetleri sunacak yapıdadır (Buhalis, 1997: 75).

Bilgi teknolojilerinin örgütsel süreçler ile bütünleştirilmesi, destinasyon yönetim örgütlerinin başarısı açısından çok önemlidir. Destinasyon yönetim örgütleri başarılı olabilmek için yeni teknolojilerin gelişimini, yenilikçi reklam stratejilerini, tüketici istek ve beklentilerindeki değişimleri ve küreselleşmenin etkisi ile artan rekabeti yakından izlemek zorundadırlar (Gretzel, Yuan ve Fesenmaier, 2000: 146).

2.2.2. Bilgi Teknolojilerinin Turizm Dağıtım Kanalları Üzerindeki Etkileri

Tarım toplumundan beri üreticiler ürünlerinin pazara ulaştırılmasını sağlayacak en iyi yöntemin arayışı içersindedirler. Günümüzde bu çaba, küresel rekabet, tüketicilerin artan istekleri ve değişen sadakat yapısı ile çeşitlenen dağıtım kanallarını destekleyecek teknolojik gerekliliklerin artışı yüzünden daha fazla önem kazanmıştır. Turizm işletmeleri de ürün ve hizmetlerini daha geniş pazarlara düşük maliyetle ulaştırabilmek için bilgi teknolojilerine yatırım yapmak durumundadırlar (Connolly, 2000: 73). Verimli ve etkili dağıtım kanallarının oluşturulması ve yönetimi işletmelere uzun süreli rekabet avantajı sağlayacak önemli fırsatlar sunmaktadır (Stern ve Weitz, 1997: 823).

Turizm sektörünün dinamik yapısı bilginin turistik tüketiciler, aracılar ve turistik tüketicilerin gereksinimlerini karşılayan turistik hizmet sağlayıcılar arasında düzenli akışını gerektirmektedir. Bilgi teknolojileri turizm sektörü için evrensel bir dağıtım platformu haline gelmiştir. Bilgi teknolojileri işlem maliyetlerini azaltmakta, basım ve dağıtım maliyetlerini en alt düzeye indirmekte, değişikliklere olanak tanımakta, tüketiciler ile karşılıklı iletişimi desteklemekte ve işletmelerin geniş kitlelere ulaşmalarını sağlamaktadır. Bilgi teknolojileri bilginin etkin biçimde yönetilmesine ve tüm dünyaya anında ve eşzamanlı iletilmesine olanak tanımaktadır. Statik medya araçlarından farklı olarak bilgi teknolojilerine dayalı sistemler oda stokları gibi dinamik verileri izlemede etkindir, kapasite sınırlamaları yoktur ve marjinal maliyetleri düşüktür. Bilgi teknolojileri, pazarın küresel yapısı içinde giderek artan bir önem kazanmakta olan daha geniş kitlelere ulaşma olanağı vermektedir (O'Connor, Buhalis ve Frew, 2001: 335).

Bilgi teknolojileri dağıtım kanallarındaki tüm iş süreçlerini yeniden yapılandırarak turistik hizmet sağlayıcıların durumlarını yeniden değerlendirmelerini gerektirmektedir. Dağıtım, turizm işletmelerinin ve turistik destiasyonların rekabet gücü açısından çok önemli bir kavram haline gelmiştir. Uygun dağıtım kanallarının oluşturulması turizm işletmelerinin yöneticilerine turistik tüketiciler ile sıkı bağlar oluşturma, turistik tüketicilerin isteklerini belirleme ve onlara turistik ürünleri rahatça satın alabilecekleri bir ortam sağlama olanakları sunmaktadır. Turizm sektörünün küreselleşmesi sektör içinde gerçekleştirilen işlemler için bilgi gereksinimini arttırdığından, işlemleri gerçekleştirecek yeterli bilgiyi sağlayacak daha etkin iletişim ve dağıtım kanallarını gerektirmektedir. Dağıtım kanalları sağladıkları bilgiler ve işlemleri kolaylaştırma derecelerine bağlı olarak turizm işletmelerinin ve turistik destinasyonların kazanımlarını etkilemektedirler. Dağıtım kanalları hem turistik tüketicilerin davranışları hem de turizm sektörünün turistik tüketicilerin istek ve beklentilerini karşılama düzeyi üzerinde etkili olmaktadır. Bunun sonucunda da turistik hizmet sağlayıcıların ve destinasyonların rekabet gücünü belirlemektedirler (Buhalis, 2001b: 7).

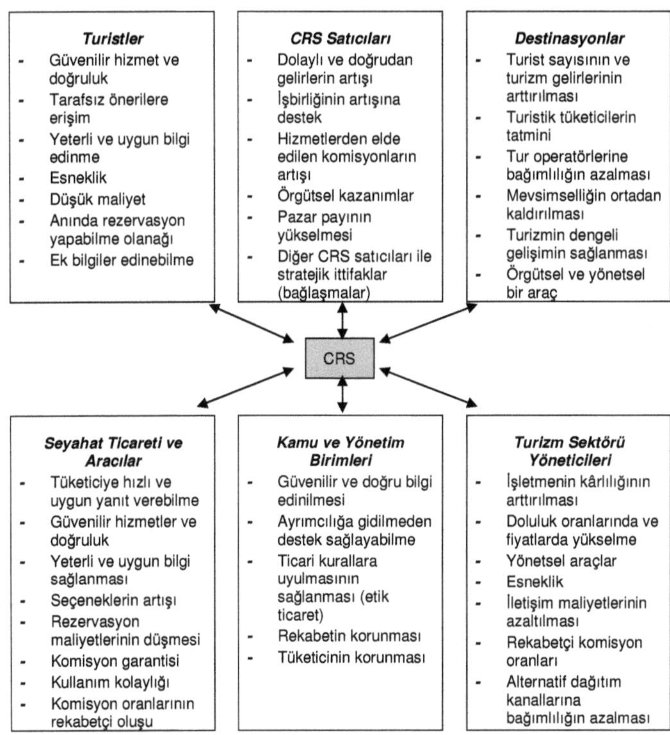

Şekil 7: Bilgisayarlı Rezervasyon Hizmetlerinin (CRS) Gerekliliği ve Etkileri
Kaynak: (Buhalis, 2003: 94)

Turizm sektöründe bilgi teknolojilerinin maliyet azaltıcı etkileri en açık biçimde bilgisayarlı rezervasyon sistemlerinin kullanımında ortaya çıkmaktadır. Bilgisayarlı rezervasyon sistemleri, havayolu işletmeleri ve tüketiciler arasında seyahat acentalarının aracılığı ile bilgi alışverişini sağlayan etkin bir araç olarak görülmektedir. Bilgisayarlı rezervasyon sistemlerinin kullanılması havayolu işletmelerinde rezervasyon maliyetlerini düşürürken verimliliği de yüksek oranda arttırmaktadır (Poon, 1996: 163). Bilgisayarlı rezervasyon sistemlerinin kullanılması ile işlem zamanı azaltılabildiğinden rezervasyon maliyetleri de düşmektedir.

Global dağıtım sistemlerinin turizm sektöründe kullanılması sayesinde turistik hizmet sağlayıcılar rezervasyonların küresel ölçekte dağıtım ve yönetimini gerçekleştirebilmekte, turizm arzı ile tüketici gereksinimlerini bağdaştırabilmektedirler. Küreselleşme, global dağıtım sistemlerinin kullanılmasını destekleyerek büyük sinerjilerin ortaya çıkmasını sağlarken, global dağıtım sistemlerinin kullanılması da turizm sektörünün küreselleşmesini desteklemektedir. Global dağıtım sistemleri turizm pazarında tüm taraflara yüksek kalite ve kârlılık gibi avantajlar sağlamaktadır (Buhalis, 1998a: 413).

Dağıtım ürün çeşitlendirme, getiri yönetimi, ilişkisel pazarlama ve pazarlama yöntemlerinin geliştirilmesi yolları ile maliyetleri düşürerek turizm işletmelerinin rekabet güçlerini etkilemektedir. Bilgi teknolojilerinin dağıtım kanalları üzerinde yol açtığı değişimleri dikkate almayan turizm işletmeleri rekabet güçlerini yitireceklerdir (Buhalis, 2000b: 139).

2.2.3. Bilgi Teknolojilerinin Turizm İşletmelerine Etkileri

Bilgi teknolojilerinin yaygın biçimde kullanılmaya başlanması yeni endüstrilerin doğuşuna, var olan endüstrilerin yeniden yapılanmalarına yol açmakta, işletmelerin ve bölgelerin rekabet yöntemlerini değiştirmektedir. Bilgi teknolojileri birçok ekonomik faaliyette rekabetin yapısını değiştirirken, üreticiler ile tüketicileri birbirlerine bağlamakta ve işletmelerin ürünlerine değer katmaktadır. Sonuç olarak bilgi teknolojileri, faaliyet gösterdiği endüstri koluna, kuruluş yerine ya da büyüklüğüne bakılmaksızın tüm işletmeler için rekabetin kurallarını yeniden oluşturmaktadır (Buhalis, 1998a: 410).

Bilgi ve iletişim teknolojilerinin turizm sektöründe yaygın kullanımının dört temel etkisi görülmektedir (Poon, 1996: 161):

1. Turizm sektöründe bilgi ve iletişim teknolojilerinin kullanımı üretim etkinliğini ve verimliliğini arttırmaktadır.
2. Bilgi ve iletişim teknolojileri sayesinde turistik tüketicilere sunulan hizmetlerin kalitesi artmaktadır.
3. Turizm sektöründe bilgi ve iletişim teknolojilerinin yaygınlaşması yeni hizmetlerin ortaya çıkmasını sağlamaktadır.
4. Bilgi ve iletişim teknolojileri tüm turizm sektöründe işletmeleri yeniden yapılandırmaktadır.

Bilgi teknolojileri turizm sektörünün rekabet yapısında bir dönüşüme yol açarken, turizm işletmelerinin iş yapma ve tüketicilere ulaşma yöntemlerini değiştirmektedir (Connolly ve Olsen, 2001: 74).

Turizm sektöründe bilgi teknolojilerinin yaygın kullanımının sektörün küreselleşmesi ve bilgi ekonomisine uyumunu destekleyici etkileri dört ana başlık altında incelenebilmektedir (Buhalis, 1998a: 414):

- Bilgi teknolojilerinin kullanımının turizm sektöründe maliyet alanında yol açtığı etkiler:
    - Etkinliğin artışı
    - Dağıtım maliyetinin düşmesi
    - Personel maliyetinin düşmesi
    - Atıkların azaltılması
    - Esnek fiyatlandırmanın kolaylaşması
- Bilgi teknolojilerinin turizm sektöründe kullanımının kamu alanında yol açtığı etkiler:
    - Ekonomiyi kamu müdahalelerinden arındırma (deregulation)
    - Liberalleşme
    - Devlet desteği
- Bilgi teknolojilerinin turizm sektöründe kullanımının turizm pazarında yol açtığı etkiler:
    - Karmaşıklaşan talebin tatmini
    - İşlem zamanında esneklik
    - Farklılaştırma ve uzmanlaşmanın desteklenmesi
    - Doğru ve güncel bilgi sunulması
    - Son dakika satışlarının sağlanması
    - Sık kullanıcılara yönelik ilişkisel pazarlama stratejilerinin desteklenmesi
    - Talep değişmelerine hızlı tepkiler
    - Çoklu/bütünleşmiş ürünler
    - Getiri yönetimi
    - Pazarlama araştırması
    - Entelektüel güçlerin birleştirilmesi
- Bilgi teknolojilerinin turizm sektöründe kullanımının rekabet alanında yol açtığı etkiler:
    - Şirketlerin bilgisayar ağlarının yönetimi
    - Değer yaratma gücü
    - Esneklik
    - Bilgi edinme
    - Stratejik araçlar
    - Giriş engeli

Turizm sektöründe üretim küresel yapıda, ölçek ekonomilerinden yararlanılacak biçimde geniş ölçekli gerçekleştiriliyor olsa da, üretimde kapsam ekonomileri (işletmelerin birbiri ile aynı çok sayıda ürün yerine farklı niteliklerine sahip ürünler ortaya koymaları) kavramı önem kazanmaya başlamıştır. Çünkü ölçek ekonomileri artık rekabette başarının garantisi olmamaktadır. Turizm sektöründe üretim, değişen tüketici gereksinimlerini karşılayacak biçimde daha esnek hale gelmiştir. Esnek üretim, bilgi teknolojilerinin turizm sektöründe daha hızlı yaygınlaşmasını sağlamaktadır. Tüketicilerin beklentilerine uygun biçimde tasarlanmış hizmetlerin geniş ölçekli üretimi ve satışı olarak tanımlanabilecek kitlesel uyarlama (mass customization) kavramı, turistik hizmet sağlayıcıların turistik tüketicilerin değişen istek ve beklentilerine uygun, esnek yapıda turistik ürünleri pazara sunmalarına olanak vermektedir. Bu, turistik hizmet sağlayıcılara yeni turistik ürünleri pazara, kitlesel turizm ürünleri ile rekabet edebilecek fiyat düzeyleri ile sunma fırsatı tanımaktadır. Kruvaziyer turizmi kitlesel uyarlamaya iyi bir örnek olarak gösterilmektedir. Kruvaziyer turizmi, farklı nitelikteki turistik tüketici gruplarına esnek güzergahlar ve değişik etkinlikler ile büyük yolcu gemilerinde hizmet sunmaktadır (Poon, 1996: 86, 94).

Aşağıdaki şekilde (Şekil 8), bilgi teknolojilerinin turizm sektörü üretim sistemi içinde kullanım alanları ve bu kullanımın turizm sektöründe yol açtığı etkiler verilmektedir.

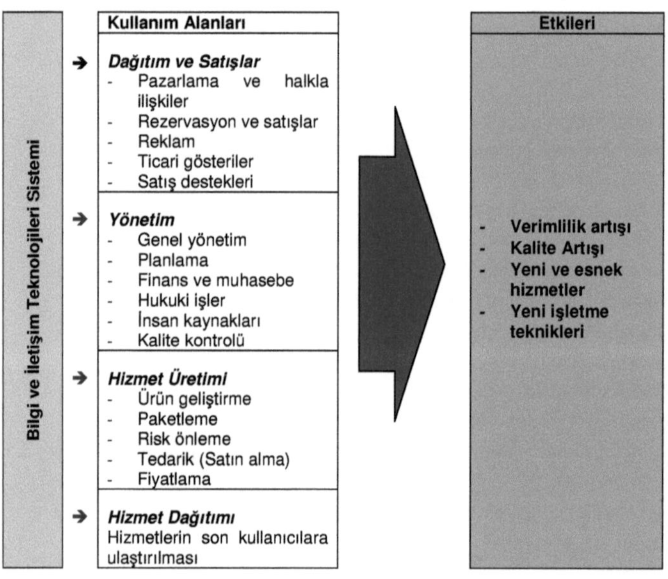

Şekil 8: Turizm Sektörünün Üretim Sisteminde Bilgi Teknolojilerinin Etkileri
Kaynak: (Poon, 1996: 162)

2.2.3.1. Bilgi Teknolojileri ve Turizm İşletmelerinin Rekabet Gücü

1990'lı yıllarda bilgi teknolojilerindeki hızlı gelişmeler küresel ekonomi ile büyüklükleri, ürünleri ve coğrafi konumları ne olursa olsun tüm işletmelerde devrimsel değişimlere yol açmıştır. Makroekonomik açıdan bilgi teknolojileri bölgesel gelişme ve refahın aracı olarak görülmeye başlanmıştır. Günümüzde bölgelerin ve işletmelerin rekabet gücü bilgi toplumuna ve bilgiye dayalı ekonomik güçlere bağlı bulunmaktadır. Bölgesel ekonomilerin ve işletmelerin rekabet gücü, bilgi teknolojilerinin kullanım koşulları ile bu teknolojilerin gelişimine ve uygulanmasına bağlıdır (Buhalis, 1998b).

Günümüzde bilgi en önemli rekabet silahı haline gelmiştir. Bir işletmede işletme ve çevresi hakkında ayrıntılı bilgiler, işletme stratejileri için yeni fikirler oluşturmakta ve bu fikirlerin uygulanabilirliğini önceden belirlemekte kullanılabilmektedir. Stratejik analiz işletme yöneticilerine işletmenin zayıf ve güçlü yanları ile başarıları ve başarısızlıklarının ardında yatan nedenler hakkında bilgi sağlamaktadır. Rekabet çevresi üzerine edinilecek bilgiler, rakiplerin, müşterilerin ve birlikte çalışılan işletmelerin işletme faaliyetlerine tepkilerini tahmin etmede işletme yöneticilerine yardımcı olmaktadır. İşletme kaynaklarının ve çevresinin analizi, işletmenin gerçek ve potansiyel rekabet avantajı kaynaklarını belirlemektedir (Harrison, 2003: 140-141). Turizm sektöründe rekabet avantajı sağlayacak etkin yönetim için gerekli bilgi, bilgi ve iletişim teknolojilerinin sağladığı olanaklar sayesinde daha kolay toplanabilmekte, işlenmekte, dağıtılmakta ve saklanabilmektedir.

Geçmişte turizm sektöründe rekabet tam kapasiteli üretim, maliyet azaltma, geniş ölçekli üretim ve fiyat düşürmeye dayalı durumdayken, günümüzde işletmelerin farklılaşma, yenilik yapabilme ve pazar bölümleme yeteneği ile çapraz bütünleşmeye bağlı hale gelmiştir (Poon, 1996: 96).

Turizm sektöründe rekabet, stratejik ve örgütsel değişimleri gerektiren ve ortaya çıkaran bilgi teknolojileri kullanımını yönlendirmektedir. Bilgi teknolojileri kullanımının tüm turizm sektöründe yaygınlaşması ile rekabet daha üst düzeye taşınmakta, bu da bilgi teknolojilerine bağlı yeni gelişmeler ile örgütsel ve stratejik tepkileri getirmektedir (Werthner ve Klein, 1999: 154).

Turizm sektöründe teknoloji, turistik ürünlerin tanımlanması, tanıtımı, dağıtımı, bir araya getirilmesi, düzenlenmesi ve tüketiciye sunulmasında bilginin oynadığı önemli role bağlı olarak sürdürülebilir rekabet avantajının ana kaynağı ve stratejik bir silah haline gelmiştir (Buhalis ve Main, 1998: 198).

2.2.3.2. Bilgi Teknolojileri ve Turizm İşletmelerinin Verimliliği

Bilgi çağının küresel ölçekte yol açtığı değişimler tüm işletmeleri de değişime zorlamaktadır. İşletmeler performanslarını iyileştirebilmek için bilgi teknolojileri kullanımını arttırmakta, yeniden yapılanma, örgütsel değişim/öğrenim, Toplam Kalite Yönetimi gibi iş süreçlerini benimsemektedirler (McKeown ve Philip, 2003: 3). İşletmelerin bilgi teknolojilerine yatırımları, iş süreçlerindeki iyileşmeler, yeniden yapılanma ve insan kaynakları yönetimindeki uygulamalar tüm dünyada verimliliği arttırmaktadır (Öncel, 2003: 152).

Günümüzde bilgi teknolojilerinin turizm işletmelerinde özellikle arka planda yaygın ölçüde kullanılmaya başlanması verimliliği yükseltmektedir. Turizm işletmelerinde örgüt içi iletişimin kolaylaşması ve etkin hale gelmesi verimliliği arttırmaktadır.

Turizm işletmelerinde verimlilik, üretim hattında yapılan düzenlemeler, personelin etkin kontrolü, atık ve enerji kontrolleri, birim personel başına düşen satış miktarının ve pazarlama avantajının arttırılması gibi yöntemler ile sağlanabilmektedir (Lee-Ross ve Johns, 2001: 247). Turizm işletmelerinde bilgi teknolojilerinin yaygın kullanımı, yönetsel uygulamalar ve örgütsel değişim ile de desteklendiğinde verimliliği arttırmaktadır (Werthner ve Klein, 1999: 251; Poon, 1996: 11-13; Buhalis, 2003: 6).

Hizmet ekonomisinin en önemli endüstrilerinden olan turizm sektöründe verimlilik kavramı 1980'lerin sonlarından itibaren gündeme gelmiştir. 1970'lerde American Airlines Şirketi tarafından geliştirilen ve 1980'lerde konaklama işletmeleri tarafından da benimsenen getiri yönetimi sistemi, aşırı kapasite, kısa vadeli likidite sıkıntıları ve iflas oranlarının artışı gibi sorunlar ile karşılaşan endüstri için bir çözüm yolu olmuştur. Üretime dayalı endüstrilerde verimlilik otomasyon ve teknoloji kullanımına bağlı olmasına karşın, müşteri ilişkilerinin büyük önem taşıdığı turizm sektöründe işgücünün teknoloji ile yer değiştirmesi konusuna dikkatli yaklaşmak gerekmektedir. Konaklama işletmelerinde getiri yönetimi sistemleri, oda satış gelirlerini arttırırken personel – müşteri iletişimine de olanak tanımakta, karar alma süreci içinde yer alan çalışanların motivasyonunu, kârı ve verimliliği yükseltmektedir. Getiri yönetimi sistemleri standart olmayan otellerde tüketicilerin istek ve beklentilerinin daha iyi izlenmesini sağlayarak otel yönetimlerinin işgücünü ve diğer kaynakları talebe göre yönlendirmelerine olanak vermekte ve verimliliği arttırmaktadır (McMahon-Beattie, Ingold ve Lee-Ross, 2000: 131-134).

Turizm işletmelerinde maliyetler düşürülerek, maliyetler düşük tutulup satış gelirleri arttırılarak, çalışanların yönetime katılması sağlanarak, işletme faaliyetlerinin verimliliği arttırılarak, hizmet kalitesi yükseltilerek, insan kaynaklarına daha fazla önem verilerek verimlilik artışı gerçekleştirilebilmektedir.

2.2.3.3. Bilgi Teknolojileri ve Turizm İşletmelerinde Kalite

İşletmelerin amaçları arasında kârlılığı ve pazar payını arttırmak yer almakta ve işletmeler bu amaçlarını yüksek kalitede mal ve hizmet sunarak rekabet avantajı elde ettiklerinde gerçekleştirebilmektedirler. İşletmelerde kalite yönetimi için dikkate alınması gereken en önemli konu, müşteri beklentileri ve algılamalarıdır. Turizm işletmelerinde bu konu, müşteriler üretim sürecinin içinde yer aldıklarından daha fazla önem kazanmaktadır (Lee-Ross ve Johns, 2001: 246).

Günümüzde turistik tüketiciler yüksek hizmet kalitesi, ödedikleri paranın karşılığını almak ve kendi kişisel tercihleri doğrultusunda şekillendirilmiş tatil arayışı içersindedirler. Turistik işletmelerde çalışanlar (özellikle de müşteriler ile birebir ilişkide olanlar) yalnızca turistik ürünü müşterilere sunan kişiler olarak görülmemekte, turistik tüketiciler açısından değer yaratma ve hizmet kalitesini yükseltme konularında en etkili grup olarak değerlendirilmektedirler. Turistik işletmelerin yöneticilerinin hizmet sunumunda turistik tüketicilerin ve turizm işletmesi çalışanlarının en önemli gruplar olarak görüldüğü kalite yönetimi anlayışını benimsemeleri gerekmektedir (Lee-Ross ve Johns, 2001: 243-244).

Günümüzün rekabetçi ortamında bilgi teknolojileri turistik tüketicilerin gereksinimlerinin daha hızlı ve hatasız bir şekilde karşılanmasını sağlayarak kaliteyi yükseltmektedir. Ürün kalitesi kavramı 1970'lerin ortalarından beri dünyanın gündeminde olmasına karşın, hizmet kalitesi daha yeni bir kavramdır. Müşteri memnuniyeti işletmeler için büyük önem taşıdığından hizmet kalitesinin yükseltilmesi konusu üzerinde durulmaktadır. Hizmet kalitesinin yükseltilmesi müşteri sadakatini, gelirleri ve kârı arttırmaktadır. Soyut nitelikteki turistik ürünlerin üretim sürecine turistik tüketiciler de katıldığından, karşılıklı iletişim ve dağıtım büyük önem taşımaktadır (Schneider vd., 2003: 122-124). Turizm işletmelerinde bilgi teknolojileri kullanımı müşteri ilişkilerini geliştirmekte ve iletişim olanaklarını arttırmaktadır. Dağıtım kanallarında geniş uygulama olanağı bulan bilgi teknolojileri dağıtım sürecini hızlandırmakta ve kolaylaştırmaktadır.

1990'ların ortalarından itibaren birçok hizmet sağlayıcı tam zamanında üretim (just-in-time) felsefesinin bazı uygulamalarını benimsemişlerdir. Ürüne değer katmayan her şeyin üretimden çıkarılması ya da dar anlamı ile üretimin gereksinim duyulduğu anda yapılması olarak tanımlanabilecek (Bolat, 2000: 76) tam zamanında üretim (just-in-time), imalat işletmelerinde düşük stok düzeyleri, stoklara daha az yatırım, yüksek kalitede hammaddeler ve yüksek kaliteli ürünler gibi faydalar sağlamaktadır. Bunların yanı sıra bu uygulamalar yönetsel etkinliği arttırmakta, standartlaşmayı sağlamakta, tedarikçiler ve müşteriler ile ilişkileri geliştirmekte ve müşteri tatminini arttırmaktadır. Tam zamanında üretim hizmet sektöründe stok yönetimini kolaylaştırmakta, yönetsel ve örgütsel etkinliği arttırmakta, müşteri hizmetlerini iyileştirmekte, hizmet kalitesini, verimliliği ve tedarikçiler ile işbirliğini arttırmakta, insan kaynakları yönetimini daha etkin hale getirmektedir. Bilgi teknolojilerindeki gelişmeler hizmet sektörünün tam zamanında üretim uygulamalarından yararlanma olanaklarını arttırmıştır. Havayolu ve konaklama işletmelerinin bilgisayarlı rezervasyon sistemlerini ve bilgisayarlı getiri yönetimi sistemlerini kullanmaları iş hacimlerini dengelemektedir. Turizm sektörü içinde bilgi akışını etkin hale getiren bilgi teknolojileri uygulamaları, tam zamanında üretim yönteminin gerektirdiği iletişim ve işbirliği ortamını sağlamaktadır (Yasin, Small ve Wafa, 2003: 213-215).

2.2.3.4. Bilgi Teknolojileri ve Turizm Sektöründe Üretim (Değer Yaratma, Bütünleşmeler ve Yenilikçilik)

Turizm sektörünün değişen yapısı, endüstri içinde değer yaratma sürecini etkilemektedir. Turizm sektörü içinde yer alan işletmeler tüketiciler ile daha etkili iletişim kurmakta, endüstri içindeki bilgi üretimi, işlenmesi ve dağıtımı üzerinde daha etkin bir kontrole sahip olmaktadırlar. Turizm sektörü içinde bilginin üretilmesi, işlenmesi ve dağıtılması ile ilgili faaliyetler, sektörün değer yaratma sürecinin temelinde yer almaktadır. Turizm sektörünün değer yaratma sürecini anlayabilmek için değer zinciri içinde yer alan faaliyetleri incelemek (Şekil 9) gerekmektedir (Poon, 1996: 206-214).

Turizm sektörü değer zinciri birincil faaliyetler ve destek faaliyetleri olmak üzere iki bölümden oluşmaktadır. Turizm sektöründe birincil faaliyetler turistik tüketicilerin doğrudan içinde yer aldıkları faaliyetlerdir. Destek faaliyetleri ise, turistik tüketicilerin doğrudan temas halinde olmadığı işletme faaliyetlerini içermektedir. Birincil faaliyetler hammaddelerin ya da bilginin ürün ve hizmetlere dönüştürülmesi, bunların pazarlama, satışlar ve servis hizmetleri olarak tüketicilere iletilmesi ile ilgilidir (Buhalis, 2003: 36).

Bilgi teknolojileri turizm sektörü değer zinciri içinde bilginin iletimini ve bilgiye erişimi kolaylaştırmakta ve hızlandırmaktadır. Turizm sektörü değer zinciri üzerinde bilgi, turistik hizmet sağlayıcılara geribildirim iletme, etkin kalite kontrolü ve turistik tüketicilere bilgi verme gibi işlevlerde önem kazanmaktadır. Aşağıdaki şekilde (Şekil 10) turizm sektörü değer zinciri üzerinde bilgi akışı görülmektedir.

Turizm sektörünün değer zinciri bilgi teknolojilerindeki gelişmelere bağlı olarak değişmektedir. Gelişen iletişim ağları turizm işletmeleri için bilgi iletimini ve işlemleri kolaylaştırmakta, iletişimi geliştirmektedir (Dünya Turizm Örgütü, 1999: 69).

Turizm sektöründe işletmelerin yatırım maliyetleri yüksek, marjinal maliyetleri düşüktür. Turizm işletmeleri yeni planlara, binalara, araçlara büyük harcamalar yaparlarken, eklenen her bir müşteri için yapacakları harcama azdır. Turizm sektöründe bütünleşmeler kârı ve etkinliği arttırmaktadır. Turizm sektöründe bütünleşmeler turizm işletmelerine ölçek ekonomileri, ürün farklılaştırma ve yenilik yapma olanağı sunarken sektörün kârlılığını belirlemektedir. Yatay bütünleşme, özellikle bütünleşen işletmeler merkezi yapıdaysa, maliyetleri düşürmekte; dikey bütünleşme de işletmelere rekabet avantajı sunmakta ve giriş engelleri oluşturmaktadır (Lafferty ve van Fossen, 2001: 11).

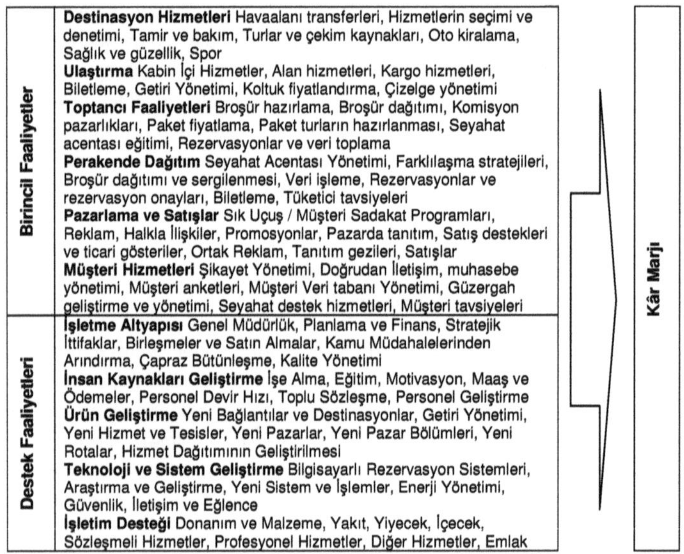

Şekil 9: Turizm Sektörü Değer Zincirinde Yer Alan Faaliyetler
Kaynak: (Poon, 1996: 211)

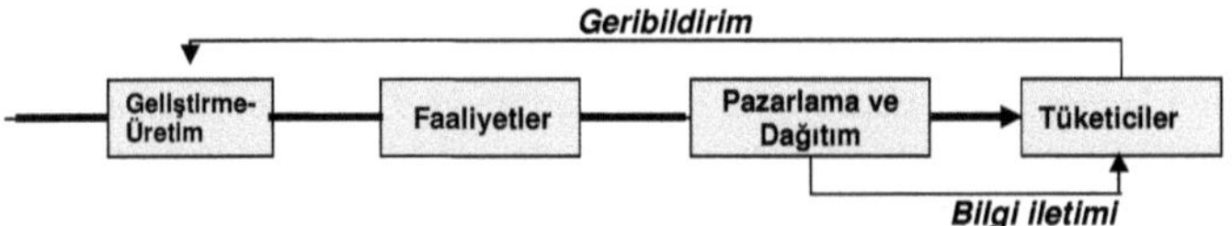

Şekil 10: Turizm Sektörü Değer Zinciri Üzerinde Bilgi Akışı
Kaynak: (Werthner ve Klein, 1999: 156)

Turizm sektörü içinde işletmelerin yatay, dikey ve çapraz bütünleşmelere yönelmesi, işletmelerin faaliyet alanlarını genişletmekte ve kaynakların verimli kullanılmasını sağlamaktadır.

Yatay bütünleşme, aynı alanda faaliyet gösteren işletmelerin ortak çaba içine girerek faaliyetlerine devam etmesi durumunda gerçekleşmektedir (Yarcan, 1998: 55). Turizm sektörü içinde yatay bütünleşmeye giden işletmeler endüstri içinde daha etkin faaliyet göstermeyi amaçlamaktadırlar. Yatay bütünleşme işletmelerin tedarikçiler üzerindeki satın alma gücünü arttırmakta, ürünlerinin pazarda dağıtım ve satışını denetleme olanağı sunmaktadır. Turizm sektöründe havayolu işletmeleri, oteller, tur operatörleri, kruvaziyer işletmeleri ve seyahat acentaları arasında yatay bütünleşme eğilimi görülmektedir (Poon, 1996: 218-219). Otel zincirlerinde görülen bütünleşme şeklinde, farklı oteller birleşerek, rezervasyon ve satış faaliyetlerini ortak yürütmektedirler. Merkezi rezervasyon sistemi ile birbirlerine bağlanan bu tip otellerde sunulan turistik ürün olabildiğince standart bir hale dönüştürülmüştür. Seyahat acentalarında ise yatay bütünleşme, ana acentanın çeşitli perakendeci seyahat acentalarını bir araya toplaması şeklinde ortaya çıkmaktadır (Yarcan, 1998: 55).

İşletmeler üretimin farklı aşamalarını denetleyebilmek için dikey bütünleşmeye gitmektedirler. Havayolu işletmeleri tarifesiz uçuş faaliyetleri, paket turlar, perakende dağıtım ve satış alanlarında dikey bütünleşme yolunu seçmektedirler. Konaklama işletmeleri dağıtım, pazarlama ve satış faaliyetlerini denetleyebilmek için dikey bütünleşmeden yararlanmaktadırlar. Turizm sektöründe dikey bütünleşmeden en yaygın biçimde tur operatörleri faydalanmaktadır (Poon, 1996: 216-217).

Tur operatörleri, turizm talebi üzerindeki kontrollerini arttırmak amacıyla diğer faaliyet dalları ile dikey bütünleşmeye yönelmişlerdir (Yarcan, 1998: 56). Tur operatörlerinin dikey bütünleşmeye gitme nedenleri paket turların dağıtımı ve satışı üzerinde etkili olabilmektir (Poon, 1996: 217).

Turizm sektöründe çapraz bütünleşme değer yaratma sürecinin önemli bir aracı haline gelmektedir. Turizm sektörü bilgi ve turistik tüketiciler tarafından yönlendirilmeye başlandığından, işletmeler değer zincirinin daha kârlı alanlarını denetimleri altına alabilmek için çapraz bütünleşmeye gitmektedirler. Çapraz bütünleşmenin amacı, farklı hizmetler oluşturarak hedef tüketicilere satabilmektir (Poon, 1996: 215).

Çapraz bütünleşmenin yatay ve dikey bütünleşmeye göre farklılık yaratan özelliği, işletmelerin maliyetlerini düşürürken tüketicilere yakınlaşmayı ön planda tutmasıdır. Bu tip bütünleşme temel olarak hizmet sektörüne özgü bir olgudur ve bilgi teknolojileri tarafından yaratılmıştır. Çapraz bütünleşmenin ana hedefleri; tüketicilere yakınlaşmak, sitem kazançlarını ve sinerjilerini arttırmak ve kapsam ekonomileri yolu ile maliyetleri azaltmaktır. Dikey bütünleşme üretim, yatay bütünleşme ise arz odaklıdır. Çapraz bütünleşmenin bir diğer farkı da, bütünleşmenin işleyişidir. Yatay ya da dikey bütünleşmeden herhangi biri söz konusu olduğunda, sahiplik bütünleşme için kilit noktayı oluştururken, çapraz bütünleşmede sahiplik gerekli olmamakta, çapraz bütünleşmeler stratejik ortaklıklar ve bilgi ortaklıkları ile oluşturulabilmektedir. Bilgi ortaklıkları ile işletmeler kaynakları, bilgiyi ve müşteri veritabanlarını paylaşmak için işbirliği yapabilmekte, faaliyet maliyetlerini azaltabilmekte, teknolojik gelişimin maliyetlerini paylaşmakta ve pazarlık gücü kazanmaktadır. Bilgi teknolojileri işletmelere çapraz bütünleşmeye gidebilmeleri için gerekli ortam ve altyapıyı sağlamaktadır. İşletmeler bilgi teknolojilerini, hedef tüketici gruplarını belirlemekte kullanmanın yanı sıra tüketicileri tatmin edecek hizmetleri bütünleştirmede de kullanabilmektedirler. İşletmeler (American Express gibi) birbirleri ile sıkı ilişki içindeki birçok hizmeti (bireysel bankacılık, kredi kartları, sigorta ve seyahat hizmetleri gibi) uygun biçimde çapraz olarak birleştirmektedirler. Tüm bu hizmetlerin, hedef tüketiciler tarafından hayatları boyunca düzenli aralıklarla tüketilmesi beklenmektedir (Poon, 1996: 224).

Turizm sektöründeki çapraz bütünleşmeye gidilmesinin nedenleri şu şekilde sıralanmaktadır (Poon, 1996: 225):

- Turizm işletmeleri tüketicilerine yakınlaşmak ve üretim maliyetlerini azaltmak için çapraz olarak bütünleşmektedirler.
- Bilgi teknolojileri, çapraz bütünleşme için uygun bir ortam ve altyapıyı sağlamaktadır.
- Çapraz olarak birleşen işletmeler kapsam ekonomileri, sistem kazançları ve sinerjilerinden yararlanmaktadırlar. Kapsam ekonomileri ortaya çıktığında, tek bir işletme için farklı hizmetleri bir arada üretmek, birçok işletmenin bu hizmetlerini ayrı ayrı üretmesinden daha ucuza gelmektedir.

Turizm işletmeleri değişen koşullara uyum sağlayabilmek için yenilik (inovasyon) faaliyetlerine girişerek, var olan ürün ve hizmetlerde değer yaratacak değişiklikler yapmaktadırlar. Turizm işletmelerinin yenilik faaliyetleri aşağıdaki beş gruptan herhangi birinde ya da birkaçında gerçekleştirilebilmektedir (Hjalager, 2002: 465-466):

- **Ürün yenilikleri:** Bu gruptaki yenilikler, pazara sunulma aşamasına gelmiş tamamen yeni ya da değiştirilmiş ürün ve hizmetlerden oluşmaktadır. Bu yenilikler üreticiler, tüketiciler, tedarikçiler ve rakipler tarafından fark edilmektedirler. Turizm sektöründe son yıllarda ortaya koyulan ürün yenilikleri arasında sadakat programları, çevreye duyarlı konaklama tesisleri ve yerel geleneklere dayalı faaliyetler sayılmaktadır.
- **Süreç yenilikleri:** Bu grupta, işletme faaliyetlerinin etkinliğinin yeni ya da geliştirilmiş teknoloji, üretim hattının yeniden tasarımı ya da süreç yeniden yapılandırma işlemi yolu ile arttırılmasına yönelik yenilikler yer almaktadır. Süreç

yenilikleri ürün yenilikleri ile birlikte yürütülebilmekte ya da ürün yenilikleri ile sonuçlanabilmektedir. Turizm sektöründe bu gruba giren yenilikler arasında bilgisayarlı yönetim ve izleme sistemleri, temizlik ve bakım işlerinde kullanılan robotlar ve self-servis aygıtları yer almaktadır.

- **Yönetsel yenilikler:** Bu gruptaki yenilikler içinde yeni iş tanımları, işbirliği yapıları, yetki sistemleri bulunmakta ve sıklıkla yeni ürün, hizmet ve üretim teknolojilerinin benimsenmeleri ile ortaya çıkmaktadır. Yönetsel yenilikler iş zenginleştirme, merkezi yapının terk edilmesi, eğitim ya da bilimsel yönetim yöntemlerinin uygulanması ile becerilerin ortaya çıkarılması sayesinde çalışanların yetkilerini arttırmaktadır.
- **Lojistik yenilikler:** Bu grupta işletme çevresindeki ticari bağlantıların yeniden düzenlenmeleri yer almaktadır. Bu, bir işletmenin değer zincirindeki konumunu etkilemektedir. Yenilik yapılan alanlar malzeme, işlemler, tüketiciler ve bilgi akışı alanlarında olabilmektedir. Turizm sektöründe yatay bütünleşmeler, bütünleşmiş destinasyon yönetim sistemleri, bilgisayarlı rezervasyon sistemleri, internette pazarlama ve havayolu şirketlerinde kullanılan yeni sistemler bu gruba örnek gösterilmektedir.
- **Kurumsal yenilikler:** Bu gruptaki yenilikler kamu sektörü ile özel sektörü bir araya getiren işbirliği ve düzenlemeleri içermektedir. Turizm sektöründe bu alana giren yenilikler arasında sosyal turizmi ya da sağlık turizmini yeniden yapılandırmaya yönelik finansal reformlar, destinasyon yönetim sistemleri, kredi kuruluşlarındaki değişimler ve yatırım finansmanı sağlama koşullarındaki değişimler yer almaktadır.

2.2.3.5. Bilgi Teknolojilerinin Turizm İşletmelerinde Yönetsel ve Örgütsel Değişime Etkisi

Son yıllarda tüm dünyada politik değişimler görülmekte, uluslararası rekabet hızla artmakta, üretim şekilleri değişmekte ve hizmet sektörü ön plana çıkmaktadır. Küresel ekonomide karmaşık yapılanmanın ve değişimin süreceği öngörülmektedir. Rekabetin yoğunlaşması işletmeleri, işletme çevresinin karmaşıklığına ve hızına uyum sağlayacak şekilde örgüt yapılarını değiştirmeye zorlamaktadır (Schertler, 1998: 278). Çağımızda, pazarların küreselleşmesi, bilgi teknolojilerindeki hızlı gelişmeler, hiyerarşik yapıların dağılması, yeni örgütsel yapıların ve ağların oluşması ile belirginleşen köklü ve hızlı değişimler görülmektedir (Volberda, Baden-Fuller ve van den Bosch, 2001: 159-170).

Bilgi çağında tüm işletmeler uluslararası ekonomideki liberalleşme eğilimleri ve yoğun rekabetin yönlendirdiği bir örgütsel değişim ile karşı karşıya kalmaktadırlar. Çağımızda işletmeler sahip oldukları fiziksel varlıklara göre değil, bilgiyi yaratan, işleyen, saklayan ve dağıtan insan kaynakları ağı ile değerlendirilmektedir. Değişim ortamında değişimin dinamiklerini ve teknolojinin getirdiği uygulamaları anlamamak işletmeleri güç durumlara sokmaktadır (Dhillon ve Hackney, 2003: 163).

Teknolojik gelişmelere, yüksek kapasiteli veri stoklama ortamlarına ve pazar dinamiklerinin bilgiye olan gereksinimi arttırmasına bağlı olarak turizm işletmelerinde bilginin ve etkin bilgi yönetiminin önemi giderek artmaktadır. Özellikle karar alma süreçlerinde belirsizliğin önüne geçme zorunluluğu kararların bilgiye dayalı olmasını gerektirmekte ve bilgi, dinamik pazarlarda artan rekabet ile karşılaşan işletmeler için başarı etkeni haline gelmektedir (Wöber ve Gretzel, 2000: 172).

Turistik tüketicilerin istek ve beklentilerindeki değişimler ile bilgi ve iletişim teknolojilerindeki hızlı gelişim turizm işletmelerinde örgütsel değişimi zorunlu ve yaşamsal hale getirmektedir. Ekonomik ve siyasi belirsizlikler, toplumsal yapıda değişim, yoğun rekabet, şirket birleşmeleri ve ele geçirmeleri, teknolojik ilerlemeler ve kamu yönetimlerinin etkileri turizm işletmeleri için kırılgan bir ortam yaratmakta ve bunun sonucunda ancak değişime yanıt verebilen, esnek turizm işletmeleri başarı kazanabilmektedir (Okumus ve Hemmington, 1998: 363).

Bilginin işletmelerin içinde ve işletmeler arasında çok amaçlı bir kaynak halini alması ile birlikte bilginin iletilmesi ve dönüştürülmesi bilgi teknolojileri altyapılarının ve uygulamalarının en önemli amaçlarından biri durumuna gelmiştir. Bilgi teknolojilerindeki gelişmeler turizm sektöründe birçok işletme faaliyetinin geliştirilmesini sağlamaktadır. Bu gelişmeler sayesinde karar alma sürecinin merkezi olmaktan çıkarılması, daha esnek ve hiyerarşik yapıdan uzak örgütlenme, işletmenin stratejik durumunun yeniden ortaya konulması ve değer zincirlerinin yeniden yapılandırılmaları mümkün olmaktadır. Bu değişimler turizm değer zincirindeki tüm tarafları (turistik hizmet sağlayıcılar, aracılar ve turistik tüketiciler) etkilemekte, bütünleşmiş bir hizmet sunulmasını sağlayacak stratejik ittifaklara, yeni teknolojilerin uygulanmasına ve yeni pazarlara hızlı şekilde girilebilmesine olanak tanımaktadır (Werthner ve Klein, 1999: 152).

Turizm işletmelerinin öğrenen örgütler haline gelmeleri rekabet avantajı sağlayacak en önemli etkenlerdendir (Bayraktaroglu ve Kutanis, 2003: 153).

Düşük kâr marjları, dinamik ve kırılgan uluslararası bir ortam, çok yüksek işgücü devir hızı ve kur dalgalanmaları ile nitelenen turizm sektöründe, turizm işletmeleri için muhasebe, finans, insan kaynakları, pazarlama ve satışlar gibi işletme işlevlerinin elektronik olarak yürütülmesi büyük önem taşımaktadır (Buhalis, 2003: 246). Turizm işletmeleri faaliyetlerini yürütebilmeleri için gerekli süreçleri destekleyecek bilgisayarlı sistemleri kullanarak performanslarını ve rekabet güçlerini arttırmaya çalışmaktadırlar. Turizm işletmelerinde süreçlerin birbirlerine sıkıca bağlı oluşları nedeni ile herhangi bir noktadaki aksaklık sistemin tümünün çökmesine ve müşterilere sunulan hizmetin kalitesinin düşmesine yol açabilmektedir. Turizm işletmeleri iş akışı teknolojileri ve iş akışı yönetim sistemleri gibi bilgisayar destekli işletme yönetim ve ofis bilgi sistemlerini kullanarak iş süreçlerinin işletme içinde ve işletmeler-arasında etkin yürütülmesi, otomasyon sayesinde maliyetlerin azaltılması, yeniden yapılandırma yolu ile daha kaliteli ve hızlı hizmet sunulması, iş süreçlerinin iyileştirilmesi, izlenmesi ve yönetilmesi, ürün geliştirme döngülerinin hızlandırılması gibi faydalar elde edebilmektedirler (Caro, Guevara, Aguayo, & Gálvez, 2000: 220-221).

2.2.3.6. Bilgi Teknolojileri ve Turizm İşletmelerinde İnsan Kaynakları

Geçmişte turizm sektöründe bir üretim maliyeti, yeri doldurulabilir bir malzeme olarak görülen, düşük sezonlarda kolayca gözden çıkarılabilen ve kolaylıkla işe alınıp işten çıkarılabilen çalışanlar artık büyük önem kazanmış, insan kaynaklarına yapılan yatırımlar artmıştır. Turizm işletmelerinde kalitenin yükselmesinde yaratıcı işe alma ve personel yönetimi uygulamaları, personel eğitimine ve motivasyonuna yapılan yatırımlar, çalışanların yetkilerinin arttırılması, yönlendirilmeleri ve ödüllendirilmeleri önem kazanmaktadır (Poon, 1996: 258).

Turizm işletmelerinde insan kaynakları yönetiminde bilgi teknolojileri, çalışanların çok zamanını alan işlemlerin ilgili sistemler tarafından yürütülmesi ile süreçlerin hızlandırılması, etkin hale getirilmesi için kullanılmaktadır.

Günümüzde işletmeler yapısal bir dönüşüm içindedir. İşletmelerde hiyerarşik yapılardan uzaklaşılması ve bilgi teknolojilerinin kullanımının yaygınlaşması çalışanların daha fazla sorumluluk yüklenmelerine neden olmaktadır. İşletmelerde işgücünün değişen çalışma koşullarına göre eğitilmesi gerekmekte ve artık işgücü yatırım yapılması gereken bir varlık olarak görülmektedir. Turizm işletmelerinde insan kaynaklarının kalitesi, işletmelerin rekabet gücünün belirleyicisidir (Poon, 1996: 213).

Bilgi teknolojilerinin turizm işletmelerinde kullanımı, faaliyetlerin bir bölümünün teknolojinin sunduğu olanaklar sayesinde otomatik olarak yürütülmesini sağladığından, bu faaliyetleri yürüten çalışanların sayısının azaltılmasına olanak vermektedir. Turizm işletmelerinde bilgi ve iletişim sistemlerinin yaygınlaşması, çalışanların bu sistemleri kullanabilecek bilgi ve yeteneğe sahip olmalarını gerektirmektedir. Turizm işletmelerinin yüksek işgücü devir hızının farkında olan sistem tasarımcıları daha kolay işletilen sistemler geliştirerek yeni işe alınanların eğitim sürelerini ve maliyetlerini düşürmeye çalışmaktadırlar. Çalışanların eğitimi, turizm işletmeleri için önemli bir gereksinim haline gelmiştir (Uluslararası Çalışma Örgütü - ILO, 2001: 50).

Turizm sektöründe yüksek işgücü devir hızı, çalışanların elektronik ortamda işe alınmasını ve eğitimini çok önemli hale getirmektedir (Buhalis, 2003: 246). İnternet, personel alımında önemli bir araç haline gelmiştir (Dessler, 2000: 153).

İşletmelerde insan kaynakları yönetimi çok sayıda form ve kâğıt ile uğraşılmasını gerektiren zaman alıcı bir faaliyettir. Bu nedenle işletmeler insan kaynakları yönetiminde, insan kaynakları yönetim sistemlerinden yararlanmakta, bu sistemleri bütünleştirerek bütünleşmiş insan kaynakları yönetim sistemleri oluşturmaktadırlar. Bu sistemler bir işletmenin insan kaynakları yönetiminde karar alma, eşgüdüm, kontrol, analiz ve planlama faaliyetlerinde gerekli bilgileri toplama, işleme, saklama ve iletme işlevlerini üstlenmektedir. Bu sistemler işletmelerde insan kaynaklarının etkinliğini arttırmakta ve işletmelere rekabet gücü kazandırmaktadır (Dessler, 2000: 648-649). İşletmelerde insan kaynakları yönetim sistemlerinin bir parçası olarak yer alan intranetler çalışanlara bilgi vermek amacı ile kullanılmaktadır. İşletmelerin insan kaynakları yönetim birimleri intraneti işletme politikaları ve uygulamaları hakkında bilgi vermek, iş ilanları ve işletme içi iş transferlerini işletmenin telefon rehberini ve eğitim olanaklarını bildirmek için elektronik yayım aracı olarak kullanmaktadırlar (Laudon ve Laudon, 2000: 313).

Turizm sektörü üretim ve dağıtım zinciri bilgiye ve bilginin iletilmesine bağlı olduğundan bilgi teknolojileri kullanımına çok uygundur. Turizm sektöründe hizmetler yeni elektronik ortama çok iyi uyum sağlamaktadır (Anckar ve Walden, 2001: 241). Bilgi teknolojileri uygulamaları, özellikle de internet, amaçlarına ulaşmaları için işletmelerin gücünü arttıran bir destekçi konumundadır. Teknoloji tek başına bir turizm işletmesinin değerini arttıramamaktadır. Ancak, işletmelerde teknolojinin stratejik ve etkin kullanımı faaliyet maliyetlerini azaltmakta, tüketicilere daha iyi ürün ya da hizmetlerin dağıtımını desteklemektedir. Uygun biçimde yönetilmeleri durumunda bilgi ve iletişim teknolojileri, turizm işletmelerinin ve destinasyonlarının pazardaki fiyat liderliklerini sürdürmelerini ya da ürün veya hizmetlerini farklılaştırmalarını sağlayarak rekabet avantajı elde etmelerine yardımcı olmaktadır. Bilgi ekonomisinde varlıklarını ve güçlerini korumak isteyen işletmeler için bilgi teknolojilerinin stratejik kullanımı ve internet yaşamsal önem taşımaktadır (Ma, Buhalis ve Song, 2003: 452).

Son dönemin önde gelen yönetim gurularından Seth Godin'e göre bir işletme farklılaşmayı başaramadığında pazarda tutunması ve öne çıkması mümkün olmamaktadır. Rekabetin yoğunlaştığı, ürünlerin çeşitlendiği pazarda başarılı olabilmek işletmeler için giderek zorlaşmaktadır (Capital, 2003: 182). Turizm işletmeleri bilgi teknolojilerinin sunduğu olanaklardan yararlanarak ürünlerini çeşitlendirebilmekte, farklılaştırabilmekte, ürünlerine turistik tüketiciler açısından değer katabilmekte, rekabet avantajı elde etmekte ve pazarda tutunabilmektedirler.

2.2.4. Turistik Tüketiciler ve Bilgi Teknolojileri

Teknolojik gelişmeler seyahat bilgilerinin turistik tüketicilere iletilme yöntemlerini değiştirmektedir. Geleneksel olarak turistik tüketicilere seyahat bilgilerini ulaştıran ve rezervasyonlarını yapan seyahat acentalarıdır. Ancak, seyahat acentaları ve diğer turistik hizmet sağlayıcılar soyut nitelikteki turistik ürünü satın alan tüketicilere bu ürünün bir örneğini gösterememekte, yalnızca ürün hakkında bilgi verebilmektedirler. Turistik tüketicinin satın alma kararına temel oluşturan da turistik ürün hakkında edindiği bilgilerdir. Günümüzde hem seyahat hem de teknoloji hakkında daha bilgili hale gelmiş olan turistik tüketiciler ve gelişen bilgi teknolojileri, turistik ürün hakkındaki bilgilerin daha kolay, ucuz ve hızlı şekilde daha geniş kitlelere ulaştırılmasını sağlamaktadır (Bennett, 1995: 18).

Turizm sektöründeki teknolojik değişimler turistik tüketicilerin davranışlarında ve taleplerinde de dönüşümlere yol açmaktadır. Günümüzde turizm talebinin en belirgin iki özelliği sürekli büyüme ve farklılaşma olarak sayılabilmektedir. Dünya Turizm Örgütü (WTO– World Tourism Organization) ve Turist Çalışmaları Enstitüsü (IET– Institute for Tourist Studies) tarafından yapılan araştırmalar, internet kullanıcısı turistik tüketicilerin çoğunun yönetici konumunda olduklarını, spor, kültür ve çevre konularına ilgi duyduklarını, lüks tüketim taleplerinin ve iş gezilerine ilgilerinin yüksek olduğunu ortaya koymaktadır.

Günümüzde daha uzman hale gelen turistik tüketiciler, yeni ürünlerin yanı sıra geleneksel ürünlere yeni yaklaşımlar talep etmektedirler (Rastrollo ve Alarcón, 2000: 210).

Günümüzde daha bilgili, deneyimli, sabırsız, maliyete duyarlı hale gelen ve istekleri sürekli artan turistik tüketiciler daha fazla seçeneğe sahiptirler. Bilgi teknolojilerini kullanımında uzmanlaşan turistik tüketiciler daha gelişmiş uygulamalar ve kusursuz hizmet beklentisi içindedirler.

Bilgi teknolojileri hizmet kalitesini yükselterek turistik tüketicinin tatminini arttırmaktadır. Bilgi teknolojileri turizm talebinin artışında önemli bir role sahiptir ve bunun yanında turizm deneyimini zenginleştirmektedir. Turizm sektöründe tüketici tatmini, destinasyonun erişilebilirliği, sunduğu olanaklar, çekim etkenleri ile ilgili güncel, güvenilir ve eksiksiz bilgiye bağlıdır. Bilgi teknolojileri, geleneksel araçlara göre daha kapsamlı bir içerik sunarak turistik tüketicilerin beklentileri ile deneyimleri arasında farkları ve turistik ürünü satın alırken üstlendikleri riskleri azaltmakta, rezervasyonların kolay ve hızlı şekilde yapılabilmesine olanak sağlamaktadır.

Tablo 11: İki Farklı Yöntem ile Gerçekleştirilen Kayak Tatili Rezervasyonlarının Süre Bakımından Karşılaştırılması

	Klasik Yöntemler İçin Gereken Zaman		
Arz Yönü	*İşlemler*	*İşlem Süreleri*	*Bekleme*
Kitapçı	İsteğin şekillendirilmesi	2 saat	
	Rehber kitap satın alınması	1 saat	1 gün
	Kayak tesislerini değerlendirmek	2 saat	
Yerel Turizm Bürosu	Otel broşürlerinin istenmesi	1 saat	3 gün
	Broşürlerin değerlendirilmesi	1 saat	1 gün
Konaklama İşletmesi	Otellerin oda durumlarının araştırılması	2 saat	1 gün
	Önerilerin değerlendirilmesi	1 saat	5 gün
	Rezervasyon yapılması	1 saat	
	Rezervasyonu işleme konulması		2 gün
	Depozito yatırılması	1 saat	
	Rezervasyon onayının alınması		2 gün
Havayolu, demiryolu ya da otomobil kulübü	Seyahatin düzenlenmesi	3 saat	1 gün
	Toplam	15 saat	16 gün

			Yeni Yöntemler İçin Gereken Zaman	
Arz Yönü			*İşlemler*	*İşlem Süreleri*
Bilgi Sağlayıcılar Yerel turizm Bürosu Konaklama İşletmesi Havayolu, demiryolu ya da otomobil kulübü	**Turist Bilgi Sistemi**	**Elektronik Seyahat Desteği**	İsteğin şekillendirilmesi	3 saat
			Kayak tesislerinin değerlendirilmesi	2 saat
			Ölçütlerin belirlenmesi	12 dakika
			Önerilerin değerlendirilmesi	30 dakika
			Rezervasyon – onay ve depozito (kredi kartı)	12 dakika
			Seyahatin düzenlenmesi	1 saat
			Toplam	6 saat 54 dakika

Kaynak: (Werthner ve Klein, 1999: 21)

Bilgi teknolojileri destekli sistemler turistik tüketiciler ile turistik hizmet sağlayıcılar arasındaki karşılıklı iletişimi hızlandırmaktadır. Yukarıdaki tabloda (Tablo 11), Avusturya Alpleri'nde bir kayak tatili rezervasyonu için gereken zaman, klasik yöntemler ve bilgi teknolojileri destekli sistemler karşılaştırılarak verilmektedir. Örnekte, turistik tüketicinin turistik hizmet sağlayıcı ile önceden bir bağlantısının bulunmadığı, yakındaki seyahat acentasının ürün ile ilgili yeterli bilgiye sahip olmadığı ve klasik yöntemde bağlantının turizm bürosu aracılığı ve yazışma yolu ile gerçekleştirildiği varsayılmaktadır. Yazışmalar bir ile altı hafta arasında yanıtlanmaktadır ve turistik tüketici on beş farklı tesisin broşürüne ulaşmıştır. Turistik tüketici tarafından gerçekleştiren işlemler ve süreleri açısından klasik yöntem ile gerçekleştirilen bir rezervasyon işlemi için on altı gün bile olumlu bir sonuç olarak görülmektedir. Turistik tüketici, bilgi teknolojilerine dayalı sistemlerden yararlanarak (turizm bürosunu aradan çıkarıp dağıtım kanalını kısaltarak ve işlemlerini elektronik ortamda gerçekleştirerek) rezervasyonunu çok daha kısa sürede yaptırabilmektedir (Werthner ve Klein, 1999: 20-22).

1990'larda bireylerin yaşam tarzları ve önceliklerinde ortaya çıkan değişimler zaman kavramının önemini arttırmıştır. Bu durum, turistik tüketicilerin hizmet beklentilerini, hızın giderek önemini arttırdığı farklı bir yapıya taşımıştır. İşlem zamanının kısalması, turistik tüketicileri turistik ürünleri bilgi teknolojilerinin desteklediği sistemlerden satın almaya itmektedir (Law ve Leung, 2000: 203).

Bilgi teknolojilerinin turistik tüketicinin tatminine yaptığı katkılar şu şekilde sıralanabilir (Buhalis, 2003: 133):

- Tüketimden önce daha fazla görsel deneyim ve bilgi edinilmesine bağlı olarak kazanılan deneyim ile beklentiler arasındaki farkın azaltılması,
- Tüketicilere daha fazla bilgi ve seçeneğin sunulması,
- Tüketici gereksinimlerinin veri madenciliği (data mining), etkileşim ve araştırma yolu ile daha iyi anlaşılması,
- İlgi alanlarına giren ürün ve hizmetler hakkında daha fazla bilgi sahibi olan tüketicilerin kendilerini güçlü hissetmeleri,
- İşletmelere son-dakika satışları, hedefe yönelik öneriler ve özel promosyonlar yapabilme olanağı verecek şekilde fiyatlamanın esnekleşmesi,
- Tüketicilere ödeyebilecekleri fiyatları ortaya koyabilme fırsatı sunan yeni iş modellerinin ortaya çıkması,
- Değer yaratan yeni hizmetler (uçuş sırasında ya da oda içinde eğlence olanakları sunulması ve bilgi kanalları gibi),
- Bürokrasinin ve kâğıt işlerinin azalmasının çalışanlara daha iyi hizmet sunacak zaman bırakması,
- Bilgi teknolojileri sayesinde işletme faaliyetlerinin otomasyonu (oda içinde televizyon yolu ile çıkış işlemlerinin yapılabilmesi gibi),
- Kişiselleştirilmiş hizmetler (telefon operatörünün müşteriyi ismi ile selamlaması ya da garsonun müşterinin diyet tercih ve gerekliliklerini bilmesi gibi),
- İşletmenin faaliyet ve birimlerinin daha fazla bütünleştirilmesi ile daha iyi hizmet sunulması,
- Kullanımı kolay ve kişiye özel iletişim sistemleri oluşturulması,
- Tüm pazarlara hizmet veren ve otomatik çeviri yapabilen iletişim sistemleri ile dil engellerinin büyük ölçüde aşılması,

- Sosyo-demografik bölümlemeden farklı olarak daha çok yaşam tarzlarına ve tercihlere bağlı olarak farklılaştırılmış ve kişiye özel hale getirilmiş hizmetlerin yaygınlaşması,
- Kişisel bilgiler kullanılarak kişiye özel hale getirilmiş ürünlerin bire-bir pazarlama yöntemi ile sunulması,
- Veri toplama olanaklarının artması sayesinde güncel ve daha kapsamlı pazarlama araştırmalarının yapılabilmesi.

ÜÇÜNCÜ BÖLÜM
TURİZM SEKTÖRÜ VE INTERNET

3.1. Turizm Sektörü ve İnternet

İnternet, 1970'lerde ABD Savunma Bakanlığı'nın ARPAnet isimli projesiyle başlamıştır. Projenin amacı, nükleer savaş sonrası çabuk toparlanabilmek için bazı araştırma kurumlarını da içine alan bir iletişim ağı oluşturmaktı. Barış zamanı bu proje bir iletişim ortamı haline gelmiştir. 1980'lere kadar büyük ölçüde akademik kurumlarda kullanılan internet, daha sonra World Wide Web uygulamalarının da gelişmesi ile geniş bir kullanım alanı bulmuştur. 1990'larda ticarileşen internet, turizm sektörü tarafından turistik tüketicilere ürünleri tanıtmak ve satışını yapmak amacı ile kullanılmaya başlanmıştır. Günümüzde turizm sektörü, bilgisayar sektörünün ardından internet uygulamalarından en çok yararlanan endüstri olarak görülmektedir (Sheldon, 1997: 87).

İnternet yalnızca turizm sektörü için turistik ürünlerin tüketicilere sunulduğu bir pazar değil, elektronik olarak ticareti yapılabilen tüm ürünler için her türlü pazarlama olanağının bulunduğu bir ortamdır. Bu yoğun rekabet ve karşılaştırma ortamı turistik ürünler, iş süreçleri ve teknolojide sürekli yenilikleri gerekli kılmaktadır. Turizm sektöründeki tüm işletme ve kurumlar internette pazarlama stratejilerini yaşama geçirmektedirler (Werthner ve Klein, 1999: 224).

İnternet bazı ürün ve hizmetlerin elektronik ortamda tanıtım ve satışına diğer ürün ve hizmetlere göre daha uygundur. İnternet kullanımına en uygun endüstrilerden biri de turizm sektörüdür. Bilgi-yoğun bir endüstri olan turizm sektöründe tüketiciler turistik ürün ile ilgili bilgileri internet üzerinde aramayı tercih etmektedirler (Briggs, 2001: 29).

Turizm sektöründe seyahatler için bilet satışı, otel rezervasyonları, otomobil kiralama, rehberlik hizmetleri gibi birçok alanda internetten yararlanılmaktadır. Turizm işletmelerinin çok yönlü arama motorları ile donatılmış sayfalarında turistik tüketiciler farklı tatil seçenekleri ile ilgili her türlü bilgiye ulaşarak rezervasyonlarını yaptırabilmekte, kendilerine uygun gelen tatil seçeneklerini internet üzerinden satın alabilmektedirler. Bunun yanında internette hava ve yol durumu, gidilecek yerin özellikleri ve sağladığı olanaklar hakkında da güncel ve ayrıntılı bilgiler bulunabilmektedir (Kırcova, 2002: 225).

İnternet çok sayıda işletme tarafından satış ve pazarlama aracı olarak görülmesinin yanı sıra bir eğitim ortamı, rezervasyon kanalı ve otel odalarında bir hizmet olarak da kullanılmaktadır. Turizm sektöründe internet, turistik tüketicilerin interneti bilgi toplama aracı olarak giderek artan oranda kullanmaya başlaması ile birlikte bir rezervasyon aracı olarak görülmeye başlanmıştır. Birçok otelin reklam için geleneksel medya araçlarını tercih etmesine ve geleneksel araçlar ile yapılan rezervasyonların oranının yüksekliğine karşın dünyada internet kullanıcılarının sayısının artması, toplumsal değişimler, zamanın daha önemli hale gelmesi ve artan bilgi yoğunluğu tüketicilerin elektronik ticareti benimsemelerini sağlamaktadır (Wei, Ruys, van Hoof ve Combrink, 2001: 235).

İnternet reklam alanında da önemli etkilere sahiptir. Reklam sektörü için internet yeni fırsatlar sunmaktadır. E-ticaret hacmi açısından değerlendirildiğinde, seyahat sektörü internetin en çok iş yapan alanlarındandır. Turizm sektörü çok bölümlenmiş ve bilgi-yoğun bir sektör olduğundan internetin sunduğu olanaklardan geniş ölçüde yararlanmaktadır. Bu da turizm alanında internet reklamcılığının gelişmesine yol açmaktadır. İnternet reklamcılığı geleneksel medyadan farklı bir ortam sunduğundan, geleneksel medyaya göre daha yenilikçi ve farklı yöntemler gerektirmektedir. İnternet, geleneksel medyadan farklı olarak bilgi sunumu, işbirliği, iletişim, etkileşim ve işlemleri birleştirmekte ve bütünleştirmektedir (Gretzel, Yuan ve Fesenmaier, 2000: 147).

İnternet, turizm sektöründe bir pazarlama ve reklam aracı olarak kullanıldığında çok etkindir. Bilgi teknolojilerindeki ilerlemeler internette kullanım kolaylığı sağladıkça, internetin bir pazarlama ve reklam aracı olarak önemi artmaktadır. Turizm sektörü pazarlama faaliyetlerinde internetten büyük ölçüde yararlanmaya başlamıştır (Wan, 2002: 155). İnternet pazarlama ve reklam faaliyetlerinde yeni tüketici gruplarına ulaşma, tüketicilere düşük fiyatlı ve değer yaratan ürünler sunma olanağı vermektedir (Angelides, 1997: 406-407).

3.1.1. Turizm Sektöründe Elektronik Pazarlar

Bilgi teknolojilerindeki ilerlemeler, özellikle de internetin hızlı gelişimi, internette ticaret olanaklarını arttırırken her türlü ürün ve hizmet pazarlarını küreselleştirmiş ve pazarları elektronik pazarlara dönüştürmüştür (Buhalis, 2003: 38). İnternet ortamında çok sayıda turistik hizmet sağlayıcının aynı anda hem işbirliğine gittikleri, hem de rekabet ettikleri karmaşık bir pazar ortaya çıkmıştır. Seyahat acentaları, tur operatörleri, konaklama işletmeleri, havayolu işletmeleri, bilgisayarlı rezervasyon ve global dağıtım sistemleri, yönlendirici işletmeler gibi çok sayıda turistik hizmet sağlayıcı ve aracı bu pazarda yer almaya çalışmaktadır.

Turizm sektöründe bu yeni elektronik pazarın ortaya çıkardığı yapının nitelikleri şu şekilde sıralanmaktadır (Werthner ve Klein, 1999: 222-223):

- Turizm aracıları arasında yeni bir yapılanma ortaya çıkmaktadır.
- Yeni ve değişen aracılar turistik tüketicilere yeni ve farklı hizmetler sunmaktadırlar.
- Bu pazarda işbirliği ve rekabet aynı zamanda görülmektedir.
- Bu karmaşık pazar yapısında yeni aracıların ortaya çıkması ile faaliyetleri bağdaştırma gereksiniminin artması işbirliğini gerektirmektedir. Örneğin, işletmeler fiyatlarının ve ürün özelliklerinin karşılaştırılabilmesi için erişim olanağı sunmaktadırlar.
- Turizm sektöründe elektronik pazar dinamik yapıdadır.

İnternetin sunduğu olanakların turizm sektöründe kullanılması, endüstri içindeki hizmet sağlayıcılar, aracılar ve turistik tüketiciler arasındaki ilişkileri yeni bir gelişim ve dönüşüm sürecine sokmuştur. Elektronik pazarlar sayesinde turizm sektörünün dağıtım ağı sürekli hizmet vermektedir. İnternet, turistik hizmet sağlayıcılara resimler ve diğer görsel malzemeler ile ürünlerini somutlaştırma olanağı sunmaktadır (Heung, 2003: 112).

B2B ve B2C uygulamaları ve elektronik pazardaki diğer e-iş uygulamaları (B2G, C2B, C2C, C2G, G2B, G2C, G2G), işletmeler, tüketiciler ve devlet arasında etkinliği, etkileşimi ve verimliliği arttırmaktadır. B2C uygulamaları, tüketiciler ve işletmeler arasındaki ticareti ve tüketicilere ürün ya da hizmetlerin ulaştırılmasını sağlayan her türlü bilgi ve aracı içermektedir. B2B uygulamaları ise, üreticiler ve aracılar ile üreticiler ve üretimin son aşamasını gerçekleştirenler arasındaki iş ilişkilerini kapsamaktadır. İnternet, işletmelere güvenli ticaret ortamı, esneklik ve maliyet azaltıcı yöntemler sunan altyapıyı oluşturmaktadır. Devlet ve işletmeler arasındaki karşılıklı iletişim, gereksinimlerin daha iyi anlaşılmasını ve faaliyetlerin geliştirilmesini sağlamaktadır. Tüketiciler açısından bu uygulamalar, kişisel promosyon mesajları alma, karşılıklı iletişim ortamı, geribildirim sunabilme ve şikayetlerini daha etkin biçimde iletebilme olanakları sağlamaktadır (Buhalis, 2003: 39-42). Turizm sektörüne özel elektronik pazar uygulamalarına örnekler aşağıdaki tabloda (Tablo 12) sunulmaktadır.

Tablo 12: Turizm Sektörüne Özel Elektronik Pazar Uygulamaları

e-iş	*İşletme*	*Tüketici*	*Devlet*
İşletme	**B2B** Oteller ve tur operatörleri arasındaki iletişim ağları (extranet)	**B2C** Tüketicilerin havayolu biletlerini aldıkları e-ticaret uygulamaları	**B2G** Devlet kurumları ile iş ilişkileri (otel yatırımcısının plan onayı alması gibi)
Tüketici	**C2B** Tüketicilerin tercihlerini havayolu ya da otellerin özel (sadakat / yönetici) kulüplerine kaydetmesi	**C2C** Tüketicilerin iyi ya da kötü deneyimlerini diğer tüketiciler ile paylaşması	**C2G** Tüketicilerin vize başvurusu yapmaları, harita ya da destinasyon bilgisi istemeleri
Devlet	**G2B** Devletin otelleri gıda güvenliği ya da vergiler konusunda bilgilendirmesi	**G2C** Devletin tüketicileri hukuki düzenlemeler, güvenlik, vize ya da aşı gereklilikleri konusunda bilgilendirmesi	**G2G** Devletlerin turizm politikası konularında uluslararası örgütlerden (Dünya Turizm Örgütü gibi) teknik yardım alması

Kaynak: (Buhalis, 2003: 42)

Turizm işletmeleri faaliyetlerini internet ortamına taşıdıklarında aşağıdaki amaçlarını gerçekleştirebilmektedirler (Sweeney, 2000: 2-3):

- Rezervasyonları internet ortamında gerçekleştirebilmek,
- Turizm işletmesinin tanıtımını internet üzerinden yapabilmek,
- Ürün ve hizmetlerinin satışını gerçekleştirebilmek,
- Turizm işletmesinin kimliğini ve marka imajını yaratmak ve tanınmasını sağlamak,
- Turistik tüketicilere müşteri hizmetleri ve ürün desteği sağlamak,
- Satışları arttırmak,
- Reklam yapmak.

3.1.2. İnternetin Turizm İşletmeleri Üzerindeki Etkileri

İnternet turizm sektörü için önemli ve düşük maliyetli bir dağıtım kanalı haline gelmekte ve turistik hizmet sağlayıcıların küresel pazarlara kolay erişimini sağlamaktadır. Turizm sektörü için internet ve web uygulamaları dağıtım kanallarının kısmen yerini alacak, kısmen de dağıtım kanallarını tamamlayacak bir gelişme olarak görülmektedir. Bu gelişmeler turizm sektörüne yeni işletmelerin girmelerine ve geleneksel işletmelerin de sektör içindeki rollerinin ve ilişkilerinin değişmesine yol açmaktadır (Werthner ve Klein, 1999: 179). Turizm sektöründe gelişen internet uygulamalarının endüstrideki taraflar üzerinde yol açtığı değişim aşağıdaki tabloda (Tablo 13) verilmektedir.

Tablo 13: Elektronik Pazarda Değişen Roller ve İlişkiler

	Değişen Roller	Değişen İlişkiler
Turistler	• Hizmetlerin oluşturulması ve geliştirilmesinde daha etkin rol	• Yeni aracıların ve turistik hizmet sağlayıcıların hedefi olma
Seyahat Acentaları	• Karmaşık iş yapıları ve danışma konuları üzerinde daha fazla durma	• Satış kanalında gücün azalması, faaliyet alanlarının internette doğrudan satış yapan turistik hizmet sağlayıcılara kaptırılması
İnternetteki Seyahat Siteleri (Sanal aracılar, e-aracılar)	• Yeni aracılar olarak internet ortamında turistik tüketicilere ürün demeti sunulması	• Bilgi teknolojileri ve pazarın yeni kurallarını iyi bilen, fakat geleneksel gücü olmayan yeni aracılar • Büyüme ve kârlılık için ittifaklara gereksinim duyma • Pazarlama için bir varlık ancak işbirlikleri için bir engel olacak şekilde pazar işlevselliği (karşılaştırmalı alışveriş vs.)
Bölgesel ve/veya Ulusal Turizm Örgütleri	• Destinasyon pazarlama ve bölgesel internet ortamı oluşturma gibi alanlarda önemi artan rol • Turistik tüketiciler ile etkileşimde yeni yöntemler	• Temsil ettiği turistik hizmet sağlayıcılar ile ilişkilerde zor bir tarafsız tutum
Tur Operatörleri	• Bireysel ve paket turlar arasındaki sınırların belirsizleşmesi	• Turistik hizmet sağlayıcılar ile daha esnek paketlerin hazırlanması ve pazarlaması için daha esnek anlaşmalar
Bilgisayarlı Rezervasyon Sistemleri / Global Dağıtım Sistemleri	• İnternet siteleri ile işbirliği sayesinde büyüme potansiyeli • Yeni pazarlama yöntemleri	• Tek başına ya da elektronik perakende alanındaki işletmeler ile işbirliği yapılarak yani faaliyet alanlarının araştırılması • Farklı potansiyel müşteriler (turistik hizmet sağlayıcılar, sanal-aracılar, seyahat acentaları gibi) potansiyel çıkar çatışmaları
Turistik Hizmet Sağlayıcılar	• Turistik tüketicilere elektronik ortamda doğrudan satış • Tüketici işlemlerinin yeniden tanımlaması (elektronik biletleme, otomatik müşteri kabul işlemleri vs.)	• Seyahat acentaları ile kararsız ilişkiler, yatay ve dikey bütünleşmeler

Kaynak: (Werthner ve Klein, 1999: 179)

İnternet uygulamaları turizm sektöründeki işletmeleri aşağıda şekillerde etkilemektedir (Werthner ve Klein, 1999; 179):

- Seyahat acentaları faaliyetlerini internet ortamına taşımaktadırlar.
- Turizm sektöründe daha önce faaliyet göstermemiş ve bu endüstriye yeni giren işletmeler bazı durumlarda teknolojik know-how birikimlerine bağlı olarak faaliyetlerini şekillendirmekte ya da çeşitlendirmektedirler.
- Turizm örgütleri faaliyet alanlarını turistik hizmet sağlayıcıları bir araya getirecek bir ortam sağlama ve bazı durumlarda rezervasyon yapmaya kadar genişletmektedirler.
- Tur operatörleri ürünlerini yeni ortama göre uyarlamakta ve satış faaliyetlerini gelişmektedirler.
- Bilgisayarlı rezervasyon sistemleri ve global dağıtım sistemleri faaliyet alanlarının perakende pazarı için doğrudan satış konusunda yoğunlaştırmaktadırlar.
- Turistik hizmet sağlayıcılar internet ortamında doğrudan satış olanaklarını geliştirmektedirler.

İnternetin küresel ölçekte ve etkileşimli olarak gelişimi ve buna bağlı olarak tüketici davranışlarındaki değişim, turizm ve seyahat ürünlerinin geleneksel aracılarını değiştirmektedir. Geleneksel turizm aracı rolünü, dış bağlantıları olan seyahat acentaları, tur operatörleri ve iç piyasada faaliyet gösteren seyahat acentaları üstlenmekteydi. Bunlar, bilgisayarlı rezervasyon sistemleri, global dağıtım sistemleri, seyahat ağları ve teleteksten yararlanmaktaydılar. Elektronik ticaretin gelişimi ile birlikte turizm alanında B2B ve B2C uygulamaları başlamıştır. Turistik hizmet sağlayıcılar (havayolları, otomobil kiralama şirketleri ve otel zincirleri) bilgi teknolojilerinin sunduğu fırsatları görerek e-ticaret uygulamalarını geliştirmiş ve kullanıcıların doğrudan rezervasyon sistemlerine ulaşmalarını sağlamışlardır. Turizm sektörünün yeni yapılanmasının içinde tek bir ürün sunan hizmet sağlayıcıların yanı sıra farklı turistik ürünleri bir arada sunan hizmet sağlayıcılar da yer almaktadır. Ayrıca birçok turistik destinasyon, tanıtım ve küçük ölçekli işletmelerin ürünlerini pazarlayabilmek için destinasyon yönetim ve pazarlama sistemlerini kurmuşlardır. Geleneksel anlayışta hizmet veren seyahat acentaları da internette hizmet sunmaya başlayarak, yalnızca internette hizmet sunan seyahat acentalarının yanında yerlerini almışlardır. İnternet portalları ve dikey portallar, turizm ile ilgili içeriklerini internetteki farklı kaynaklardan sağlayarak turistik tüketicilere sunmaktadır. Medya şirketleri (gazeteler ve televizyonlar) klasik içeriklerinin yanı sıra internette de siteler açmışlar ve sitelerine e-ticaret hizmetlerini de eklemişlerdir (Buhalis ve Licata, 2002: 207-208).

Konaklama ve ulaştırma işletmeleri boş kapasite sorununu aşmak için internetin sunduğu olanaklardan yararlanırken (son dakika fiyatlaması -last minute pricing-uygulamaları), rezervasyonları için interneti kullanan turistik tüketiciler de düşük fiyatların avantajından yararlanmaktadırlar. Düşük fiyatlar ve rezervasyon işlemlerinin kolaylığı internette faaliyet gösteren seyahat aracılarının iş hacmini büyük ölçüde arttırmaktadır (Greenspan, 2003a).

Tablo 14: Geleneksel ve Yeni Turizm Aracıları

Geleneksel Aracılar	Yeni Aracılar (İnternet)
• Bilgisayarlı Rezervasyon Sistemleri (CRS) • Global Dağıtım Sistemleri (GDS) - Sabre - Amadeus - Galileo - Worldspan • Veri Bankaları • Teletekst	• Havayolu Şirketleri • Oteller • Destinasyonlar • Seyahat Acentaları • Son Dakika Rezervasyon • Portallar • Dikey Portallar • Gazeteler • Medya Şirketleri • Açık Arttırma Siteleri

Kaynak: (Buhalis ve Licata, 2002: 209)

İnternetin turistik tüketiciler tarafından araştırma ya da satın alma amaçlı olarak kullanımı sürekli artış göstermektedir. İnternet, turistik tüketiciler için çok önemli bir araç haline gelmiştir (Greenspan, 2003b). İnternetin turistik tüketiciler ile turistik hizmet sağlayıcılar arasındaki iletişimi arttırması, aracılar üzerinde önemli ölçüde etkili olmakta, aracısızlaştırma ve aracıların yeniden yapılandırılması gibi kavramlar ortaya çıkmaktadır (Buhalis, 2003: 39). Yukarıdaki tabloda (Tablo 14) internetin turizm sektöründe yarattığı etkilerin turizm aracılarında yol açtığı değişim verilmektedir. Bilgi teknolojilerinin ve özellikle de internetin turizm sektöründe yoğun biçimde kullanılması yeni aracıların ortaya çıkmalarına yol açmıştır.

3.2. E-Turizm Kavramı

Elektronik turizm (e-turizm), turizm, seyahat, konaklama ve yiyecek-içecek sektörlerinde tüm süreçlerin ve değer zincirlerinin dijitalleştirilmesi ile örgütlerin etkinlik ve verimliliğinin artırılmasıdır (Buhalis, 2003). Uygulama düzeyinde e-turizm e-ticaret ile bilgi ve iletişim teknolojilerini kapsarken; stratejik düzeyde e-turizm tüm iş süreçleri ve değer zincirinin yanında turizm işletmelerinin paydaşları ile stratejik ilişkilerini değiştirmekte, dönüştürmektedir. E-turizm kısaca bilgi ve iletişim teknolojilerinin turizm sektöründe uygulanmasıdır (Buhalis, 2003).

E-turizm; intranet sayesinde içsel süreçleri yeniden yapılandırarak, ekstraneti kullanarak güvenilir partnerler ile işletme arasındaki işlemleri geliştirerek ve internet aracılığıyla müşteriler ve diğer tüm paydaşlarla karşılıklı etkileşimi sağlayarak turizm işletmelerinin rekabetçiliğinde belirleyici olmaktadır. E-turizm kavramı; turizmin tüm alt sektörlerinde (seyahat, ulaştırma, eğlence, konaklama, destek ve birincil hizmet işletmeleri, aracılar ve kamu örgütlerinde), tüm işletme işlevlerinin (e-ticaret, e-pazarlama, e-finans ve e-muhasebe, e-İKY, e-işletim, e-AR-GE gibi) yanı sıra e-strateji, e-planlama ve e-yönetim (yönetişim) gibi alanları içine almaktadır (Buhalis ve Jun, 2011: 6). Bunun sonucunda e-turizm işletme yönetimi, bilgi sistemleri yönetimi ve turizm gibi üç farklı alanı birbirine bağlamaktadır (Buhalis ve Jun, 2011).

İnternetin geniş kitlelere yayılması ve ağa bağlı bilgisayarların yaygınlaşması ile karşılıklı iletişim ve etkileşime olanak sağlayan dijital sosyal ağlar çok sayıda birey için iş ve eğlence açısından önemli hale gelmiştir (Preibusch, Hoser, Gurses ve Berendt, 2007). Tüketicilerin artan gücü marka iletişimini, ürün algısını ve ürünlerin benimsenmesini tüketicinin yönlendirmesini sağlamaktadır. Birkaç tüketicinin etkileşimi gibi küçük çaplı durumlar marka topluluklarının oluşturulması gibi yüksek etkili durumlara dönüşmekte; tüketicilerin değişen davranışları işletmelerin ürün konumlandırma becerisini etkileyebilmektedir (Dobele, Toleman ve Beverland, 2005).

3.3. Sosyal Medya Kavramı

Sosyal medya, bireylerin fikirlerini ve deneyimlerini fotoğraflar, videolar, müzik, yorumlar ve algılamalar ile destekleyerek birbirleri ile paylaştıkları çevrimiçi platform ve araçlar olarak tanımlanabilir (Turban vd., 2008). güçlü bir demokratikleşme aracı olan sosyal medya işletme ve kurumlardan çok bireylere farklı medya ortamlarını kolayca ve çok düşük ya da sıfır maliyetle kontrol ve kullanım olanağı sunmaktadır (Turban vd., 2008).

İnternet teknolojisindeki evrim, Web 2.0 olarak adlandırılan teknolojiler bileşiminin gelişimini sağlamıştır. Web 2.0 teknolojisinin açıklık, paylaşım ve işbirliği içeren ideolojisi, daha ucuz ve kullanımı kolay pazarlama araçlarının oluşumunu olası hale getirmektedir (Matloka ve Buhalis, 2010: 520). Web 2.0 kavramı Tim O'Reilly ve MediaLive International firması arasında gerçekleşen bir konferans ile ortaya çıkmıştır (O'Reilly, 2005). Kullanıcının geliştirdiği içerik (kullanıcı türevli içerik) ve artan oranda işbirliği, Web 2.0 ve geleneksel web teknolojisi arasındaki temel farkı oluşturmaktadır. Web 1.0 pasif modelinden Web 2.0 etkileşimli modeline geçişle, tüketiciler eşzamanlı olarak bilgi değişiminin başlatıcısı ve alıcısı olmuşlardır (Grabner- Kräuter, 2009: 505; Hanna, Rohm ve Crittenden, 2011). Sosyal medya, Web 2.0 teknolojisine bağlı olarak yaratılmış ve geliştirilmiştir (Saperstein ve Hastings, 2010) Sosyal medya kavramı çeşitli şekillerde tanımlanmaktadır:

- Sosyal medya; bloglar ve forumlar üzerindeki yazılar, fotoğraflar, ses kayıtları, videolar, linkler, sosyal paylaşım sitelerindeki profil sayfaları ve daha çok sayıda sosyal ağları oluşturan tüm farklı içerikleri tanımlayan geniş bir terimdir (Eley ve Tilley, 2009: 78).
- Sosyal medya; birbirlerini ürünler, markalar, hizmetler, kişilikler ve konular hakkında eğitme isteğinde olan tüketicilerin yarattığı, başlattığı, yaydığı ve kullandığı yeni ve gelişmekte olan çevrimiçi bilgi kaynaklarıdır (Blackshaw ve Nazzaro, 2004: 2).
- Sosyal medya; Web 2.0'ın teknolojik ve ideolojik temelleri üzerine kurulmuş, kullanıcı türevli içeriğin yaratılması ve değişimine izin veren, internete dayanan bir uygulamalar grubudur (Kaplan ve Haenlein, 2010: 61).

İnternetin günlük yaşamın içine girmesi ağızdan ağıza iletişim için çok uygun bir ortam yarattığı için artan sayıda tüketici ürün ve hizmetlere ilişkin görüşlerini çevrimiçi yazmaya ve paylaşmaya başlamıştır (Yoo ve Gretzel, 2008). Güçlü çevrimiçi toplulukların yaratılması işletmelere günümüz iş çevresinde elde edilmesi güç düzeyde müşteri sadakati sağlama olanağı sunmakta ve ekonomik açıdan işletmelere önemli geri dönüşler sağlamaktadır (Armstrong ve Hagel, 1999). Bireyler artık düşünce ve görüşlerini tüm internet kullanıcıları ile paylaşabilmekte (Dellarocas, 2003), milyonlarca internet kullanıcısı çevrimiçi sosyal ağlar sayesinde etkileşime geçebilmekte, bilgi alışverişi yapmakta ve diğerleri ile fikirlerini paylaşmaktadır (Thorson ve Rodgers, 2006).

3.4. Sosyal Medya Pazarlaması

Bilgi ve iletişim teknolojilerinin etkisi güven, örgüt yapıları, değer sistemleri, ağlar ve bilgi erişimi gibi alanlarda bir değişim dinamiği getirmektedir (Tuomi, 2003). Günümüz toplumlarında birbirleri ile iletişim ve etlileşim halinde olan kütlelerin gücü artmaktadır (Li and Bernoff, 2008). Tüketiciler ürün ve hizmetler hakkında bloglarda yazmakta ya da markalar hakkında Twitter ve Facebook'ta fikirlerini paylaşmaktadır (Li and Bernoff, 2009). Tüketicilerin sosyal ağlarda ürün ve hizmeler hakkında görüşlerini paylaşmaya gösterdikleri ilgi işletmeler için kolaylıkla fırsat ve kâra dönüştürülebilmektedir.

Internetin tüketicilere sağladığı olanaklar e-postanın da yardımı ile bilgi aramayı ve yaymayı kolaylaştırmaktadır (Stromer-Galley, 2003; Williams ve Trammell, 2005). Çevrimiçi ağlara bağlı iletişimin temeli olan karşılıklı etkileşim internet kullanıcılarına erişimlerini kontrol etme, bir web sitesine katkıda bulunma ve pasif biçimde etki altında kalmanın dışında davranabilme fırsatları sunmaktadır (Williams ve Trammell, 2005). Sosyal bilgi işleme teorisinde (social information processing theory) ileri sürüldüğü gibi sosyal ağlar bireylere bilgi sunarken, onların davranış ve faaliyetlerini yönlendirecek ipuçları sağlamaktadır (Tinson and Ensor, 2001). Çevrimiçi sosyal ağlar ürün ve hizmetlerin tüketiciler tarafından benimsenmesini ve tüketilmesini sağlayan bilgiler sunan bir kaynak olarak giderek artan bir önem kazanmaktadır.

Sosyal ağlardaki bireyler ortak ilgileri ve benzer zevkleri paylaşırlar. Sosyal ağların bu özelliği bir ürünün sosyal ağın üyeleri tarafından kabul edilip edilmeyeceğini belirlemektedir (Rosen, 2000). Sosyal ağdaki bireylerin belirgin bir çoğunluğu bir ürünü kullanmaya başladığında, pozitif ağ dışsallıklarına bağlı olarak ürün değerli hale gelmektedir (Haruvy ve Prasad, 2001; Van Hove, 1999; Alkemade ve Castaldi, 2005). Bir grup içerisindeki bireylerin karar alma süreçlerinde diğerlerinin kararlarına bağımlılıkları farklılık gösterse de, grup halinde hareket etmenin dinamikleri -bireyler ancak diğerlerinin faaliyete geçtiğini gördüklerinde eyleme geçecekleri için- "bandwagon etkisi" yaratmaktadır (Chiang, 2007: 48).

Ağızdan ağıza iletişim, tüketicilerin bir işletme ya da ürüne ilişkin kişisel deneyimlerinin paylaşıldığı kişiler arası bir iletişim şeklidir (Richins, 1983). Ağızdan ağıza iletişim üzerine ilk araştırmalar kişiler arasındaki (yüz yüze) etkileşime odaklanırken (Anderson, 1998; Bearden ve Etzel, 1982; Katz ve Lazarsfeld, 1955; Rogers, 1983); bilgi ve iletişim teknolojilerindeki ilerlemeler iletişim alanında da dönüşümlere yol açmış, bilgi arama ve karar verme süreçlerinde internet ortamındaki iletişim çok önemli hale gelmiştir (Dellarocas, 2003; Kozinets, 2002).

Bireyler yalnızca reklamcılar tarafından ikna edilememekte; iletişime geçilen ve her gün konuşulan diğer bireyler (aile üyeleri, tanıdıklar ve hatta yabancılar) ürünler, hizmetler, markalar ve politik seçimler konusunda dikkate değer ve etkili fikir ve bilgi kaynakları olarak görülmektedir (Thorson ve Rodgers, 2006). Fikirlerin ve davranışların değişmesinde kişisel bağlantıların önem ve etkisi 1957'de Brooks (1957) tarafından gündeme getirilmiştir. İletişimin yayılması ve grup içinde bilgi paylaşımı üzerine çalışmalar 1950'lerde başlamıştır (Boase ve Wellman, 2001; Yair, 2008) .

Farklı sektörlerde faaliyet gösteren işletmeler için pazarlama stratejilerinin temelinde, hangi müşteri kitlesine hizmet edileceği ve bu müşteri kitlesi için ne şekilde değer yaratılabileceği yer almaktadır. Bir işletmenin pazarlama süreci içerisindeki üç adım (pazarı ve müşteri gereksinimlerini anlamak, müşteri odaklı bir pazarlama stratejisi oluşturmak ve bütünleşik bir pazarlama planı hazırlamak) işletmeyi dördüncü ve en önemli adıma yönlendirmektedir: kârlı müşteri ilişkileri kurabilmek (Kotler, Bowen ve Makens, 2010: 21). Çevrimiçi sosyal ağların müşteri karar alma sürecindeki ve tüketim alışkanlıklarını belirlemedeki etkilerinin artması turizm sektöründe tüketici davranışını anlama yöntemlerini, stratejileri ve karar alma süreçlerini etkilemekte, değiştirmektedir (Kozinets, 1999).

Web 2.0 teknolojisinin tüketicilere sunduğu sosyal medya kullanıcı türevli içeriğin ürün ve hizmetler hakkındaki kamuoyu algısını şekillendirmesine olanak tanımaktadır. Bireyler ve çevrimiçi topluluklar tüketici kültürünü ve tercihlerini etkileyecek güce ulaşmışlardır (McConnell and Huba, 2007). Tüketicilerin satın alma kararları kendi tecihlerinin yanı sıra sosyal ağlardaki bireylerin tercihlerine de bağlı olmaktadır. İşletmeler sosyal ağların yapısı ve bu ağlardaki tüketicilerin özellikleri hakkında yeterli bilgi sahibi olabilirlerse daha etkin ve etkili pazarlama stratejileri geliştirebileceklerdir (Alkemade ve Castaldi, 2005).

Sosyal medya işletmeler ve tüketiciler arasındaki iletişim engellerini ortadan kaldırmaktadır. İşletme ile ilişki içindeki her müşteri, çalışan ve birey, o işletmenin elektronik itibarını etkileyebilmektedir (Vocus, 2009). Sosyal medya pazarlaması, çevrimiçi sosyal kanallar ile web sitelerinin, ürünlerin ve hizmetlerin tanıtılmasına ve geleneksel reklamcılık kanalları ile mümkün olamayacak kadar geniş kitleler ile iletişim ve etkileşime geçilmesine izin veren bir süreçtir (Weinberg, 2009: 3). Sosyal medya pazarlamasında işletmeler tüketiciler ile tek yönlü değil çift yönlü iletişim kurmakta ve ağızdan ağıza iletişimi desteklemektedir (Wigmo ve Wikström, 2010: 20).

3.5. Sosyal Medya Pazarlaması ve Turizm Sektörü

Bilgi ve iletişim teknolojilerindeki ilerlemelerin getirdiği yenilikler ve özellikle Web 2.0 teknolojisi turizm sektörünü ciddi ölçüde ilgilendirmektedir (Miguéns, Baggio ve Costa 2008). Teknolojik dönüşümler 1980'lerden beri dünya genelinde turizm sektörünün yapısında değişimlere yol açmaktadır. İnternet, turizmle ilgili bilginin dağıtım şeklini ve insanların seyahatlerini planlama ve tüketim şeklini bütünüyle yeniden şekillendirmiştir (Buhalis ve Law, 2008). Turizm, her döneminde bilgi yoğun bir sektör olarak değerlendirilmektedir (Buhalis, 2003; Sheldon, 1997; Werthner ve Klein, 1999). Bilgi ve iletişim teknolojilerindeki gelişmeler, turizmin gerektirdiği iletişim ve etkileşim ortamını sağlamakta, faaliyetlerin düzgün yürütülebileceği tamamen bilgiye dayalı bir altyapı oluşumuna olanak vermektedir (Buhalis ve Law, 2008).

Turizm tüketicilerinin internet kullanımının artması, sosyal medyayı turizm açısından daha çekici hale getirmektedir Turistler, seyahat ettikleri yerlerde yaşadıkları deneyimleri ve bu deneyimler ile ilgilii yorumları, çektikleri fotoğrafları, videoları arkadaşları, aileleri, turizm firmaları ve yabancılarla farklı sosyal medya platformları aracılığıyla paylaşmaktadır (Xiang ve Gretzel, 2010).

Turizm alanında kullanılan Web 2.0 uygulamaları, başarılı bir danışmanlık firması olan PhoCusWright'ın CEO'su Philip C. Wolf tarafından, "Seyahat 2.0" (Travel 2.0) olarak adlandırılmıştır (Miguéns, Baggio ve Costa, 2008: 2). Web 2.0 ya da Seyahat 2.0 uygulamaları içerisinde içerik oluşturma ve yönetim, etkileşimli web uygulamaları oluşturan teknikler (AJAX), müşteri derecelendirme ve değerlendirme sistemleri, etiketleme, wikiler (wikis), mesaj panoları, bloglar, sanal dünyalar ve videolar yer almaktadır (Schmallegger ve Carson, 2008). Seyahat 2.0, sosyal paylaşım ve sanal topluluklar kavramlarını bir araya getirgetirerek bu kavramları turizm sektörü ile doğrudan ilişkilendirmektedir (Atadil, 2011).

Turizm sektöründe bireyler çoğunlukla diğer bireylerin (akran durumundaki bireylerin) paylaştıkları deneyimlere güvenmektedirler. Seyahat eden kişi, iyi ya da kötü bir deneyim yaşadığı zaman bunu ailesi ve arkadaşları ile paylaşma eğiliminde olmaktadır. Sosyal medyada platformlarında ise bu deneyimler, üyeleri tarafından birbirlerine aktarılmaktadır. Tüketiciler, sosyal medyada bağlantıda oldukları kişilerin paylaştıkları deneyimlerden oluşan içeriği, geleneksel pazarlama materyallerinden daha güvenilir ve gerçekçi bulmaktadırlar (Wheeler, 2009).

Seyahat deneyimlerinin sosyal medyada oluşum süreci üç farklı aşamada değerlendirilmektedir (Milano, Baggio ve Piattelli 2011: 4):

- Geçmiş deneyim: Diğer insanların seyahat anlatıları ve öykülerinden oluşmaktadır. Turizm tüketicisi seyahat kararını vermeden önce bilgi bu kaynaklardan bilgi edinebilmektedir.
- Seyahat ve konaklama sırasındaki deneyim: Bilgi ve iletişim teknolojilerindeki ilerlemeler sayesinde turizm tüketicileri, gerçek zamanlı deneyimlerini mobil uygulamalar yoluyla sosyal medya platformlarında paylaşabilmektedir.

- Seyahat ve konaklama sonrası deneyim: Turizm tüketicilerinin seyahat sonrası seyahat deneyimleri hakkında sosyal medya platformlarında yaptıkları yorumları, değerlendirmeleri ve paylaştıkları duyguları içermektedir.

Tüketiciler elektronik ağızdan ağıza iletişimi, internette şirketler tarafından sunulan bilgilere göre daha güvenilir, empatik ve yakın bulmaktadır (Bickart ve Schindler, 2001). Elektronik ağızdan ağıza iletişim tüketicilere ekonomik ve sosyal değer sunduğundan (Balasubramanian ve Mahajan, 2001), bireyler elektronik ağızdan ağıza iletişimden yararlanmak ve yaratım sürecine katkıda bulunmak için farklı nedenlere sahiptir (Hennig-Thurau, Gwinner, Walsh & Gremler, 2004). Bir ürün ya da hizmet satın almadan önce çevrimiçi bilgi ve görüş arama davranışının gerisinde sekiz motivasyon bulunduğu öne sürülmektedir (Goldsmith ve Horowitz, 2006; Cheong ve Morrison, 2008): riski azaltmak, diğerlerinin davranışlarını taklit etmek, düşük fiyatlara ulaşabilmek, bilgiye erişebilmek, şans eseri veya planlamadan arayış, bu işi çekici bulmak, çevrimiçi olmayan girdilerin (televizyon gibi) yönlendirmesi ve satış öncesi bilgi edinebilmek.

Seyahat ile ilgili kararlarda, özellikle tüketici hizmet sağlayıcıyı tanımıyorsa, ağızdan ağıza iletişim daha büyük önem kazanmaktadır. Seyahat planlamada ağızdan ağıza iletişim uzun süredir en önemli dışsal bilgi kaynaklarından biri olarak değerlendirilmektedir (Snepenger ve Snepenger, 1993; Fodness ve Murray, 1997; Crotts, 1999; Hwang, Gretzel, Xiang ve Fesenmaier, 2006; Kotler, Bowen ve Makens, 2006; Murphy, Moscardo ve Benckendorff, 2007).

Turizm alanında bilgi tüketici davranışını etkileyen ve belirleyen en önemli faktör olarak görülmektedir (Maser ve Weiermair, 1998). Tüketici farkındalığı, seçimi ve tercihleri turizm tüketicisinin erişebildiği ve kullandığı bilgi ile şekillenmektedir (Fodness ve Murray, 1997). Hizmet ürünlerinin soyut yapısı tüketicileri, algılanan riski ve belirsizliği azaltmak için deneyimli bir kaynaktan gelen ağızdan ağıza iletişim bilgisini aramaya yönlendirmektedir (Olshavsky ve Granbois, 1979; Murray, 1991; Bansal ve Voyer, 2000; Gretzel ve Yoo, 2008). İnternetin yaygınlaşması ile turizm tüketicileri turizm ürün ve hizmetleri hakkında diğer tüketicilerden bilgi edinebilecekleri yeni yollar bulmuşlardır. Ağızdan ağıza iletişim ile benzer olan bu iletişim yöntemi ağıdan fareye iletişim (word-of mouse communication), çevrimiçi ağızdan ağıza iletişim ya da elektronik ağızdan ağıza iletişim olarak adlandırılmakta ve tüketicileri güçlendirmektedir. Turizm faaliyetlerine katılanlar bağlantıda oldukları kişiler ile görüşlerini; e-posta yoluyla, internet siteleri ve forumlara yorum ve geribildirimler yazarak, çevrimiçi bloglar yayımlayarak, internette topluluklar kurarak ya da mevcut topluluklara katılarak paylaşmaktadır (Pan, MacLaurin ve Crotts, 2007).

KAYNAKÇA

Akat, Ö. (1996). *Uluslararası Pazarlama Karması ve Yönetimi*. Bursa: Ekin Kitabevi Yayınları.

Akgeyik, T. (1998). *Stratejik Üretim Yönetimi*. İstanbul: Sistem Yayıncılık.

Akgül, M.K. (2002). Bilgi Teknolojileri Kullanımının Türkiye'nin Verimliliğine Etkileri. *Anahtar* (Milli Prodüktivite Merkezi Aylık Yayın Organı), Yıl: 14, Sayı: 162, Haziran 2002.

Akın, H.B. (1999). 2000 Yılına Doğru Bilgi Toplumu Üzerine Genel Bir Değerlendirme ve Bilgi Ekonomisinin Özellikleri. *Verimlilik Dergisi*, 1999/1.

Akın, H.B. (2001). *Yeni Ekonomi / Strateji, Rekabet, Teknoloji Yönetimi*. Konya: Çizgi Kitabevi.

Aktan, C.C. & Tunç, M. (1998). Bilgi Toplumu ve Türkiye. *Yeni Türkiye Dergisi 21. Yüzyıl Özel Sayısı*, Ocak – Şubat 1998.

Alic, J.A. (1997). Knowledge, Skill, and Education in the New Global Economy. *Futures*, 29(1), 5-16.

Alkemade, F. & Castaldi, C. (2005). Strategies for the Diffusion of Innovations on Social Networks. *Computational Economics*, 25(1-2), 3-23.

Anckar, B. & Walden, P. (2001). Introducing Web Technology in a Small Peripheral Hospitality Organization. *International Journal of Contemporary Hospitality Management*, 13(5), 241-250.

Anderson, E.W. (1998). Customer Satisfaction and Word of Mouth. *Journal of Service Research*, 1(1), 5-17.

Angelides, M.C. (1997). Implementing the Internet for Business: A Global Marketing Opportunity. *International Journal of Information Management*, 17(6), 405-419.

Armstrong, A. & Hagel III, J. (1999). The Real Value of Online Communities. Ed. D. Tapscott, *Creating Value in the Network Economy*, (ss. 173-186), Boston: Harvard Business School Press.

Arthur Andersen Yönetim ve İnsan Kaynakları Danışmanlığı Ltd. Şti. (2001). *değişim.tr / İnternetle Gelişimde Türkiye*. İstanbul: Türkiye İş Bankası Kültür Yayınları.

Atadil, H.A. (2011). Otel İşletmelerinde Sosyal Medya Pazarlaması: Turizm Tüketicilerinin Sosyal Medya Paylaşım sitelerine İlişkin Algıları Üzerine Bir Alan Çalışması. Yayımlanmamış Yüksek Lisans Tezi, Dokuz Eylül Üniversitesi Sosyal Bilimler Enstitüsü, İzmir.

Balasubramanian, S. & Mahajan, V. (2001). The Economic Leverage of the Virtual Community. International Journal of Electronic Commerce, 5(3), 103-138.

Baloglu, S. & Mangaloglu, M. (2001). Tourism Destination Images of Turkey, Egypt, Greece, and Italy as Perceived by US-based Tour Operators and Travel Agents. *Tourism Management*, 22(1), 1-9.

Bansal, H.S. & Voyer, P.A. (2000). Word-of-Mouth Processes within a Services Purchase Decision Context. *Journal of Service Research*, 3(2), 166-177.

Barlow, G.L. (2002). Yield Management in Budget Airlines. Ed. Anthony Ingold, Una McMahon-Beattie and Ian Yeoman, *Yield Management*, 2nd Edition (ss. 198-210). London: Continuum.

Barutçugil, İ. (2002). *Bilgi Yönetimi.* İstanbul: Kariyer Yayıncılık İletişim Eğitim Hizmetleri Ltd. Şti.

Bayraktaroglu, S. & Kutanis, R.Ö. (2003). Transforming Hotels into Learning Organisations: A New Strategy for Going Global. *Tourism Management*, 24(2), 149-154.

Bearden, W.O. & Etzel, M.J. (1982). Reference Group Influence on Product and Brand Purchase Decisions. *Journal of Consumer Research*, 9(September), 183-194.

Bell, D. (1973). *The Coming of Post-Industrial Society.* New York: Basic Boks.

Bennett, M. (1995). Travels Into Future. *Geographical*, 67(2), 18-19.

Bickart, B. & Schindler, R.M. (2001). Internet Forums as Influential Sources of Consumer Information. Journal of Interactive Marketing, 15(3), 2001, 31-40.

Bigné, J.E., Sánchez, M.I. & Sánchez, J. (2001). Tourism Image, Evaluation Variables and After Purchase Behaviour: Inter-relationship. *Tourism Management,* 22(6), 607-616.

Boase, J. & Wellman, B. (2001). A Plague of Viruses: Biological, Computer and Marketing. *Current Sociology*, 49(6), 39-55.

Bolat, T. (2000). *Toplam Kalite Yönetimi / Konaklama İşletmelerinde Uygulanması.* İstanbul: Beta Basım Yayım.

Bornman, E. (2001). The Many Faces of Globalisation. *Mousaion,* 19(1), 93-114.

Bozkurt, V. (2000b). *Enformasyon Toplumu ve Türkiye,* 3. Basım. İstanbul: Sistem Yayıncılık.

Briggs, S. (2001). *Successful Web Marketing for the Tourism and Leisure Sectors.* London: Kogan Page.

Brooks, R.C. (1957). 'Word-of-Mouth Advertising' in Selling New Products. *The Journal of Marketing*, 22(2), 154-161.

Buğdaycı, A. (1998). Yönetimde Dijital Devrim. *Capital Aylık Ekonomi Dergisi*, Nisan 1998, Yıl 6, Sayı 1998/04.

Buhalis, D. & Law, R. (2008). Progress in Information Technology and Tourism Management: 20 Years on and 10 Years after the Internet—The State of Etourism Research. *Tourism Management*, 29(4), 609-623.

Buhalis, D. & Licata, M.C. (2002). The Future of eTourism Intermediaries. *Tourism Management,* 23(3), 207-220.

Buhalis, D. & Main, H. (1998). Information Technology in Peripheral Small and Medium Hospitality Enterprises: Strategic Analysis and Critical Factors. *International Journal of Contemporary Hospitality Management,* 10(5), 198-202.

Buhalis, D. (1997). Information Technology as a Stratejik Tool for Economic, Social, Cultural and Environmental Benefits Enhancement of Tourism at Destination Regions. *Progress in Tourism and Hospitality Research*, 3(1), 71-93.

Buhalis, D. (1998a). Strategic Use of Information Technologies in the Tourism Industry. *Tourism Management*, 19(5), 409-421.

Buhalis, D. (2000a). Marketing the Competitive Destination of the Future. *Tourism Management*, 21(1), 97-116.

Buhalis, D. (2000b). Distribution Channels in the Changing Travel Travel Industry. *International Journal of Tourism Research*, 2(2), 137-139.

Buhalis, D. (2001a). The Tourism Phenomenon / The New Tourist and Consumer, Eds. Salah Wahab & Chris Cooper, *Tourism in the Age of Globalisation (ss. 69-96)*, London: Routledge.

Buhalis, D. (2001b). Tourism Distribution Channels: Practices and Processes. Eds. Dimitrios Buhalis & Eric Laws, *Tourism Distribution Channels (ss. 7-32)*, London: Continuum.

Buhalis, D. (2003). *eTourism / Information Technology for Strategic Tourism Management*, Gosport, UK: Prentice Hall.

Capital (2003). Farklılaşmada Mor Dersler. *Capital Aylık Ekonomi Dergisi*, Kasım 2003, Yıl 11, Sayı 2003/11, 182-188.

Caro, J.L., Guevara, A., Aguayo, A. & Gálvez, S. (2000). Workflow Management Applied to Information Systems in Tourism. *Journal of Travel Research*, 39(2), 220-226.

Ceyhun, Y. & Çağlayan, M.U. (1997). *Bilgi Teknolojileri Türkiye İçin Nasıl Bir Gelecek Hazırlamakta.* Ankara: Türkiye İş Bankası Kültür Yayınları.

Cheong, H.J. & Morrison, M.A. (2008). Consumers' Reliance on Product Information and Recommendations Found in UGC. Journal of Interactive Advertising, 8(2), 38-49.

Chiang, Y.-S. (2007). Birds of Moderately Different Feathers: Bandwagon Dynamics and the Threshold Heterogeneity of Network Neighbors. *The Journal of Mathematical Sociology*, 31(1), 47-69.

Collison, F.M. & Boberg, K.B. (1993). Marketing of Airline Services in a Deregulated Environment. Ed. S. Medlik, *Managing Tourism (ss. 179-190)*.Oxford, UK: Butterworth-Heinemann.

Connolly, D.J. & Olsen, M.D. (2001). An Environmental Assessment of How Technology Is Reshaping the Hospitality Industry. *Tourism and Hospitality Research*, 3(1), 73-93.

Cox, B.Ö. (2002). *Avrupa Birliği Hukukunda Elektronik Ticaret ve Türkiye'deki Gelişmeler.* İstanbul: Pusula Yayıncılık.

Crotts, J.C. (1999). Consumer Decision-Making and Prepurchase Information Search. Eds. A. Pizam & Y. Masfeld, *Consumer Behavior in Travel and Tourism (ss. 149–168).* Binghamton, New York: Haworth Hospitality Press.

Dellarocas, C. (2003). The Digitization of Word-Of-Mouth: Promise and Challenges of Online Feedback Mechanisms. Management Science, 49(10), 1407-1424.

Deniz, R.B. (2001). *İşletmeden Tüketiciye İnternette Pazarlama ve Türkiye'deki Boyutları.* İstanbul: Beta Basım Yayım Dağıtım A.Ş.

Dessler, G. (2000). *Human Resource Management*, 8th Ed. Upper Saddle River, NJ: Prentice-Hall

Dhillon, G. & Hackney, R. (2003). Positioning IS/IT in Networked Firms. *International Journal of Information Management*, 23(2), 163-169.

Dobele, A., Toleman, D. & Beverland, M. (2005). Controlled Infection! Spreading the Brand Message through Viral Marketing. *Business Horizons*, 48(2), 143-149.

Doganis, R. (2001). *The Airline Business in the Twenty-first Century.* London: Routledge.

Drucker, P.F. (1993a). *Kapitalist Ötesi Toplum*, Çeviren: B. Çorakçı. İstanbul: İnkılâp Kitabevi.

Drucker, P.F. (1993b). *Gelecek İçin Yönetim: 1990'lar ve Sonrası*, Çeviren: F. Üçcan. Ankara: Türkiye İş Bankası Kültür Yayınları.

Dura, C. & Atik, H. (2002) *Bilgi Toplumu, Bilgi Ekonomisi ve Türkiye,* İstanbul: Literatür Yayıncılık.

Dünya Turizm Örgütü (WTO/World Tourism Organization) (1999). *Marketing Tourism Destinations Online / Strategies for the Information Age.* Madrid: World Tourism Organization.

Eley, B. & Tilley, S. (2009). *Online Marketing Inside Out.* Melbourne: SitePoint

Ene, S. (2002). *Elektronik Ticarette Tüketicinin Korunması ve Bir Uygulama.* İstanbul: Pusula Yayıncılık.

Erkan, C. (1993). *Küreselleşme ve Avrupa Topluluğu Karşısında Türkiye'nin Rekabet Yeteneği.* Ankara: Takav.

Erkan, H. & Erkan, C. (1998). *Kültür Politikamızda Yeni Boyutlar / Türkiye'nin Geleceğine Yönelik Kültür Değerleri ve Politikaları.* Ankara: Kültür Bakanlığı Yayınları.

Erkan, H. (1998). *Bilgi Toplumu ve Ekonomik Gelişme,* 4. Baskı. Ankara: Türkiye İş Bankası Kültür Yayınları.

Fayos-Solà, E. & Bueno, A.P. (2001). Globalization, National Tourism Policy and International Organizations. Ed. Salah Wahab and Chris Cooper, *Tourism in the Age of Globalisation, (ss. 45-65),* London: Routledge.

Fırat, E. (2000). En Değerli Müşteri Kimde? *Capital Aylık Ekonomi Dergisi,* Kasım 2000, Yıl 8, Sayı 2000/11.

Fırat, E. (2001). Değerde Yeni Formül. *Capital Aylık Ekonomi Dergisi,* Şubat 2001, Yıl 9, Sayı 2001/02.

Fodness, D. & Murray, B. (1997). Tourist Information Search. Annals of Tourism Research, 24(3), 503-523.

Forge, S. (2000a). Towards a Theory of Electronic Capitalism. *Foresight / The Journal of Futures Studies, Strategic Thinking and Policy,* 02(01), February 2000, 21-53.

Forge, S. (2000b). The E-Factor: New Rules of the Tele-Economy. *Foresight / The Journal of Futures Studies, Strategic Thinking and Policy,* 02(03), June 2000, 269-290.

Freeman, C. & Soete, L. (2003).Yenilik İktisadı, Çeviren: Ergun Türkcan. Ankara: TÜBİTAK Yayınları.

Frew, A.J. (2000). Information and Communications Technology Research in the Travel and Tourism Domain: Perspective and Direction. *Journal of Travel Research,* 39(2), 136-145.

Galbreath, J. (2002). Twenty-First Century Management Rules: The Management of Relationships as Intangible Assets. *Management Decision,* 40(2), 116-126.

Gillen, D. & Lall, A. (2002). The Economics of The Internet, The New Economy and Opportunities for Airports. *Journal of Air Transport Management,* 8(1), 49-62.

Goldsmith, R.E. & Horowitz, D. (2006). Measuring Motivations for Online Opinion Seeking. Journal of Interactive Advertising, 6(2), 3-14.

Gonzáles, A.M. & Bello, L. (2002). The Construct "Lifestyle" in Market Segmentation / The Behaviour of Tourist Consumers. *European Journal of Marketing,* 36(1-2), 51-85.

Göker, A. (1995). *Bilim, Teknoloji, Sanayi Üçlemesi ve Türkiye Üzerine Söyleşiler.* İstanbul: Sarmal Yayınevi.

Grabner-Kräuter, S. (2009). Web 2.0 Social Networks: The Role of Trust. *Journal of Business Ethics,* 90(4), 505-522

Granovetter, M. (2005). Economic Action and Social Structure: The Problem of Embeddedness. *American Journal of Sociology*, 91(3), 481-510.

Gretzel, U. & Yoo, K.H. (2008). Use and Impact of Online Travel Reviews. Eds. Peter O'Connor, Wolfram Höpken & Ulrike Gretzel, *Information and Communication Technologies in Tourism 2008*, Proceedings of the International Conference in Innsbruck, Austria *(ss. 35-46)*. Vienna: Springer.

Gretzel, U., Yuan, Y.-L. & Fesenmaier, D.R. (2000). Preparing for the New Economy: Advertising Strategies and Change in Destination Marketing Organizations. *Journal of Travel Research*, 39(2), 146-156.

Güvenç, N. (1998). *Globalizm*. İstanbul: BDS Yayınları.

Güzelcik, E. (1999). *Küreselleşme ve İşletmelerde Değişen Kurum İmajı*. İstanbul: Sistem Yayıncılık.

Hanna, R., Rohm, A. & Crittenden, L.V. (2011). We`re All Connected: The Power of the Social Media Ecosystem. *Business Horizons*, 54(3), 265-273.

Harbaugh, L. (1998). Travel and Tourism Hangs Ten on the Electronic Wave. *Business America*, 119(1), 43.

Harrison, J.S. (2003). Strategic Analysis for the Hospitality Industry. *The Cornell Hotel and Restaurant Administration Quarterly*, 44(2), 139-152.

Hart, C.W.L. & Troy, D.A. (1996). *Strategic Hotel/Motel Marketing*. East Lansing, Michigan: Educational Institute of the American Hotel & Motel Association.

Haruvy, E. & Prasad, A. (2001). Optimal Freeware Quality in the Presence of Network Externalities: An Evolutionary Game Theoretical Approach. *Journal of Evolutionary Economics*, 11(2), 231-48.

Hennig-Thurau, T., Gwinner, K.P., Walsh, G. & Gremler, D.D. (2004). Electronic Word-of-Mouth via Consumer-Opinion Platforms: What Motivates Consumers to Articulate Themselves on the Internet? Journal of Interactive Marketing, 18(1), 38-52.

Heung, V.C.S. (2003). Barriers to Implementing E-Commerce in the Travel Industry: A Practical Perspective. *Hospitality Management*, 22(1), 111-118.

Hirst, P. & Thompson, G. (2000). *Küreselleşme Sorgulanıyor,* 2. Baskı, Çeviren: Çağla Erdem ve Elif Yücel. Ankara: Dost Kitabevi.

Hjalager, A.-M. (2002). Repairing Innovation Defectiveness in Tourism. *Tourism Management*, 23(5), 465-474.

Hwang, Y., Gretzel, U., Xiang, Z. & Fesenmaier, D. (2006). Information Search for Travel Decisions. Eds. D. Fesenmaier, H. Werthner & K. Wöber, *Destination Recommendation Systems: Behavioral Foundations and Applications (ss. 3–16)*. Cambridge, MA: CAB International.

Inkpen, G. (1998). *Information Technology for Travel and Tourism,* 2nd Edition. Singapore: Longman.

Ioannides, D. & Debbage, K. (1997). Post-Fordizm and Flexibility: The Travel Industry Polyglot. *Tourism Management*, 18(4), 229-241.

İçöz, O. (2001). *Turizm İşletmelerinde Pazarlama / İlkeler ve Uygulamalar,* 2. Basım. Ankara: Turhan Kitabevi.

İlyasoğlu, E. (1997). *Türk Bilgi Teknolojisi ve Gümrük Birliği*. Ankara: Türkiye İş Bankası Kültür Yayınları.

İyibozkurt, E. (1999). *Küreselleşme ve Türkiye,* 1. Baskı. Bursa: Ezgi Kitabevi.

Johns, N. (2002). Computerized Yield Management Systems: Lessons from the Airline Industry. Ed. Anthony Ingold, Una McMahon-Beattie and Ian Yeoman, *Yield Management*, 2nd Edition *(ss. 140-148)*, London: Continuum.

Jones, P. (2002). Defining Yield Management and Measuring Its Impact on Hotel Performance. Ed. Anthony Ingold, Una McMahon-Beattie and Ian Yeoman, *Yield Management*, 2nd Edition, *(pp. 85-97)*. Continuum, London.

Kaplan, M.A. & Haenlein, M. (2010). Users of the World, Unite! The Challenges and Opportunities of Social Media. *Business Horizons*, 53(1), 59-68.

Katz, E. & Lazarsfeld, P.F. (1955). *Personal Influence: The Part Played by People in the Flow of Mass Communication*. New York: The Free Press.

Kazgan, G. (2000). *Küreselleşme ve Ulus-Devlet / Yeni Ekonomik Düzen*. İstanbul: Bilgi Üniversitesi Yayınları.

Kepenek, Y. (2000). Ekonomik Yönleriyle Elektronik Ticaret. Der. Veysel Bozkurt, *Elektronik Tic@ret* (ss. 19-62), İstanbul: Alfa Basım Yayım Dağıtım,.

Kırcova, İ. (2002). *İnternette Pazarlama*, 2. Baskı. İstanbul: Beta Basım Yayım Dağıtım A.Ş.

Kim, W.C. & Mauborgne, R. (1997). Fair Process: Managing in The Knowledge Economy. *Harvard Business Review*, July-August 1997.

Kotler, P., Bowen, J.T. & Maken, J. (2006). Marketing for Hospitality and Tourism, 4th Edition. Englewood Cliffs, NJ: Prentice Hall.

Kotler, P., Bowen, J.T., and Makens, J.C. (2010). Marketing for Hospitality and Tourism, 5th Edition. Upper Saddle River, NJ: Pearson.

Kozinets, R.V. (1999). E-Tribalized Marketing?: The Strategic Implications of Virtual Communities of Consumption. *European Management Journal*, 17(3): 252-264.

Kozinets, R.V. (2002). The Field Behind the Screen: Using Netnography for Marketing Research in Online Communities. *Journal of Marketing Research*, 39(1), 61-73.

Kurtulmuş, N. (1998). Değişim, Yeniden Yapılanma ve Türkiye'nin Geleceği. *Yeni Türkiye Dergisi 21. Yüzyıl Özel Sayısı*, Ocak – Şubat 1998.

Lafferty, G. & van Fossen, A. (2001). Integrating the Tourism Industry: Problems and Strategies. *Tourism Management*, 22(1), 11-19.

Lang, J.C. (2001). Managing in the Knowledge-based Competition. *Journal of Organizational Change Management*, 14(6), 539-553.

Laudon, K.C. & Laudon, J.P. (2000). *Management Information Systems / Organization and Technology in the Networked Enterprise*, 6th Edition. New Jersey: Prentice Hall International.

Law, R. & Leung, R. (2000). A Study of Airlines' Online Reservation Services on the Internet. *Journal of Travel Research*, 39(2), 202-211.

Lee-Ross, D. & Johns, N. (2001). Globalisation, Total Quality Management and Service in Tourism Destination Organisations. Ed. Salah Wahab and Chris Cooper, *Tourism in the Age of Globalisation (ss. 242-257)*, London: Routledge.

Li, C. & Bernoff, J. (2008). *Groundswell: Winning in a World Transformed be Social Technologies*. Boston, MA: Harvard Business School Press.

Li, C. & Bernoff, J. (2009). *Marketing in the Groundswell*. Boston, MA: Harvard Business School Press.

Ma, J.X., Buhalis, D. & Song, H. (2003). ICTs and Internet Adoption in China's Tourism Industry. *International Journal of Information Management*, 23(6), 451-467.

Martin, C. (1997). *Dijital Dünya*, Çeviren: Metin Özbey. İstanbul: Yönetim Geliştirme Merkezi Yayınları.

Martin, Chuck (1997). *Dijital Dünya*. Çeviren: Metin Özbey. İstanbul: Yönetim Geliştirme Merkezi Yayınları. McGraw-Hill.

Maser, B. & Weiermair, K. (1998). Travel Decision-Making: From the Vantage Point of Perceived Risk and Information Preferences. *Journal of Travel and Tourism Marketing*, 7(4), 107-121.

Masuda, Y. (1990). *Managing in the Information Society*. Oxford: Basil Blackwell.

Matloka, J., & Buhalis, D. (2010). Destination Marketing through User Personalised Content (UPC). Eds. U. Gretzel, R. Law & M. Fuchs, *Information and Communication Technologies in Tourism 2010* (ss. 519-530). Wien: Springer.

McConnell, B. & Huba, J. (2007). *Citizen Marketers: When People are the Message*. Chicago, IL: Kaplan Publishing.

McEvoy, B.J. (1997). Integrating Operational And Financial Perspectives Using Yield Management Techniques: An Add-On Matrix Model. *International Journal of Contemporary Hospitality Management*, 9(2), 60-65.

McKeown, I. & Philip, G. (2003). Business Transformation, Information Technology and Competitve Strategies: Learning To Fly. *International Journal of Information Management*, 23(1), 3-24.

McMahon-Beattie, U., Ingold, A. & Lee-Ross, D. (2002). Productivity and Yield Management. Ed. Anthony Ingold, Una McMahon-Beattie and Ian Yeoman, *Yield Management*, 2nd Edition *(ss. 131-139)*, London: Continuum.

Money, R.B. & Crotts, J.C. (2003). The Effect of Uncertainty Avoidance on Information Search, Planning and Purchases of International Travel Vacations. *Tourism Management*, 24(2), 191-202.

Murphy, L., Moscardo, G. & Benckendorff, P. (2007). Exploring Word-of-Mouth Influences on Travel Decisions: Friends and Relatives vs. Other Travellers. International Journal of Consumer Studies, 31(5), 517-527.

Murray, K.B. (1991). A Test of Service Marketing Theory: Consumer Information Acquisition Activities. *Journal of Marketing*, 55(1), 10-15.

Mutch, A. (1995). IT and Small Tourism Enterprises: A Case Study of Cottage-Letting Agencies. *Tourism Management*, 16(7), 533-539.

Nonaka, I. (1998) The Knowledge-Creating Company. *Harvard Business Review on Knowledge Management (ss. 21-46)*, Boston: Harvard Business School Publishing.

O'Connor, P. (2003). On-line Pricing: An Analysis of Hotel Company Practices. *The Cornell Hotel and Restaurant Administration Quarterly*, 44(1), 88-96.

O'Connor, P., Buhalis, D. & Frew, A.J. (2001). The Transformation of Tourism Distribution Channels Through Information Technology. Ed. Dimitrios Buhalis ve Eric Laws, *Tourism Distribution Channels (ss. 332-350)*, London: Continuum.

Odyakmaz, N. (2000). Bilgi Teknolojileri, Küreselleşme ve Kalkınma. *Dış Ticaret Dergisi*, Temmuz 2000, Sayı:18, Yıl:5.

Okumus, F. & Hemmington, N. (1998). Management of Change Process in Hotel Companies: An Investigation at Unit Level. *International Journal of Hospitality Management*, 17(4), 363-374.

Olshavsky, R.W. & Granbois, D.H. (1979). Consumer Decision Making: Fact or Fiction? Journal of Consumer Research, 6(2), 93-100.

Öğüt, A. (2001). *Bilgi Çağında Yönetim*. Ankara: Nobel Yayın Dağıtım.

Öncel, Ş. (2003). Verimlilik Mucizesi. *Capital Aylık Ekonomi Dergisi*, Aralık 2003, Yıl 11, Sayı 2003/12, 152-158.

Öncü, F. (2002). *ePazarlama / İnternet Olanaklarıyla Ürün ve Hizmetin Hedef Pazara Sunulması ve Satışı*. İstanbul: Literatür Yayıncılık.

Özmen, Ş. (2003). *Ağ Ekonomisinde Yeni Ticaret Yolu / E-Ticaret*, 1. Baskı. İstanbul: Bilgi Üniversitesi Yayınları.

Pan, B., MacLaurin, T. & Crotts, J.C. (2007). Travel Blogs and the Implications for Destination Marketing. *Journal of Travel Research*, 46(1), 35-45.

Pau, L.F. (2002). The Communications and Information Economy: Issues, Tariffs and Economics Research Areas. *Journal of Economic Dynamics & Control*, 26(9-10), 1651-1675.

Pigg, K.E. & Crank, L.D. (2004). Building Community Social Capital: The Potential and Promise of Information and Communications Technologies. *The Journal of Community Informatics*, 1(1), 58-73.

Poon, A. (1996). *Tourism, Technology and Competitive Strategies*, 3rd Edition. Wallingford, UK: Cab International.

Porter, M.E. (2001). Porter'dan Türkiye'ye Rekabet Taktikleri. *Gurular Konuşuyor*, Capital Aylık Ekonomi Dergisi Eki, Mart 2001, Yıl 9, Sayı 2001/03.

Porter, M.E. (2003). *Rekabet Stratejisi / Sektör ve Rakip Analizi Teknikleri*, 2. Baskı, Çeviren: Gülen Ulubilgen. İstanbul: Sistem Yayıncılık.

Rai, L.P. & Lal, K. (2000). Indicators of the Information Revolution. *Technology in Society*, 22(2), 221-235.

Rastrollo, M.A. & . Alarcón, P (2000). The Competitiveness of Traditional Tourist Destinations in the Knowledge Economy. Ed. D. Fesenmaier, S. Klein and D. Buhalis, *Information and Communication Technologies in Tourism 2000 (ss. 209-217)*, Wien: Springer Verlag.

Rayman-Bacchus, L. & Molina, A. (2001). Internet-based Tourism Services: Business Issues and Trends. *Futures*, 33(7), 589-605.

Rheingold, H. (2000). *The Virtual Community: Homesteading on the Electronic Frontier*, Revised Edition. Cambridge, MA: The Harvard University Press.

Richins, M.L. (1983). Negative Word-of-Mouth by Dissatisfied Consumers: A Pilot Study. *Journal of Marketing*, 47(1), 68-78.

Rogers, E.M. (1983). *Diffusion of Innovations*, 3rd Ed. New York: The Free Press.

Rosen, E. (2000). *The Anatomy of Buzz: How to Create Word-of-Mouth Marketing*. New York: Doubleday.

Schertler, W. (1998). Virtual Enterprises in Tourism: Folklore and Facts – Conceptual Challenges for Academic Research -. Ed. A Min Tjoa and Jafar Jafari, *Information and Communication Technologies in Tourism 1998 (ss. 278-288)*, Wien Springer Verlag.

Schmallegger, D. & Carson, D. (2008). Blogs in Tourism: Changing Approaches to Information Exchange. *Journal of Vacation Marketing*, 14(2), 99-110.

Schneider, B., Godfrey, E.G., Hayes, S.C., Huang, M., Lim, B., Nishii, L.H., Raver, J.L. & Ziegert, J.C. (2003). The Human Side of Strategy: Employee Experiences of Strategic Alignment in a Service Organization. *Organizational Dynamics*, 32(2), 122-141.

Seçkin, S.F. (2000). Yükselen Değerler. *Capital Aylık Ekonomi Dergisi*, Nisan 2000, Yıl 8, Sayı 2000/04.

Senn, J.A. (1995). *Information Tecnology in Business*. New Jersey: Prentice Hall.

Sheldon, P.J. (1997). *Tourism Information Technology*. Wallingford, UK: Cab International.

Sheldon, P.J. (2000). Introduction to Special Issue on Tourism Information Technology. *Journal of Travel Research*, 39(2), 133-135.

Siguaw, J.A., Enz, C.A. & Namasivayam, K. (2000). Adoption of Information Technology in U.S. Hotels: Strategically Driven Objectives. *Journal of Travel Research*, 39(2), 192-201.

Snepenger, D & Snepenger, M. (1993). Information Search by Pleasure Travelers. Eds. M. Kahn, M. Olson & T. Var, *Encyclopedia of Hospitality and Tourism (ss. 830–835)*. New York: Van Nostrand Reinhold.

Söylemez, S.A. (2001). *Yeni Ekonomi*. İstanbul: Boyut Yayıncılık.

Stern, L.W. & Weitz, B.A. (1997). The Revolution in Distribution: Challenges and Opportunities. *Long Range Planning*, 30(6), 823-829.

Swarbrooke, J. (2001). Organisation of Tourism at the Destination. Eds. Salah Wahab and Chris Cooper, *Tourism in the Age of Globalisation (ss. 159-182)*, London: Routledge.

Sweeney, S. (2000). *Internet Marketing for Your Tourism Business / Proven Techniques for Promoting Tourist-based Businesses over the Internet*. Gulf Breeze FL.: Maximum Pres.

T.C. Başbakanlık Dış Ticaret Müsteşarlığı Ekonomik Araştırmalar ve Değerlendirme Genel Müdürlüğü (1999). 2000 Yılında Global Ticari Sistem ve Gelişmekte Olan Ülkeler. *Dış Ticaret Dergisi*, Ekim 1999, Sayı: 19, Ankara: Dış Ticaret Müsteşarlığı Matbaası.

Tapscott, D. (1998). *Dijital Ekonomi / Ağ Üzerindeki Akıl Çağında Umut ve Tehlike*, Çeviren: Ece Koç. İstanbul: KoçSistem Yayınları.

Tekin, M. & Zerenler, M. (2001). Küresel Rekabet Ortamında İşletmelerde Teknoloji Kullanımının İşletme Üzerindeki Etkileri. *Selçuk Üniversitesi Sosyal Bilimler Meslek Yüksekokulu Dergisi*, Konya, 2001.

Tekinay, N.A. (2000). Porter'dan Türkiye'ye Rekabet Taktikleri. *Capital Aylık Ekonomi Dergisi*, Nisan 2000, Yıl 08, Sayı 2000/04.

Tekinay, N.A. (2002). ABD'nin 1 Numarasından Pazarlama Taktikleri. *Capital Aylık Ekonomi Dergisi*, Ağustos 2002, Yıl 10, Sayı 2002/08.

Thompson, R. & Cats-Baril, W. (2003). *Information Technology and Management*. New York: McGraw Hill.

Thorson, K.S. & Rodgers, S. (2006). Relationship between Blogs as eWOM and Interactivity, Perceived Interactivity and Parasocial Interaction. Journal of Interactive Advertising, 6(2), 39-50.

Tinson, J. & Ensor, J. (2001). Formal and Informal Reference Groups: An Exploration of Novices and Experts in Maternity Services. *Journal of Consumer Behavior*, 1(2), 174-183.

Toffler, A. & Toffler, H. (1996). *Yeni Bir Uygarlık Yaratmak / Üçüncü Dalganın Politikası*, Çeviren: Z. Dicleli. İstanbul: İnkılâp Kitabevi.

Toffler, A. (1981). *Üçüncü Dalga*, Çeviren: A. Seden. İstanbul: Altın Kitaplar.

Toffler, A. (1992). *Yeni Güçler Yeni Şoklar*, Çeviren: B. Çorakçı. İstanbul: Altın Kitaplar

Tödter, N. & Brigl, B. (1997). Expert Systems As An Important Competitive Advantage in Tourism. Ed. A Min Tjoa, *Information and Communication Technologies in Tourism 1997 (ss. 39-46)*, Wien: Springer Verlag.

Tremblay, P. & Sheldon, P.J. (2000). Industrial Mapping of Tourism Information Technologies. Ed. D. Fesenmaier, S. Klein and D. Buhalis, *Information and Communication Technologies in Tourism 2000* (ss. 218-231), Wien: Springer Verlag.

Turban, E., King, D., McKay, J., Marshall, P., Lee, J., & Viehland, D. (2008). *Electronic Commerce: A Managerial Perspective*. Upper Saddle River, NJ: Pearson-Prentice Hall.

Usta, Ö. (2001). *Genel Turizm*. İzmir: Anadolu Matbaacılık.

Uyguç, N. (1998). *Hizmet Sektöründe Kalite Yönetimi / Stratejik Bir Yaklaşım*. İzmir: Dokuz Eylül Yayınları.

Van Hove, L. (1999). Electronic Money and the Network Externalities Theory: Lessons for Real Life. *Netnomics*, 1(2), 137–171.

Vanhove, N. (2001). Globalisation of Tourism Demand, Global Distribution Systems and Marketing. Ed. Salah Wahab and Chris Cooper, *Tourism in the Age of Globalisation (ss. 123-155)*, London: Routledge.

Volberda, H.W., Baden-Fuller, C. & van den Bosch, F.A.J. (2001). Mastering Strategic Renewal / Mobilising Renewal Journeys in Multi-Unit Firms. *Long Range Panning*, 34(2), 159-178.

Von Krogh, G., Ichijo, K. & Nonaka, I. (2002). *Bilginin Üretimi*, Çeviren: Günhan Günay. İstanbul: Dışbank Kitapları.

Wahab, S. & Cooper, C. (2001). Tourism, Globalisation and the Competitive Advantage of Nations. Eds. Salah Wahab & Chris Cooper, *Tourism in the Age of Globalisation* (ss. 3-21), London: Routledge.

Wan, C.-S. (2002). The Web Sites of International Tourist Hotels and Tour Wholesalers in Taiwan. *Tourism Management*, 23(2), 155-160.

Warkentin, M., Bapna, R. & Sugumaran, V. (2001). E-Knowledge Networks for Inter-Organizational Collaborative E-Business. *Logistics Information Management*, 14(½), 149-163.

Wei, S., Ruys, H.F., van Hoof, H.B. & Combrink, T. E. (2001). Uses of the Internet in the Global Hotel Industry. *Journal of Business Research*, 54(3), 235-241.

Weinberg, T. (2009). *The New Community Rules: Marketing On the Social Web*. Sebastopol: O'Reilly Media.

Werthner, H. & Klein, S. (1999). *Information Technology and Tourism – A Challenging Relationship*. Wien: Springer.

Williams, A.P. & Trammell, K.D. (2005). Candidate Campaign E-Mail Messages in the Presidential Election 2004. *American Behavioral Scientist*, 49(4), 560-574.

Wöber, K. & Gretzel, U. (2000). Tourism Managers' Adoption of Marketing Decision Support Systems. *Journal of Travel Research*, 39(2), 172-181.

Xiang, Z. & Gretzel, U. (2010). Role of Social Media in Online travel Information Search. *Tourism Management*, 31(2), 179-188.

Yair, G. (2008). Insecurity, Conformity and Community / James Coleman's Latent Theoretical Model of Action. *European Journal of Social Theory*, 11(1), 51-70.

Yang, J.-Y. & Liu, A. (2003). Frequent Flyer Program: A Case Study of China Airline's Marketing Initiative – Dynasty Flyer Program. *Tourism Management*, 24(5), 587-595.

Yarcan, Ş. (1998) *Türkiye'de Turizm ve Uluslararasılaşma*. İstanbul: Boğaziçi Üniversitesi Yayınevi.

Yasin, M.M., Small, M.H. & Wafa, M.A. (2003). Organizational Modifications to Support JIT Implementation in Manufacturing and Service Operations. *Omega – The International Journal of Management Science*, 31(3), 213-226.

Yılmaz, B.S. & Öncüer, M.E. (2003). Bilgi Teknolojilerinin Turizm Endüstrisinde Yol Açtığı Değişimler. II. Ulusal Bilgi, Ekonomi ve Yönetim Kongresi, Kocaeli Üniversitesi İktisadi ve İdari Bilimler Fakültesi, 17 – 18 Mayıs 2003, Derbent/İzmit.

Yılmaz, B.S. (2005). Bilgi Toplumunda Turistik Tüketicilerin Değişimi ve Turizm İşletmelerinin Bu Değişimi Karşılamalarına İlişkin Bir Araştırma, Sakarya Üniversitesi İktisadi ve İdari Bilimler Fakültesi 4.Ulusal Bilgi, Ekonomi ve Yönetim Kongresi, 14 – 15 Eylül 2005, Sakarya.

Yohe, J.M. (1996). Information Technology Support Services: Crisis or Opportunity? *CAUSE/EFFECT*, 19(3/Fall), 6-13.

Yoo, K.H. & Gretzel, U. (2008). What Motivates Consumers to Write Online Travel Reviews? *Information Technology & Tourism*, 10(4), 283-295.

Internet Kaynakçası

Ansell, C. (2007). The Sociology of Governance. M. Bevir (Ed.), Encylopedia of Governance, Sage Publications, 2007. http://www.polisci.berkeley.edu/Faculty/bio/permanent /Ansell,C/Encyclopedia/SOCIOLOGY%20OF%20GOVERNANCE.doc (Erişim Tarihi: 25.04.2009)

Argun, T. (1997). Toplam Kalite Yönetimi. http://www.bilgiyonetimi.org/cm/pages /mkl_gos.php?nt=17 (Erişim Tarihi: 17.02.2003)

Atik, S. (1999). Bilgi Toplumu ve Bilgi Toplumunda Yönetici Nitelikleri. http://www.kho.edu.tr/yayinlar/btym/yayinlistesi/yayinlar/Yayin1999/217-bilgitoplumu. htm (Erişim Tarihi: 03.01.2003)

Baily, M.N. (2001). Macroeconomic Implications of the New Economy. Working Paper 01-9, Eylül 2001. http://www.ciaonet.org/wps/bam02/ bam02.pdf (Erişim Tarihi: 28.04.2003)

Baştürk, Ş. (2001). Bir Olgu Olarak Küreselleşme / Sorunlar ve Bir Çözüm Önerisi; Küresel Yönetişim. *İş-güç*, Cilt:3, Sayı:2. http://www.isguc.org/arc_view.php?ex=76 (Erişim Tarihi: 06.03.2003)

Birleşmiş Milletler Kalkınma Programı (1999). Human Development Report / 1999. http://hdr.undp.org/reports/global/1999/en/pdf/hdr_1999_ch1.pdf (Erişim Tarihi: 27.03.2003)

Blackshaw, P. & Nazzaro, M. (2004). Consumer-Generated Media (CGM) 101: Word-of-Mouth in the Age of the Web-Fortified Consumer. http://www.nielsenbuzzmetrics.com/whitepapers (Erişim Tarihi: 03.11.2014)

Bloch, M. & Segev, A. (1996). The Impact of Electronic Commerce on the Travel Industry. June 1996. http://groups.haas.berkeley.edu/citm/publications/papers/wp-1017.html (Erişim Tarihi: 01.10.2003)

Bobe, B. (2002). Nouvelle Economie: Myth ou Réalité. A Paraître Dans Isuma, Canadian Journal of Policy Research, Vol.3, No.1, Avril 2002. http://www.andese.org/publications/papiers/bobe/Bobe-Asdeq-ISUMA.pdf (Erişim Tarihi: 24.04.2003,

Bozkurt, V. (2000a). Küreselleşme: Kavram, Gelişim ve Yaklaşımlar. *İş-güç*, Cilt: 2, Sayı: 1. http://www.isguc.org/arc_view.php?ex=87 (Erişim Tarihi: 12.01.2002).

Brynjolfsson, E. & Hitt, L.M. (1996). The Customer Counts. MIT's Information Week 500 Study. Issue Date: Sept. 9, 1996. http://www.informationweek.com/596/96mit.htm (Erişim Tarihi: 24.04.2003)

Brynjolfsson, E. & Hitt, L.M. (2000). Beyond Computation: Information Technology, Organizational Transformation and Business Performance. *Journal of Economic Perspectives*, Vol.14, No.4, pp. 23-48. http://ebusiness.mit.edu/erik/JEP%20Beyond%20Computation%20BrynjolfssonHitt%207-121.pdf (Erişim Tarihi: 24.04.2003)

Brynjolfsson, E. & Yang, S. (1996). Information Technology and Productivity: A Review of the Literature. *Advances in Computers*, Academic Press, Vol. 43, pp. 179-214. http://ebusiness.mit.edu /erik/itp.pdf (Erişim Tarihi: 22.04.2003)

Brynjolfsson, E., Smith, M.D. & Hu, Y.(J.) (2003). Consumer Surplus in the Digital Economy: Estimating the Value of Increased Product Variety at Online Booksellers. April 2003. http://ebusiness.mit.edu/ erik/CSDE2003-04.pdf (Erişim Tarihi: 22.04.2003)

Buhalis, D. & Jun, S.H. (2011). E-Tourism. http://www.goodfellowpublishers.com/free_files/fileEtourism.pdf (Erişim Tarihi: 19.01.2013)

Buhalis, D. (1998b). Information Technology as a Strategic Tool for Tourism and Hospitality Management in the New Millennium. *Tourism Review Magazine,* 1996, No.2, 34-36, http://sp.uconn.edu/~yian/frl/ 38inftec.htm (Erişim Tarihi: 29.09.2003)

Chavez, R. de (1999). Globalisation and Tourism: Deadly Mix for Indigenous Peoples. *Third World Resurgence,* March 1999, No.103. http://www.twnside.org.sg/title/chavez-cn.htm (Erişim Tarihi: 07.10.2003)

Connolly, D.J. (2000). Strategic Investment in Hotel Global Distribution Systems. Trends 2000, 5th Outdoor Recreation & Tourism Trends Symposium, September 12-20 2000, Lansing Michigan, ss. 73-83. http://www.prr.msu.edu/trends2000/pdf/connolly.pdf (Erişim Tarihi: 05.12.2003)

Çolak, A. & Gençler, A. (2003). Bilgi Çağında Çalışma İlişkileri. Bilgi Yönetimi. http://www.bilgiyonetimi.org/bcci.htm (Erişim Tarihi: 10.04.2003)

Delong, J.B. (1998). Technological Change and Long-Run Growth. 10.03.1998. http://www.j-bradforddelong.net/ multimedia/Growth3.html (Erişim Tarihi: 03.06.2003)

Delong, J.B., Berkeley, J.C. & Summers, L.H. (2001). The New Economy: Background, Questions, and Speculations. 26.07.2001. http://www.j-bradford-delong.net/search.html (Erişim Tarihi: 22.04.2003)

Drucker, P.F. (1994). The Age of Social Transformation. *The Atlantic Monthly,* 274 (5), 53–80. http://www.theatlantic.com/politics/ecbig /soctrans.htm (Erişim Tarihi: 17.03.2003)

Drucker, P.F. (1999). Beyond the Information Revolution. *The Atlantic Monthly,* October 1999, Volume 284, No.4, 47-57. http://www.theatlantic.com/issues/99oct/9910drucker.htm (Erişim Tarihi: 17.03.2003)

Durusoy, S. & Velioğlu, M. (2002). Yeni Ekonomi Kavramına Farklı Bir Bakış: Tekno-Ekonomi Ve Elektronik Ticaretin Türkiye Üzerine Yansımaları. *I. Ulusal Bilgi, Ekonomi ve Yönetim Kongresi,* 10-11 Mayıs 2002, Kocaeli. http://iibf.koe.edu.tr/ekonomi/tamprogram.htm (Erişim Tarihi: 15.11.2002)

Erdal, M. (2003). Elektronik İnsan Kaynakları Yönetimi (E-HRM). *Bilgi Yönetimi.* 16 Ocak 2003. http://www.bilgiyonetimi.org /ehrm.htm (Erişim Tarihi: 03.05.2003)

Erdoğan, S. (2002). Makro Ekonomik Etkileri Açısından Yeni Ekonomi. I. Ulusal Bilgi, Ekonomi ve Yönetim Kongresi, 10-11 Mayıs 2002, Kocaeli. http://iibf.koe.edu.tr/ekonomi/tamprogram.htm (Erişim Tarihi: 15.11.2002)

Erkan, H. (2001). Bilgi Toplumu ve Bilgi Toplumuna Geçiş. Bilgi ve Toplum Dergisi, Sayı: 1. http://www.bilgivetoplum.com/erkan1.html (Erişim Tarihi: 23.09.2002)

Erkan, H. (2002). Türkiye'nin Bilgi Toplumuna Geçiş Stratejisi. I. Ulusal Bilgi, Ekonomi ve Yönetim Kongresi, 10-11 Mayıs 2002, Kocaeli. http://iibf.koe.edu.tr/ekonomi/tamprogram.htm (Erişim Tarihi: 15.11.2002)

Etkin Yönetim ve Liderlik Eğitim Merkezi (2002). Rekabetçi Üstünlük Stratejileri, Mayıs 2002. http://www.eylem.com /strateji/wrekabet.htm (Erişim Tarihi: 03.06.2003)

Frangialli, F. (1998). A New Era in Information Technology for Tourism. *A New Era in Information Technology: Its Implications for Tourism Policies / OECD Conference*, Seoul, 10-11 November 1998. http://www.mct.go.kr/cont/oecd/panel/p12.htm (Erişim Tarihi: 30.12.2002)

Göker, A. (2000). Bilgiye Dayalı Toplum ve Türkiye Açısından Durum. ODTÜ Verimlilik Topluluğu, 8 Eylül 2000, Ankara. http://mimoza.marmara.edu.tr/~asoyak/AYKUTGOKERsun%5b1%5d.doc. (Erişim Tarihi: 14.05.2003)

Göker, A. (2001). Enformasyon Toplumu Üzerine Kavramsal Bir Yaklaşım Denemesi. *Bilişim Kültürü Dergisi.* Haziran 2001, Sayı: 78. http://www.tbd.org.tr/sayi78_html/eturkiye_goker.htm (Erişim Tarihi: 20.05.2003)

Greenspan, R. (2003a) Hotel Industry Makes Room for Online Bookings. http://www.cyberatlas.internet.com/markets/travel/article/0,,6071_1567141,00.html (Erişim Tarihi: 05.10.2003)

Greenspan, R. (2003b). Traveler's First Trip is Often the Internet. http://cyberatlas.internet.com/markets/travel/article/0,1323,6071_2211341,00.html (Erişim Tarihi: 04.10.2003)

Güloğlu, T. (2003). Yeni Teknolojilerin Çalışma İlişkilerine Etkileri. *Bilgi Yönetimi*, 21 Ocak 2003. http://www.bilgiyonetimi.org /yeni_tek_ci.htm (Erişim Tarihi: 20.04.2003)

Hamzaoğlu, A., Avşar, H., Tahtakılıç, B., Kayral, İ.H. & Yavuz, H.H. (2000). Küreselleşmeye Genel Bir Bakış. Mayıs 2000. http://www.hek.hacettepe.edu.tr/etkinlik/1999-2000/ar-ge1.html (Erişim Tarihi: 31.10.2006)

Hay Group (2002). e-HR: A New Source of Value-Creation, Working Paper. http://www.haygroup.nl/pdf/ResearchReport.pdf (Erişim Tarihi: 09.06.2003)

Kibritçioğlu, A. (1998). Porter'ın Rekabetçi Avantajlar Yaklaşımı ve İktisat Kuramı, 25.01.1998. http://dialup.ankara.edu.tr/~kibritci/porter.pdf (Erişim Tarihi: 10.01.2003)

KOBİNET (2003). Dünya Ticaretindeki Değişim... Elektronik Ticaret. http://www.kobinet.org/hizmetler/e-ticaret/e-ticaret-kutuphanesi/ba2.html (Erişim Tarihi: 06.03.2003)

Martin, B.R. (2001). Technology Foresight in a Rapidly Globalizing Economy. http://www.unido.org/userfiles/kaufmanC/MartinPaper.pdf (Erişim Tarihi: 24.04.2003)

Microsoft Life (2003). Kârlılığın Anahtarı Verimlilik. *Microsoft.life / Teknoloji ve Yaşam Kültürü Dergisi*, Sayı 17, Ocak – Şubat 2003. http://www.microsoft.com/ turkiye/mslife/17/16.asp (Erişim Tarihi: 31.05.2003)

Miguéns, J., Baggio, R. & Costa, C. (2008). Social Media and Tourism Destinations: TripAdvisor Case Study. *Proceeding of the IASK ATR2008 (Advances in Tourism Research 2008)*, Aveiro, Portugal, May 26-28. http://www.uib.cat/depart/deeweb/pdi/acm/arxius/intermediacio_tfg/baggio-aveiro2.pdf (Erişim Tarihi: 07.12.2014)

Milano, R., Baggio, R. & Piattelli, R. (2011). The effects of Online Social Media on Tourism Websites. ENTER2011 18th International Conference on Information Technology and Travel & Tourism, January 26-28, 2011, Innsbruck, Austria http://www.iby.it/turismo/papers/baggio_socialmedia.pdf (Erişim Tarihi: 20.10.2014)

Miles, I., Keenan, M. & Kaivo-Oja, J. (2003). Handbook of Knowledge Society Foresight. European Foundation for the Improvement for Living and Working Conditions. http://www.fr.eurofound.eu.int/publications/files/EF0350EN.pdf (Erişim Tarihi: 28.08.2003)

Müller, C. (1999). Networks of 'Personal Communities' and 'Group Communities' in Different Online Communication Services", Paper presented at the Exploring Cyber Society Conference, July 5-7 1999, at the University of Northumbria at Newcastle/UK. http://www.socio5.ch/pub/newcastle.html (Erişim Tarihi: 14.04.2009)

O'Reilly, T. (2005) What Is Web 2.0 / Design Patterns and Business Models for the Next Generation of Software. http://www.oreilly.com/pub/a/web2/archive/what-is-web-20.html (Erişim Tarihi: 20.01.2014)

Paige, H. (2000). Learning, Small Business and the Knowledge-based Economy. 22.08.2000. http://wwwed.sturt.flinders.edu.au /edweb/ programs/eddprops/paige2.htm. (Erişim Tarihi: 28.05.2003)

Peneder, M., Kaniovski, S. & Dachs, B. (2001). External Services, Structural Change and Industrial Performance. Enterprise DG, Working Paper, No.3, 13.08.2001. http://europa.eu.int/comm/enterprise/library/enterprise-papers/pdf/enterprise_paper_ 03 _2001.pdf (Erişim Tarihi: 22.04.2003)

Preibusch, S., Hoser, B., Gurses, S., Berendt, B. (2007). Ubiquitous Social Networks – Opportunities and Challenges for Privacy-Aware User Modelling. Proceedings of the Data Mining for User Modelling Workshop (DM.UM'07) at UM 2007, Corfu, June 2007. http://vasarely.wiwi.hu-berlin.de/DM.UM07/Proceedings/05-Preibusch.pdf (Erişim Tarihi: 02.04.2009).

Rubin, H. (2001). Roger Cass; The Last Optimist. *Fast Company*, Issue 48, July 2001. http://www.fastcompany.com/online/48 /cass.html (Erişim Tarihi: 19.02.2003)

Ruskin-Brown, I. (2003). The Service Sector. Management Center Europe, July 2003. http://www.mce.be/knowledge/349/8 (Erişim Tarihi: 15.09.2004)

Saperstein, J. & Hastings, H. (2010). How Social Media Can Be Used to Dialogue with the Customer. Ivey Business Journal. http://wwwold.iveybusinessjournal.com/article.asp?intArticle_ID=880. (Erişim Tarihi: 15.11.2014)

Savaş, Ö. (2002). Türkiye'de Bilgi Toplumuna Geçiş Politikaları. 20.12.2002. http://www.aydinlanma1923.org/sayi/34/34-06.htm (Erişim Tarihi: 20.02.2003)

Smeral, E. (1996). Globalisation and Changes in the Competitiveness of Tourism Destinations. Basic Report for the 46th AIEST-Conference in Rotorua (New Zealand), Ed. P. Keller, *Globalisation and Tourism*, St. Gallen, 1996. http://www.wifo.ac.at/Egon.Smeral/AIEST_NewZealand1996.htm (Erişim Tarihi: 06.10.2003)

Smith, M.D., Bailey, J. & Brynjolfsson, E. (2000). Understanding Digital Markets. MIT Press, pp. 276-288. http://ebusiness.mit.edu/research/papers/140%20erikb,%20digital%20 markets.pdf (Erişim Tarihi: 24.04.2003)

Stromer-Galley, J. (2003). Diversity of Political Conversation on the Internet: Users' Perspectives. *Journal of Computer-Mediated Communication (JCMC)*, 8(3). http://jcmc.indiana.edu/vol8/issue3/stromergalley.html (Erişim Tarihi: 03.04.2009)

T.C. Başbakanlık Dış Ticaret Müsteşarlığı (2000). Yeni Ekonomi. *Dünyada ve Türkiye'de Ekonomik Gelişmeler* (Yayınlar/Raporlar Dünya Ekonomisi), Sayı: 3, Temmuz 2000. http://www.dtm.gov.tr/ead/ekonomi /sayi3/yeniekon.htm (Erişim Tarihi: 24.04.2003)

T.C. Maliye Bakanlığı (2004). Vergi Daireleri Toplam Kalite Yönetimi El Kitabı. http://www.maliye.gov.tr/kalite/menu/elkitabi/amac.htm. (Erişim Tarihi: 15.09.2004)

Tekin, M. & Çiçek, E. (2002). Bilgi Çağında Bilgi Toplumu ve Bilgi Ekonomisi. *I. Ulusal Bilgi, Ekonomi ve Yönetim Kongresi,* 10-11 Mayıs 2002, Kocaeli. http://iibf.koe.edu.tr/ekonomi/tamprogram.htm (Erişim Tarihi: 15.11.2002)

Tulga, Ş. (2002). Bilgi İşçisi Dünyanın Efendisidir. *Activeline*, Sayı 25, Nisan 2002. http://www.activefinans.com/activeline/sayi25/bilgiiscisi.html (Erişim Tarihi: 24.04.2003)

Tuomi, I. (2003). ICTs and Social Capital / Setting the Scene. Workshop on ICTs and Social Capital in the Knowledge Society, 4 November 2003. http://www.meaningprocessing.com/personalPages/tuomi/articles/ICTsAndSocialCapital.pdf. (Erişim Tarihi: 26.04.2009)

TÜBİTAK (1997). Türkiye'nin Bilim ve Teknoloji Politikası http://www.tubitak.gov.tr/tubitak_content_files/BTYPD/btyk/3/3btyk_karar.pdf (Erişim Tarihi: 12.03.2003)

Türkiye Bilişim Şurası (2002). e-Türkiye. http://www.bilisimsurasi.org.tr/cg/egitim /kutuphane/e-turkiye.pdf (Erişim Tarihi: 06.01.2003).

Uluslararası Çalışma Örgütü - ILO (2001). Human Resources Development, Employment and Globalization in the Hotel, Catering and Tourism Sector. Report for Discussion at the Tripartite Meeting on Human Resources Development, Employment and Globalization in the Hotel, Catering and Tourism Sector, Geneva, 2-6 April 2001. http://www.ilo.org/public/english/dialogue/sector/techmeet/tmhct01/tmhct-r.pdf (Erişim Tarihi: 03.11.2003)

Vocus (2009). Analyzing the Impact of Social Media on Your Marketing Programs: from Twitter to Facebook. Vocus Whitepaper. http://www.vocus.com/May09WP/AnalyzingSocialMedia_MKTG.pdf (Erişim Tarihi: 04.11.2014)

Wheeler, B. (2009). A Guide to Social Networking and Social Media for Tourism. http://www.barrywheeler.ca/socialnetworking/socialnetworking-socialmedia-tourism-guide-v1.1.pdf (Erişim Tarihi: 20.11.2014)

Wigmo, J. & Wikström, E. (2010). Social Media Marketing: What Role Can Social Media Play as a Marketing Tool? Bachelor Thesis. Sweden: Linnaeus University, School of Computer Science.

Zerenler, M., Tekin, M., Yıldız, M. & Bilge, A. (2003). Kriz Dönemlerinde İşletmelerde Bilişim Teknolojileri Kullanımının İşletme Performansına Etkileri. *Bilgi Yönetimi*, 16 Ocak 2003. http://www.bilgiyonetimi.org/kriz_donemi.htm (Erişim Tarihi: 03.04.2003)

Printed by Books on Demand GmbH, Norderstedt / Germany